普通高等教育力学系列"十三五"规划教材

弹性力学与有限单元法

任述光 编著

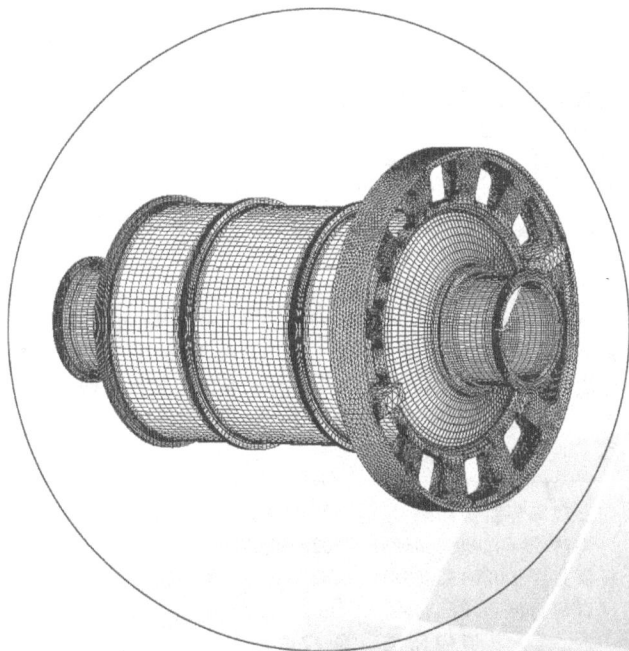

西安交通大学出版社
XI'AN JIAOTONG UNIVERSITY PRESS

内容提要

本书是为工程类有关专业学生和工程技术人员学习弹性力学及掌握有限单元法的基本理论和应用大型通用有限元软件 ANSYS 解决工程实际问题而编写的。本书内容既包含弹性力学及有限单元法的经典理论,也有作者多年教学科研成果的总结与提炼,列举了利用 ANSYS 软件进行静力分析的工程实例。本书简明而系统地阐述了弹性力学及有限单元法的基本概念、基本原理和基本方法。

图书在版编目(CIP)数据

弹性力学与有限单元法/任述光编著.—西安:
西安交通大学出版社,2017.10(2022.8重印)
ISBN 978-7-5693-0220-2

Ⅰ.①弹… Ⅱ.①任… Ⅲ.①弹性力学 ②有限元法
Ⅳ.①O343 ②O241.82

中国版本图书馆 CIP 数据核字(2017)第 251165 号

书　　名	弹性力学与有限单元法
编　　著	任述光
责任编辑	毛　帆

出版发行	西安交通大学出版社
	(西安市兴庆南路 1 号　邮政编码 710048)
网　　址	http://www.xjtupress.com
电　　话	(029)82668357　82667874(市场营销中心)
	(029)82668315(总编办)
传　　真	(029)82668280
印　　刷	西安日报社印务中心
开　　本	787mm×1092mm　1/16　印张 15.25　字数 365 千字
版次印次	2018 年 7 月第 1 版　2022 年 8 月第 3 次印刷
书　　号	ISBN 978-7-5693-0220-2
定　　价	39.00 元

如发现印装质量问题,请与本社市场营销中心联系。
订购热线:(029)82665248　(029)82667874
投稿热线:(029)82668818　QQ:354528639
读者信箱:354528639@qq.com

弹性力学与有限单元法 前言
FOREWORD

　　有限元法是一种离散化的数值计算方法,以电子计算机为手段,可以计算各种复杂的工程结构,是工程技术人员从事研究、计算和工程设计的有力工具。目前,有限单元法已经在航空、造船、机械、冶金、水利、建筑等工程部门广泛应用,并取得显著效果,它是一种行之有效的偏微分方程数值解的计算方法,是解决诸如结构分析、流体力学、电磁学、热学、声学及流固耦合等问题的有力工具。而自然科学和生产技术的发展又极大地推动了有限元法的发展,丰富了它的内容。目前工程界各行业都已经拥有了一定数量的商业有限单元法分析计算软件。

　　在高等学校中,有限元法已成为土木工程类专业学生的必修课程,工程技术领域,也有大量希望能利用有限元软件解决工程实际问题的工程技术人员。如何使这些软件为更多的人掌握和应用,解决工程问题,是值得考虑的重要问题。有限单元法软件既涉及矩阵运算及数值分析等诸多数学知识,又和专业知识紧密相关,要很好的应用有限元软件解决实际问题,掌握有限元的基本理论及相关的专业知识两者缺一不可。如用有限单元法求解结构的应力应变问题就涉及弹性力学、结构力学及塑性力学知识。对弹性力学知识的掌握和理解直接关系到利用软件进行静力分析的效果。一般的教材及著作中,都是以弹性力学平面问题的求解阐述有限元的基本理论及方法。所以,在学习有限单元法之前,先掌握弹性力学的基础知识是非常必要的,本书的编著者也是遵循这一原则。我们在学习过程中,要正确理解和掌握基本概念、原理和方法,逐步培养利用这些原理和方法解决实际问题的能力。要勤于思考,能抓住问题的本质,举一反三,融会贯通。

　　全书共分为十一章。1～6章内容为弹性力学的基本概念、基础理论和分析方法及弹性力学问题的一些实例,是学习有限单元法的基础,包括应力分析、应变分析、本构关系,弹性力学的基本原理、弹性力学的平面问题的求解及空间问题的基本概念。第7章为弹性力学应用的经典案例-薄板的小挠度弯曲问题解析求解。第8章以弹性力学平面问题的有限元求解为例,以三节点三角形单元为基础,介绍了有限单元法的基本概念及基本思想。第9章介绍了平面问题的高精度单元。第10章介绍了空间问题的基本单元及基本理论。第11章介绍大型通有限元软件 ANSYS 的基本使用方法和应用实例。

　　本书编写工程中力图贯彻"少而精、重实用"的原则,深入浅出地把基本理论写到位,又较好地联系工程实际问题,尽量使内容的叙述通俗易懂。

　　希望本书成为你的良师益友,但由于作者水平有限,不当或疏漏之处在所难免,请读者和同行专家给予批评指正。

弹 性 力 学 与 有 限 单 元 法 **目录**
CONTENTS

第1章　绪论及数学基础

第2章　应力与应变分析

第3章 能量原理与本构方程

第4章 平面问题的基本理论及求解

第7章 薄板的小挠度弯曲

第8章 有限单元法基础

第9章 平面问题的高阶单元

第10章 空间问题有限元

第 11 章　通用有限元软件 ANSYS 简介

参考文献

绪论及数学基础

1.1 弹性力学的性质及任务

弹性力学是研究弹性体在载荷作用或温度变化以及支座移动等因素作用下弹性体内应力和变形分布规律的一门学科,是为满足强度、刚度、稳定性的设计要求所提供的理论基础。它属于固体力学范畴,是许多工科专业的基础课。弹性力学的研究内容与材料力学、结构力学的研究内容有相同之处,都是分析各种结构物或其构件在弹性阶段的应力、应变和位移。然而,这三门学科在具体的研究方法和研究对象上是有区别和分工的。

首先,材料力学主要是研究一维构件,也就是一个方向尺寸远大于另外两个方向尺寸的构件。单个杆件在拉压、剪切、扭转、弯曲下的应力和变形构成了材料力学的主要研究内容。而结构力学则以杆状构件体系为研究对象,讨论若干个杆件在不同连接方式下的杆件体系,如桁架、刚架等,在载荷或其他因素作用下的内力分布及变形。在得到了结构中各杆件的内力后便可以运用材料力学的方法进一步研究各杆件内的应力分布。弹性力学研究的范围就很广泛了,一般来说,弹性力学以三维弹性体为研究对象,工程结构中的板、壳、块体、基础、管道、叶轮等等各种形式的构件都可以用弹性力学的方法来分析。对于杆状构件作进一步的、更加精确的分析,也要用弹性力学的方法。

在研究方法上弹性力学和材料力学也有所不同。材料力学在研究杆件的应力和应变时,为了简化数学推演,除了必须的基本假设外,常常再引用一些关于构件变形状态或应力分布的所谓"附加假设",这样得出的解答往往只能是近似的。弹性力学则不然,它除了基本假设外,通常无须再做那些"附加假设",而是严格地根据静力、几何、物理三方面的条件,用精确的数学推演,最后求得问题的全部解答。所以弹性力学可以用来校核材料力学所得出的近似解答,判断其准确程度和适用范围。例如,在材料力学里研究梁的剪切弯曲时,我们引用了平面假设,从而得出梁横截面上的正应力沿梁高按直线分布的结论。在弹性力学里研究同一问题时就没有引用这样的假定,分析计算以后得出梁的横截面上的正应力是沿梁高按曲线分布。进一步分析可以得出这样的结论:如果梁的高度远小于梁的跨度时,材料力学按平面假设得出的结论足够精确。这就从理论上证实了材料力学中平面假设的合理性。

由此可以看到,弹性力学和材料力学的性质和任务总的来说是一致的。但是,它们之间又有区别,弹性力学比材料力学研究的范围要广,能解决一些用材料力学解决不了的问题。在研究手段方面,弹性力学用到的数学方法要比材料力学复杂得多,因此弹性力学求得的解更为精确,能够校核材料力学对同类问题解答的结果。

1.2　弹性力学的基本概念

1.2.1　体积力与面积力

除作用于一点的集中力及作用于一段长度上的分布力外,作用于物体的外力还有以下两大类。

(1)作用于物体每个质点上的外力,或者说作用于弹性体内单位体积上的外力,称为体积力或体力,例如重力和惯性力等等。

物体内各点所受体积力一般是不同的。为了表明物体在某一点 M 所受体积力大小和方向,在这一点取物体的一小部分体积,它包含着 M 点,并且它的体积为 ΔV,设作用于 ΔV 的外力为 $\Delta \boldsymbol{F}$,则外力在此点的平均集度为 $\dfrac{\Delta \boldsymbol{F}}{\Delta V}$。如果所取的体积不断缩小,则 $\Delta \boldsymbol{F}$ 和 $\dfrac{\Delta \boldsymbol{F}}{\Delta V}$ 都将不断地改变大小、方向和作用点。若体力为连续分布,当 ΔV 无限减小而趋于 M 点,则 $\dfrac{\Delta \boldsymbol{F}}{\Delta V}$ 将趋于一极限值,即

$$\lim_{\Delta V \to 0} \frac{\Delta \boldsymbol{F}}{\Delta V} = \boldsymbol{f} \tag{1.1}$$

这个极限矢量 $\boldsymbol{f}$ 就是物体在 M 点所受的体积力,它即为外力在 M 点的集度。因为 ΔV 是标量,所以 $\boldsymbol{f}$ 的方向就是 $\Delta \boldsymbol{F}$ 的极限方向。矢量 $\boldsymbol{f}$ 在坐标轴上 x,y,z 的投影 f_x,f_y,f_z 称为该点的体力分量,以沿坐标轴正方向为正,沿坐标轴负方向为负,它们的量纲是[力][长度]$^{-3}$。

(2)另一种外力与体力的情况相同,分布在物体表面上的外力称为表面力或面力,例如接触压力、土压力、流体压力等。为了表明物体在某一点 M 所受面力大小和方向,在这一点取物体表面的一小部分面积,它包含着 M 点,并且它的面积为 ΔS,设作用于 ΔS 的外力为 $\Delta \boldsymbol{F}$,则外力在此点的平均集度为 $\dfrac{\Delta \boldsymbol{F}}{\Delta S}$,如果所取的面积不断缩小,则 $\Delta \boldsymbol{F}$ 和 $\dfrac{\Delta \boldsymbol{F}}{\Delta S}$ 都将不断地改变大小、方向和作用点。当 ΔS 无限减小而趋于 M 点,假定面力为连续分布,则 $\dfrac{\Delta \boldsymbol{F}}{\Delta S}$ 将趋于一极限值,即

$$\lim_{\Delta V \to 0} \frac{\Delta \boldsymbol{F}}{\Delta S} = \bar{\boldsymbol{f}} \tag{1.2}$$

这个极限矢量 $\bar{\boldsymbol{f}}$ 就是物体在 M 点所受的面积力,它即为外力在 M 点的集度。因为 ΔS 是标量,所以 $\bar{\boldsymbol{f}}$ 的方向就是 $\Delta \boldsymbol{F}$ 的极限方向。矢量 $\bar{\boldsymbol{f}}$ 在坐标轴 x,y,z 上的投影 $\bar{f}_x,\bar{f}_y,\bar{f}_z$ 称为物体在该点的面力分量,以沿坐标轴正方向为正,沿坐标轴负方向为负,它们的量纲是[力][长度]$^{-2}$。对于作用于物体表面上的集中力,可以将其看作是在表面上极小区域内作用的分布力,只是它的面力集度趋于无限大。

1.2.2　应力与应变

弹性体在受到外力作用后,其内部将产生内力,这种内力是相应于外力而产生的物体内部各部分之间的相互作用,为了研究物体在其内部某一点 M 处的内力,假想用经过 M 点的

一个截面 mn 将物体分为Ⅰ、Ⅱ两部分(图 1.1)。将部分Ⅱ撤开,留下部分Ⅰ,根据力的平衡原则,部分Ⅰ将在截面 mn 上作用一定的内力。在 mn 截面上取包含 M 点的微小面积 ΔA,作用于 ΔA 面积上的内力为 ΔQ。

令 ΔA 无限减小而趋于 M 点时,假定内力连续分布,则 $\Delta Q / \Delta A$ 的极限 p 就是截面 mn 上 M 点的应力,也就是

$$\lim_{\Delta A \to 0} \frac{\Delta Q}{\Delta A} = p$$

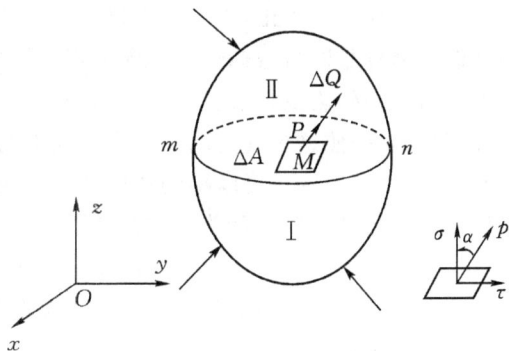

图 1.1

应力 p 在其作用截面上的法向分量称为正应力,用 σ 表示;在作用截面上的切向分量称为切应力或剪应力,用 τ 表示。当一点的应力与该点截面法线方向成 α 角时,则截面上该点的正应力和切应力分别为

$$\sigma = p\cos\alpha, \quad \tau = p\sin\alpha \tag{1.3}$$

显然,过点 M 的不同方位的截面上的应力是不同的。为分析点 M 的应力状态,即通过 M 点的各个截面上的应力的大小和方向,在 M 点取出微元直角六面体,六面体的各棱边平行于坐标轴,如图 1.2 所示。

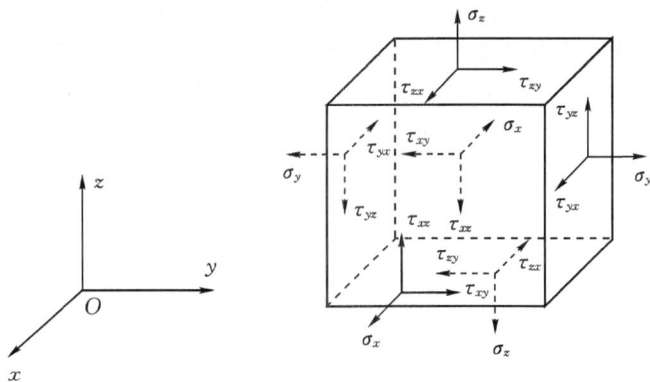

图 1.2

将每个面上的应力分解为一个正应力和两个切应力,分别与三个坐标轴平行。可以用六面体表面的应力分量来表示 M 点的应力状态。

(1)应力分量的下标约定如下:

第一个下标表示应力的作用面的法线方向,第二个下标表示应力平行的坐标轴的方向。

例如:正应力由于作用方向垂直于作用表面,只要用一个下标。例如 σ_x 表示正应力作用于垂直于 x 轴的面上,指向平行 x 轴方向。切应力 τ_{xy},第一个下标 x 表示切应力作用在垂直于 x 轴的面上,第二个下标 y 表示切应力平行 y 轴方向。

(2)应力分量的正负号规定如下:

正应力以拉应力为正,压应力为负。如果某截面上的外法线是沿坐标轴的正方向,这个截面上的应力分量以沿坐标轴正方向为正;反之为负。

如果截面的外法线是沿坐标轴的负方向,这个截面上的应力分量以沿坐标轴负方向为正;反之为正。按照这个规定图1.2中各面上的应力分量都是正的。

利用单元体的平衡,可以得到切应力互等的关系。比如,单元体各面上应力合成的微内力应满足对 x 轴的力矩之和为零,即 $M_x(\boldsymbol{F}) = 0$

$$\tau_{yz}\mathrm{d}x\mathrm{d}z\mathrm{d}y - \tau_{zy}\mathrm{d}y\mathrm{d}x\mathrm{d}z = 0$$

因此 $\tau_{yz} = \tau_{zy}$,同理利用单元体各面上应力合成的微内力应满足对 y 轴的力矩之和为零和对 z 轴之矩为零得到 $\tau_{zx} = \tau_{xz}$,$\tau_{xy} = \tau_{yx}$。因此,物体内任意一点的应力状态可以用六个独立的应力分量 σ_x,σ_y,σ_z,τ_{xy},τ_{yz},τ_{zx} 来表示。可以证明,在物体内任意一点,如果已知上述的六个分量,就可以求得经过该点的任意斜截面上的正应力和切应力。因此上述六个应力分量可以完全确定该点的应力状态。

弹性力学中除了要描述弹性体中各点的内力分布大小和规律之外,还应揭示物体变形的情况。所谓变形,就是物体形状的改变,一般用应变来描述。物体的形状改变可以归结为线段长度和角度的改变。

为研究弹性体的变形情况,假设从弹性体中分割出一个微分直角六面体单元,其三组面(一对相互平行的面称为一组面)分别与三个坐标轴垂直。

微分单元体的变形,一是微分单元体棱边的伸长和缩短;二是棱边之间夹角的变化。弹性力学分别使用正应变和切应变表示这两种变形。各线元单位长度的伸缩,称为正应变或线应变,用 ε 表示。两个垂直线段之间的直角的改变,称为切应变或剪应变,用 γ 表示。

对于微分平行六面体单元,设其变形前与 x,y,z 坐标轴平行的棱边分别为 MA,MB,MC,变形后分别变为 $M'A'$,$M'B'$,$M'C'$,如图1.3所示。

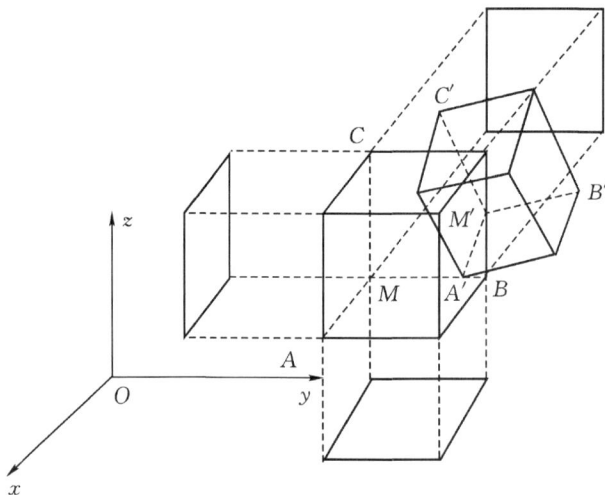

图1.3

假设分别用 $\varepsilon_x,\varepsilon_y,\varepsilon_z$ 表示 M 点平行 x,y,z 轴方向棱边的相对伸长率,即正应变。正应变以伸长为正,缩短为负;用 γ_{xy} 表示通过 M 点分别平行 x 轴和平行 y 轴之间的棱边线段夹角变化,即切应变,切应变以直角减小为正,增大为负。同理分别以 γ_{yz}、γ_{zx} 表示平行 y 轴和平行 z 轴、平行 z 轴和平行 x 轴的棱边线段的夹角变化。物体内任意一点的变形,可以用六个应变分量 $\varepsilon_x,\varepsilon_y,\varepsilon_z,\gamma_{xy},\gamma_{yz},\gamma_{zx}$ 表示,正应变与切应变的正负号规定与正应力和切应力的正负号规定相适应,并且正应变和切应变均为无量纲的数量。

可以证明,在物体的任意一点,如果已知 $\varepsilon_x,\varepsilon_y,\varepsilon_z,\gamma_{xy},\gamma_{yz},\gamma_{zx}$ 这六个应变,就可以求得经过该点的任意方向微小线段的线应变,也可以求得经过该点的任意两个微小正交线段的切应变。因此这六个应变称为该点的应变分量,可以完全确定该点的应变状态。显然,切应变符号的两个下标是可以互换的,即有

$$\gamma_{xy} = \gamma_{yx},\gamma_{yz} = \gamma_{zy},\gamma_{zx} = \gamma_{xz}$$

这种互等关系不难从切应变的定义中得到说明。

1.2.3 位移与变形

弹性体中各点的位移是指由于物体的整体移动(刚体位移)或物体的变形而导致的空间位置的变化。不受约束或约束数目不够的弹性体在力的作用下由于运动产生的位移称为刚体位移,也即弹性体没有变形时发生的位移。如果弹性体受到足够数目的约束,在力的作用下不会发生刚体位移,但可以发生变形,引起位移。也即有变形一定有位移,但有位移未必有变形。

物体内任一点的位移 $\pmb{S}$,用它在 x,y,z 三个坐标轴上的投影 u,v,w 表示,以沿坐标轴正方向为正,沿坐标轴负方向为负。这三个投影称为该点的位移分量,位移及其分量的量纲是[长度]。

物体的位移的描述,除了用到点的线位移外,有时还要用到描述绕轴转动的转角位移。转角 φ 是无量纲量。

一般来说,在弹性体内的外力(体力和面力)、应力、应变、位移,都是随着各点的位置而变的,因而都是点的位置坐标的函数。

在弹性力学的问题中,通常是已知物体的形状和大小、物体的材料特性(弹性常数),物体所受的外力,物体边界上的约束情况或面力,需要了解的未知量是应力分量、应变分量、位移分量,这就构成了弹性力学的基本问题。

1.3 弹性力学的基本假定

实际物体的特征及受力后表现出的力学特性是相当复杂的,因而在理论分析中不可能完全如实地加以描述,必须略去一些次要的因素,抓住主要的方面来体现其基本的特性,所以我们在进行弹性力学分析时,对研究对象应作出能反映其主要方面的基本假设。其实,弹性力学也正是以下基本假设为依据的。

1.3.1 完全弹性假设

物体在外因作用下变形,在外因去除后能完全恢复而没有任何残余变形。同时材料服从胡克定律,即应力与应变成正比。这就保证了应力与应变的一一对应关系。对于工程上大多数材料,当应力不超过某一限度时,这个假设与实际情况基本相符。

1.3.2　连续性假设

假设物体所占据的全部几何空间不留空隙地被组成该物质的微粒所充满。这样,物体中的应力、应变、位移、温度等物理量都是连续变化的,可以用坐标的连续函数进行描述,因此可以用微积分方法来分析外因作用下各物理量的变化。实际上,所有物体都是由微小颗粒组成的,它们之间存在空隙。但是,微粒的尺寸以及它们之间的空隙相对于宏观物体是微小的,因而宏观上可以将物体看作连续体。

1.3.3　均匀性和各向同性假设

在物体所有各点和所有方向上有相同的物理性质,因而物体的弹性常数不随位置坐标和方向而变化,可以取出物体的任一小部分来加以分析,然后把分析结果用于整体。

大多数的金属材料是均匀的和各向同性的,但纤维增强复合材料、岩土材料、木材等是各向异性的。

1.3.4　无初应力假设

认为物体在未受外部因素(如外力、温度变化)作用之前是处于自然状态,物体内部没有应力。也就是说,由弹性力学所求得的应力完全是由载荷或温度变化产生的。

1.3.5　小变形假设

假设物体在载荷或温度变化等因素作用下各点所产生的位移与物体尺寸相比都很小,使得各点的应变分量和转角都远小于1。这样,在建立物体的平衡方程时,可以用物体变形前的位置和尺寸而不至引起显著误差。在研究物体的应变和位移时,可以略去转角和应变的二次幂或其乘积,使得基本方程为线性方程,并且可以应用叠加原理。

在上述基本假设中,前4个属于物理方面的假设,满足这些假设的物体通常称为理想弹性体,第5个假设为几何方面的假设。以上述假设为基础的弹性力学称为线弹性力学。

上述的基本假设与材料力学的基本假设并无区别。在材料力学中,除了上述基本假设外,对不同问题还引用一些与变形有关的"附加假设",如平面假设等,使计算得到简化。当然,其结果的精确性和适用性都是有限的。其实,一切假设都是有条件的,随着条件的改变,有的假设就必须放弃或另作新的假设,同时也会出现新的理论和学科。例如,当物体处于塑性状态时,应力与应变之间不再是线性关系,成为物理上的非线性。对于这种状态下物体的应力、应变和位移的研究的学科,称为塑性力学。又如非金属材料在弹性阶段,其应力与应变之间也非正比的关系,这也是一种物理上的非线性。再如当物体的变形并非很小时,就不能略去变形的二次幂或乘积,于是就形成几何上的非线性。对于这两种问题的研究,就构成非线性弹性力学的内容。

1.4　弹性力学与有限单元法简介

弹性力学及有关力学分支的发展,为解决现代复杂工程结构的分析创造了条件,并促进了技术的进步和发展。弹性力学的理论力系是非常完美的,在数学上归结为求解满足一定边界条件的偏微分方程组。根据弹性体的静力学、几何学、物理学等条件,建立区域内的微分方程组和边界条件,并应用数学分析方法求解这类微分方程的边值问题,得出的解答是精确的函数解,称为解析法。在 20 世纪 30 年代及以后,出现了用复变函数的实部和虚部分别表示弹性力学的物理量,并用复变函数理论求解弹性力学问题的方法。萨文和穆斯赫利什维利在此方面作了大量的研究工作,解决了许多孔口应力集中等问题。然而解析法在用于解决工程实际问题时却遇到了很大的困难,原因是大多数的弹性力学问题很难求得其精确的解析解,除非弹性体形状比较规则,受力比较简单。因此,弹性力学问题的解法也在不断地发展。

首先是变分法(能量法)及其应用的迅速发展。贝蒂(1872)建立了功的互等定理,卡斯蒂利亚诺(1873—1879)建立了最小余能原理。为了求解变分问题出现了瑞利-里茨(1877,1908)法,伽辽金(1915)法。此外,赫林格和瑞斯纳(1914,1950)提出了两类变量的广义变分原理,胡海昌和鹫津(1954,1955)提出了三类变量的广义变分原理。根据变形体的能量极值原理,导出弹性力学的变分方程,并进行求解,这是一种独立的弹性力学问题的解法。由于得出的解答大多是近似的,所以常将变分法归入近似的解法。

其次,数值解法也广泛地应用于解决弹性力学问题。迈可斯(1932)提出了微分方程的差分解法,并得到广泛应用。它将弹力中导出的微分方程及其边界条件化为差分方程(代数方程)进行求解,是微分方程的近似数值解法。

1946 年之后,又出现了有限单元法,并且得到迅速的发展和应用,成为现在解决工程结构分析的强有力的工具。有限单元法——是近半个世纪发展起来的非常有效、应用非常广泛的数值解法。它首先将连续体变换为离散化结构,再将变分原理应用于离散化结构,并使用计算机进行求解。

有限元是近似求解一般连续场问题的数值方法。它先应用于机械、建筑结构的位移场和应力场分析,后很快广泛应用于求解电磁学中的电磁场、传热学中的温度场、流体力学中的流体场等连续场问题。

例如,弹性体受力后内部各点的应力分布规律,物体受热后内部各点温度变化的规律等,都可以用数学物理方程来描述,有限元法可以求这些数学物理方程的近似数值解。弹性力学中的平衡方程及应力边界条件就是描述应力分布规律的数学物理方程,用有限元法可以求得所需的物理量,如应力、位移、温度等。由于这些数学物理方程往往以偏微分方程出现,能用解析法求出精确解的只是少数性质比较简单且几何形状相当规则的问题。对于大多数工程技术问题,由于复杂边界条件、复杂物体形状、非线性等因素,求其精确的解析解一般都很困难,即使近似的函数解也不易求得。

对于这类问题,通常有两种解决方法:一是简化假设,将方程和几何边界简化为能够处理的问题,获得问题在简化条件下的解析解,但过多的简化可能导致结果的不精确甚至错误;另一种是借助计算机技术的发展,采用数值计算方法求解复杂工程问题,获得问题的近似解。

目前,在工程技术领域,数值分析方法主要有有限元法、边界元法和有限差分法等。其中有限元法已成为当今工程问题中应用最广泛的数值计算方法。与电子计算机结合的有限元法,用分段函数代替整体函数,以适应各种复杂的边界条件,从而使许多过去不能求得的数学物理方程均能得到满意的近似解。

对于很多工程实际问题,要获得解析解是不可能的。为了克服数学上的困难,学者们提出了多种近似求解方法,例如有限差分法、变分法、有限单元法等,其中有限单元法以其理论基础坚实、实用性极强等优点而被公认为最有效的数值方法。

有限元的基本思想早在20世纪40年代初就有人提出,但当时没有引起人们的注意和重视。到了50年代初,由于工程上的需要,特别是高速电子计算机的出现与应用,有限元法才在结构矩阵分析方法的基础上迅速发展起来,并得到越来越广泛的应用。

简要归纳起来,有限元法主要有下述四个特点:

(1)以简单逼近复杂,即把原本复杂的求解区域分成一个一个单元,在相对简单的单元建立公式,然后总体合成,以此逼近真实解。在一定条件下,随着单元分得越来越细,逼近真实解的程度也越来越高。

(2)采用矩阵形式表达,便于编制计算机程序。

(3)特别适合求解具有复杂几何形状的问题,因为它不必用正交网格计算。

(4)适应性很强。虽然它开始是用来研究复杂的飞机结构中的应力的,但现在已应用到绝大多数学科领域的工程计算问题。

比如,有限元法已从弹性力学的平面问题扩展到了空间问题、板壳问题;从静力问题扩展到了动态问题;从固体力学扩展到了流体力学、传热学、电磁学;从弹性材料问题扩展到了弹塑性、塑性、粘弹性和复合材料问题;从航空工程问题扩展到了宇航、土木建筑、机械制造、水利工程及原子能学科等方面的问题。

有限元法分析和计算工程问题一般分为六个步骤:

(1)求解区域离散化。用假想的网格将求解区域(或结构)分为若干子域,即分成有限个单元,网格线的交点称为节点。这是有限元分析的第一步。

(2)选取插值函数(或称形函数)。对单元中位移分布作出一定假设,也就是假定位移为坐标的某种简单函数,用单元节点位移表示单元内一点的位移,这种函数称为插值函数或形函数,通常选取多项式作为场变量的插值函数,因为多项式易于积分与微分。

有限元法采用分片近似,只需对一个单元选择一个近似位移函数,而不必对整个求解区域选择函数。有限元法开始时不必考虑边界条件,只需考虑单元之间的位移连续即可,这样比在整个区域中选取连续函数要简单得多。特别是对复杂的几何形状或者材料性质、作用载荷有突变的结构,采用分片(段)函数就显得更为合理和适宜了。

(3)分析单元的(力学)特性。应用物理直接法、虚功原理、变分原理和加权余数法中任一种,来确定单元特性的矩阵方程(单元刚度矩阵),即单元节点力和节点位移之间的关系矩阵。导出单元刚度矩阵是单元特性分析的核心内容。

(4)集合所有单元的平衡方程,以建立整个求解域的平衡方程组。集合过程包括两方面的内容:一是将各个单元的刚度矩阵集合成整个系统的刚度矩阵;二是将作用于各单元的等效节点力矩阵集合成总体载荷矩阵。

(5)求解系统的总体方程组。通过引入边界位移约束条件,求解表示节点力与节点位移之间关系的线性方程组,求出节点位移。

(6)根据需要进行附加计算。比如,已求得节点位移,再根据位移与应变、应变与应力关系求出应变与应力等。

在有限单元法中,位移法应用最为广泛,其基本思想可简述为:将结构离散成有限个单元,每个单元设定若干个节点,选取节点位移作为基本未知量,并在每个单元区域内选用某种插值函数(位移模式)以近似表示单元内位移的分布;利用某种原理(例如虚功原理)建立求解基本未知量的方程组。

1.5 弹性力学数学基础

1.5.1 欧拉齐次函数定理

一般地,称函数 $f(x_1, x_2, \cdots, x_n)$ 为 m 次齐次函数,如果它满足

$$f(\lambda x_1, \lambda x_2, \cdots, \lambda x_n) = \lambda^m f(x_1, x_2, \cdots, x_n)$$

齐次函数欧拉定理表述如下:

设函数 $f(x_1, x_2, \cdots, x_n)$ 为 m 次齐次函数,则有

$$x_1 \frac{\partial f}{x_1} + x_2 \frac{\partial f}{x_2} + \cdots + x_n \frac{\partial f}{x_n} = mf$$

证明:

$$\frac{\mathrm{d}}{\mathrm{d}\lambda} f(\lambda x_1, \lambda x_2, \cdots, \lambda x_n) = \sum_{i=1}^{n} \frac{\partial f}{\partial(\lambda x_i)} \frac{\mathrm{d}(\lambda x_i)}{\mathrm{d}\lambda} = \sum_{i=1}^{n} x_i \frac{\partial f}{\partial(\lambda x_i)}$$

$$\frac{\mathrm{d}}{\mathrm{d}\lambda} \lambda^m f(x_1, x_2, \cdots, x_n) = m\lambda^{m-1} f(x_1, x_2, \cdots, x_n)$$

因为 $f(x_1, x_2, \cdots, x_n)$ 为 m 次齐次函数,故有

$$\sum_{i=1}^{n} x_i \frac{\partial f}{\partial(\lambda x_i)} = m\lambda^{m-1} f(x_1, x_2, \cdots, x_n) \tag{1.4}$$

取 $\lambda = 1$ 便有

$$x_1 \frac{\partial f}{x_1} + x_2 \frac{\partial f}{x_2} + \cdots + x_n \frac{\partial f}{x_n} = mf$$

逗号约定:逗号后面紧跟一个下标 i 时,表示该量对坐标 x_i 求偏导数;逗号后面紧跟两个下标 i、j 时,表示该量对坐标 x_i、x_j 求二阶偏导数,即

$$(\ )_{,i} = \frac{\partial}{\partial x_i}(\ ); \qquad (\ )_{,ij} = \frac{\partial^2}{\partial x_i \partial x_j}(\ ) \tag{1.5}$$

利用这个约定,偏导数均可用下标记法进行缩写,比如

$$\frac{\partial u_i}{\partial x_i} = u_{i,j}, \qquad \frac{\partial \varepsilon_{ij}}{\partial x_k} = \varepsilon_{ij,k}, \qquad \frac{\partial^2 u_i}{\partial x_j \partial x_k} = u_{i,jk}, \qquad \frac{\partial^2 \sigma_{ij}}{\partial x_k \partial x_l} = \sigma_{ij,kl}$$

1.5.2 矢量及矢量场运算

1. 符号指标与求和约定

在矢量和张量分析中广泛采用指标。为简单起见,将 n 个变量的集合 $x_1, x_2, \cdots, x_n$ 表示为 x_i,其中下标 $i(i = 1, 2, 3, \cdots, n)$ 称为指标。若在同一项中,同一个指标字母重复出现,称其为哑指标,表示要对这个指标遍历其范围 $1, 2, 3, \cdots, n$ 求和。这是一个约定,称为 Einstein 求和约定。在三维空间中,一个矢量(例如力矢量、速度矢量、位移矢量等)在某参考坐

标系中有 3 个分量。这三个分量的有序集合,规定了这个矢量。当坐标变换时,这些分量按照一定的变换法则变换。例如表示一点位移的矢量 r,在三维笛卡尔(Descartes)坐标系中有三个分量(x_1,x_2,x_3),若以 $e_i(i=1,2,3)$ 表示三个坐标轴(以 x^1,x^2,x^3 表示)正方向的单位矢量,也称坐标基矢量,如图 1.4 所示,则

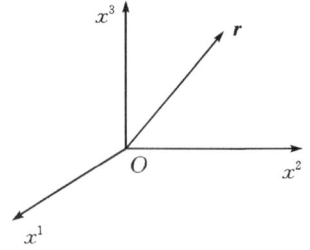

图 1.4

$$r = x_1e_1 + x_2e_2 + x_3e_3 = \sum_{i=1}^{3} x_ie_i \tag{1.6a}$$

按求和约定,上式也可写为

$$r = x_ie_i \tag{1.6b}$$

2. 矢量的数量积与矢量积

两个矢量 a、b 相乘的运算分为数量积和矢量积,数量积也称为数乘或点积,定义如下

$$a \cdot b = ab\cos\theta$$

(θ 为两矢量 a、b 正方向的夹角) $\tag{1.7}$

根据矢量数量积的定义,笛卡尔坐标系坐标轴正方向单位矢量满足

$$e_i \cdot e_j = \begin{cases} 1, & i=j \\ 0, & i\neq j \end{cases} \quad (i,j=1,2,3)$$

定义

$$\delta_{ij} = \begin{cases} 1, & i\neq j \\ 0, & i=j \end{cases} \quad (i,j=1,2,3)$$

称为 Kronecker delta 符号,则 $e_i \cdot e_j = \delta_{ij}$。按照求和约定,显然

$$\delta_{ii} = \delta_{11} + \delta_{22} + \delta_{33} = 3$$

若 a 在 $Ox^1x^2x^3$ 坐标系中的分量为(a_1,a_2,a_3),b 的分量为(b_1,b_2,b_3),即

$$a = a_1e_1 + a_2e_2 + a_3e_3, \quad b = b_1e_1 + b_2e_2 + b_3e_3$$

则 a、b 相乘的数量积可用分量表示为

$$a \cdot b = a_1b_1 + a_2b_2 + a_3b_3 = a_ib_i \tag{1.8}$$

或者表示为

$$a \cdot b = a_ie_ib_je_j = a_ib_j\delta_{ij}$$

比较以上两式,可得

$$a_ib_j\delta_{ij} = a_ib_i = a_jb_j \tag{1.9}$$

可见 Kronecker delta 符号 δ_{ij} 与某个与其有一个相同指标的符号相乘,起到将这个指标符号的指标替换为 δ_{ij} 的另一个指标的作用。

两个矢量 a、b 相乘的矢量积也称为叉积,是一个矢量,其大小为两矢量大小的乘积再乘以它们间夹角的正弦,即 $|a\times b| = ab\sin\theta$,方向按右手螺旋法则确定。

定义置换符号

$$e_{ijk} = \begin{cases} 1, & \text{当 } i,j,k \text{ 为顺序排列} \\ -1, & \text{当 } i,j,k \text{ 为逆序排列} \\ 0, & \text{当 } i,j,k \text{ 为非序排列} \end{cases}$$

根据矢量积的定义,则有

$$\boldsymbol{e}_i \times \boldsymbol{e}_j = e_{ijk}\boldsymbol{e}_k \tag{1.10}$$

因此

$$\boldsymbol{a} \times \boldsymbol{b} = a_i\boldsymbol{e}_i \times b_j\boldsymbol{e}_j = a_ib_je_{ijk}\boldsymbol{e}_k \tag{1.11}$$

3. 三个矢量的混合积

定义三个矢量 $\boldsymbol{a}, \boldsymbol{b}, \boldsymbol{c}$ 相乘的运算 $\boldsymbol{a} \cdot (\boldsymbol{b} \times \boldsymbol{c})$ 为它们的混合积,是一个数量,其几何意义为以 $\boldsymbol{a}, \boldsymbol{b}, \boldsymbol{c}$ 三个矢量为棱边的平行六面体的有向体积,记为

$$[\boldsymbol{a}, \boldsymbol{b}, \boldsymbol{c}] = \boldsymbol{a} \cdot (\boldsymbol{b} \times \boldsymbol{c})$$

用指标符号表示为

$$\boldsymbol{a} \cdot (\boldsymbol{b} \times \boldsymbol{c}) = a_i\boldsymbol{e}_i b_j c_k e_{jkl}\boldsymbol{e}_l = a_ib_jc_k e_{jkl}\delta_{il} = a_ib_jc_k e_{jki} \tag{1.12}$$

根据指标运算法则,显然

$$\boldsymbol{a} \cdot (\boldsymbol{b} \times \boldsymbol{c}) = \boldsymbol{b} \cdot (\boldsymbol{c} \times \boldsymbol{a}) = \boldsymbol{c} \cdot (\boldsymbol{a} \times \boldsymbol{b}) \tag{1.13}$$

即

$$[\boldsymbol{a}, \boldsymbol{b}, \boldsymbol{c}] = [\boldsymbol{b}, \boldsymbol{c}, \boldsymbol{a}] = [\boldsymbol{c}, \boldsymbol{a}, \boldsymbol{b}]$$

根据 Kronecker delta 符号 δ_{ij} 与指标符号相乘的运算法则

$$e_{ijk} = e_{ijl}\delta_{lk} = e_{ijl}\boldsymbol{e}_l \cdot \boldsymbol{e}_k = (\boldsymbol{e}_i \times \boldsymbol{e}_j) \cdot \boldsymbol{e}_k \tag{1.14}$$

同理

$$e_{kij} = (\boldsymbol{e}_k \times \boldsymbol{e}_i) \cdot \boldsymbol{e}_j = e_{jki} = (\boldsymbol{e}_j \times \boldsymbol{e}_k) \cdot \boldsymbol{e}_i = e_{ijk} = (\boldsymbol{e}_i \times \boldsymbol{e}_j) \cdot \boldsymbol{e}_k \tag{1.15}$$

即置换符号 e_{ijk} 表示笛卡尔坐标系中的基矢量 $\boldsymbol{e}_i, \boldsymbol{e}_j, \boldsymbol{e}_k$ 的混合积。

由式(1.11)及行列式运算的定义可知,两矢量 $\boldsymbol{a}, \boldsymbol{b}$ 的叉积可用坐标基矢量和 $\boldsymbol{a}, \boldsymbol{b}$ 的分量形成的行列式表示为

$$\boldsymbol{a} \times \boldsymbol{b} = \begin{vmatrix} \boldsymbol{e}_1 & \boldsymbol{e}_2 & \boldsymbol{e}_3 \\ a_1 & a_2 & a_3 \\ b_1 & b_2 & b_3 \end{vmatrix} \tag{1.16}$$

$$= (a_2b_3 - a_3b_2)\boldsymbol{e}_1 + (a_3b_1 - a_1b_3)\boldsymbol{e}_2 + (a_1b_2 - a_2b_1)\boldsymbol{e}_3$$

此结果留给读者自己证明。

下面不加证明地给出关系式

$$e_{ijk}e_{lmn} = \begin{vmatrix} \delta_{il} & \delta_{im} & \delta_{in} \\ \delta_{jl} & \delta_{jm} & \delta_{jn} \\ \delta_{kl} & \delta_{km} & \delta_{kn} \end{vmatrix} \tag{1.17}$$

以此为基础,当 $n=k$ 时,利用行列式和 Kronecker delta 符号运算性质,可以得到如下关系式

$$e_{ijk}e_{rsk} = \begin{vmatrix} \delta_{ir} & \delta_{is} & \delta_{ik} \\ \delta_{jr} & \delta_{js} & \delta_{jk} \\ \delta_{kr} & \delta_{ks} & \delta_{kk} \end{vmatrix} = \delta_{ik}\begin{vmatrix} \delta_{jr} & \delta_{js} \\ \delta_{kr} & \delta_{ks} \end{vmatrix} - \delta_{jk}\begin{vmatrix} \delta_{ir} & \delta_{is} \\ \delta_{kr} & \delta_{ks} \end{vmatrix} + \delta_{kk}\begin{vmatrix} \delta_{ir} & \delta_{is} \\ \delta_{kr} & \delta_{ks} \end{vmatrix}$$

$$= \begin{vmatrix} \delta_{jr} & \delta_{js} \\ \delta_{ir} & \delta_{is} \end{vmatrix} - \begin{vmatrix} \delta_{ir} & \delta_{is} \\ \delta_{jr} & \delta_{js} \end{vmatrix} + 3\begin{vmatrix} \delta_{ir} & \delta_{is} \\ \delta_{jr} & \delta_{js} \end{vmatrix} = \delta_{ir}\delta_{js} - \delta_{is}\delta_{jr} \tag{1.18}$$

在此基础上,当 $s=j$ 时,利用上式可得

$$e_{ijk}e_{rjk} = \delta_{ir}\delta_{jj} - \delta_{ij}\delta_{jr} = 3\delta_{ir} - \delta_{ir} = 2\delta_{ir} \tag{1.19}$$

如果还有 $r=1$,由此易得

$$e_{ijk}e_{ijk} = 2\delta_{ii} = 6 \tag{1.20}$$

4. 矢量分量的坐标变换

下面考虑坐标变换问题,固定坐标原点 O,把原坐标系转动到新的位置,得到一新的笛卡尔坐标系,以 $e_{i'}(i'=1,2,3)$ 表示新坐标系三个坐标轴(以 $x^{1'},x^{2'},x^{3'}$ 表示)正方向的单位矢量,如图 1.5 所示,r 在新坐标系的三个分量为 (x_1',x_2',x_3'),则

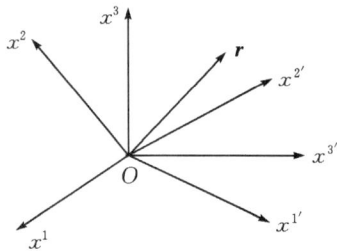

图 1.5

$$r = x_1'e_{1'} + x_2'e_{2'} + x_3'e_{3'} = x_i'e_{i'} \tag{1.21}$$

以下我们说明,r 在新坐标系的三个分量(x_1',x_2',x_3'),与其在老坐标系中的分量(x_1,x_2,x_3)间满足坐标旋转的变换关系。

新的基矢量可以用老的基矢量表示

$$e_{i'} = \beta_{i'k}e_k \tag{1.22}$$

式中同一项中非重复出现的指标 i' 称为自由指标($i'=1,2,3$),表示了可以写出的等式的个数。1 个自由指标可以写出 $3^1=3$ 个类似的等式,n 个自由指标可以写出 3^n 个类似的等式。

老的基矢量可以用新的基矢量表示

$$e_i = \beta_{j'i}e_{j'} \tag{1.23}$$

用 e_j 点乘第一式的两边得

$$\beta_{i'j} = e_{i'} \cdot e_j \tag{1.24}$$

由于 $e_{i'}$、$e_{j'}$ 都是单位矢量,所以 $\beta_{i'j}$ 是它们夹角的余弦,$\beta_{i'j}$ 也称为坐标旋转的变换系数。还由于 $e_{i'}(i'=1,2,3)$、$e_j(j=1,2,3)$是正交矢量,故有

$$\delta_{i'j'} = e_{i'} \cdot e_{j'} = \beta_{i'k}e_k \cdot \beta_{j't}e_t = \beta_{i'k}\beta_{j'k} \tag{1.25}$$

$$\delta_{ij} = e_i \cdot e_j = \beta_{k'i}e_{k'} \cdot \beta_{i'j}e_{i'} = \beta_{k'i}\beta_{k'j} \tag{1.26}$$

任意矢量 u 既可以用旧坐标中的分量表示,也可以用新坐标系中的分量表示,即

$$u = u_ie_i = u_{i'}e_{i'} \tag{1.27}$$

由式(1.27)和式(1.23)可得

$$u_ie_i = u_i\beta_{j'i}e_{j'} = u_{j'}e_{j'}, \quad u_{i'}e_{i'} = u_{i'}\beta_{i'j}e_j = u_je_j$$

即

$$u_j = u_{i'}\beta_{i'j}, \quad u_{j'} = u_i\beta_{j'i} \tag{1.28}$$

当坐标系选定之后,一个矢量 u 完全由它的三个分量 $u_i(i=1,2,3)$ 确定,当坐标系变换时,这些分量必须按式(1.28)变换。因此可以给出矢量的新定义:在给定的坐标系中,有三个数 $u_i(i=1,2,3)$,在坐标变换时,这些分量按上式变换成新的三个数,则这三个数作为一个有序整体称为一个矢量。需强调的是,矢量分量 u_i 随坐标变化,但矢量 u 本身与坐标系无关。

5. 矢量场的散度与旋度

定义:设有数性变量 t 和变矢量 A,如果对于 t 在某个范围 G 内的每一个数值,A 都以一个确定的矢量和它对应,则称 A 为数性变量 t 的矢性函数,记作

$$A = A(t) \tag{1.29}$$

并称 G 为函数 A 的定义域。

矢性函数 $A(t)$ 在 $Oxyz$ 直角坐标系中的三个分量(即它在三个坐标轴上的投影),显然都是 t 的函数,记为

$$A_x(t);A_y(t);A_z(t)$$

所以,矢性函数 $A(t)$ 的坐标表示式为

$$A = A_x(t)i + A_y(t)j + A_z(t)k \tag{1.30}$$

其中 i,j,k 为沿 x,y,z 三个坐标轴正向的单位矢量。可见,一个矢性函数和三个有序的数性函数(坐标)构成一一对应的关系。

如果在全部空间或部分空间里的每一点,都对应着某个矢量的一个确定的值,就说在这空间里确定了该矢量的一个场,称为该矢量的矢量场。如力场、速度场、电场、磁场等。

1)通量的定义

设有矢量场 $A(M)$,沿其中有向曲面 S 某一侧的曲面积分

$$\Phi = \iint\limits_{S} A_n \mathrm{d}S = \iint\limits_{S} A \cdot \mathrm{d}S \tag{1.31}$$

叫做矢量场 $A(M)$ 向积分所沿一侧穿过曲面 S 的通。

在直角坐标系中,设 $A = A_x(x,y,z)i + A_y(x,y,z)j + A_z(x,y,z)k$

又

$$\begin{aligned}
\mathrm{d}S &= n_0 \mathrm{d}S \\
&= \mathrm{d}S\cos(n,x)i + \mathrm{d}S\cos(n,y)j + \mathrm{d}S\cos(n,z)k \\
&= \mathrm{d}y\mathrm{d}zi + \mathrm{d}z\mathrm{d}xj + \mathrm{d}x\mathrm{d}yk
\end{aligned}$$

则通量可以写成

$$\Phi = \iint\limits_{S} A \cdot \mathrm{d}S = \iint\limits_{S} A_x \mathrm{d}y\mathrm{d}z + A_y \mathrm{d}z\mathrm{d}x + A_z \mathrm{d}x\mathrm{d}y$$

2)散度的定义

设有矢量场 $A(M)$,于场中一点 M 的某个邻域内作一包含 M 点在内的任一闭曲面 $\Delta\Omega$,设其所包围的空间区域为 $\Delta\Omega$,以 ΔV 表其体积,以 $\Delta\Phi$ 表从其内穿出 S 的通量,若当 $\Delta\Omega$ 以任意方式缩向 M 点时,比式

$$\frac{\Delta\Phi}{\Delta V} = \frac{\oiint\limits_{S} A \cdot \mathrm{d}S}{\Delta V}$$

的极限存在,则称此极限为矢量场 $A(M)$ 在点 M 处的散度,记作 $\mathrm{div}A$,即

$$\mathrm{div}A = \lim_{\Delta\Omega \to \infty M} \frac{\Delta\Phi}{\Delta V} = \lim_{\Delta\Omega \to \infty M} \frac{\oiint\limits_{S} A \cdot \mathrm{d}S}{\Delta V} \tag{1.32}$$

散度的定义是与坐标系无关的。下面的定理给出了它在直角坐标系中的表示式。

设有矢量场

$$A = A_x i + A_y j + A_z k$$

其存在空间连续偏导数,可以证明其散度

$$\mathrm{div}A = \frac{\partial A_x}{\partial x} + \frac{\partial A_y}{\partial y} + \frac{\partial A_z}{\partial z} \tag{1.33}$$

引入哈密尔顿算子

$$\nabla = \boldsymbol{i}\,\frac{\partial}{\partial x} + \boldsymbol{j}\,\frac{\partial}{\partial y} + \boldsymbol{k}\,\frac{\partial}{\partial z} \tag{1.34}$$

显然

$$\frac{\partial A_x}{\partial x} + \frac{\partial A_y}{\partial y} + \frac{\partial A_z}{\partial z} = \nabla \cdot (A_x \boldsymbol{i} + A_y \boldsymbol{j} + A_z \boldsymbol{k}) = \nabla \cdot \boldsymbol{A} \tag{1.35}$$

即矢量场 $\boldsymbol{A}$ 的散度等于哈密尔顿算子与该矢量函数 $\boldsymbol{A}$ 的点积。

3）Gauss 定理（散度定理）

设空间区域 Ω 的边界由曲面 S 包围，矢量函数

$$\boldsymbol{A} = A_x(x,y,z)\boldsymbol{i} + A_y(x,y,z)\boldsymbol{j} + A_z(x,y,z)\boldsymbol{k}$$

在 Ω 内和 S 上均有一阶连续偏导数，则 $\boldsymbol{A}$ 在闭曲面 S 上的积分和 $\boldsymbol{A}$ 的散度在区域 Ω 的积分间存在如下关系

$$\oiint\limits_{S} A_x \mathrm{d}y\mathrm{d}z + A_y \mathrm{d}z\mathrm{d}x + A_z \mathrm{d}x\mathrm{d}y = \iiint\limits_{\Omega} \left(\frac{\partial A_x}{\partial x} + \frac{\partial A_y}{\partial y} + \frac{\partial A_z}{\partial z} \right) \mathrm{d}V \tag{1.36a}$$

或表示为

$$\oiint\limits_{S} \boldsymbol{A} \cdot \mathrm{d}\boldsymbol{S} = \iiint\limits_{\Omega} \nabla \cdot \boldsymbol{A}\,\mathrm{d}V \tag{1.36b}$$

即矢量函数 $\boldsymbol{A}$ 在有向闭曲面 S 上的积分等于其散度在 S 所围的空间域内的体积分。

4）环量的定义

设有矢量场 $\boldsymbol{A}(M)$，则沿场中某一封闭的有向曲线 l 的曲线积分 $\oint_l \boldsymbol{A} \cdot \mathrm{d}l$ 叫做此矢量场按积分所取方向沿曲线 l 的环量。

5）环量面密度

设 M 为矢量场 $\boldsymbol{A}$ 中的一点，在 M 点处取定一个方向 $\boldsymbol{n}$，再过 M 点任作一微小曲面 ΔS，以 $\boldsymbol{n}$ 为其在 M 点处的法矢，对此曲面，我们同时又以 ΔS 表示其面积，其周界 Δl 之正向取作与 $\boldsymbol{n}$ 构成右手螺旋关系，则矢量场沿 Δl 之正向的环量与面积 ΔS 之比，当曲面 ΔS 在保持 M 点于其上的条件下，沿着自身缩向 M 点时，若比值的极限存在，则称其为矢量场 $\boldsymbol{A}$ 在点 M 处沿方向 $\boldsymbol{n}$ 的环量面密度（就是环量对面积的变化率），记作 μ_n，即

$$\mu_n = \lim_{\Delta\Omega \to \infty M} \frac{\oint_l \boldsymbol{A} \cdot \mathrm{d}l}{\Delta S} \tag{1.37}$$

6）旋度

若在矢量场

$$\boldsymbol{A} = A_x(x,y,z)\boldsymbol{i} + A_y(x,y,z)\boldsymbol{j} + A_z(x,y,z)\boldsymbol{k}$$

中的一点 M 处存在这样的一个矢量 $\boldsymbol{R}$，矢量场 $\boldsymbol{A}$ 在点 M 处沿其方向的环量面密度为最大，这个最大的数值，正好就是 $\boldsymbol{R}$，则称矢量 $\boldsymbol{R}$ 为矢量场 $\boldsymbol{A}$ 在点 M 处的旋度，记作 $\mathrm{rot}\boldsymbol{A}$，即

$$\mathrm{rot}\boldsymbol{A} = \boldsymbol{R}$$

简言之，旋度矢量在数值和方向上表出了最大的环量面密度。旋度的上述定义，是与坐标系无关的，在直角坐标系中有

$$\text{rot}\boldsymbol{A} = \left(\frac{\partial A_z}{\partial y} - \frac{\partial A_y}{\partial z}\right)\boldsymbol{i} - \left(\frac{\partial A_x}{\partial z} - \frac{\partial A_z}{\partial x}\right)\boldsymbol{j} + \left(\frac{\partial A_y}{\partial x} - \frac{\partial A_x}{\partial y}\right)\boldsymbol{k} \tag{1.38}$$

或记为

$$\text{rot}\boldsymbol{A} = \begin{vmatrix} \boldsymbol{i} & \boldsymbol{k} & \boldsymbol{k} \\ \dfrac{\partial}{\partial x} & \dfrac{\partial}{\partial y} & \dfrac{\partial}{\partial z} \\ A_x & A_y & A_z \end{vmatrix} \tag{1.39}$$

1.5.3 张量基础

1. 张量的定义

在物理学、力学和几何学中还有一些更复杂的量,例如受力弹性体内一点的应力状态,有 9 个应力分量,如以空间直角坐标表示,用矩阵形式列出,则有

$$\left[\sigma_{ij}\right] = \begin{bmatrix} \sigma_x & \tau_{xy} & \tau_{xz} \\ \tau_{yx} & \sigma_y & \tau_{yz} \\ \tau_{zx} & \tau_{zy} & \sigma_z \end{bmatrix}$$

这 9 个分量的集合,规定了一点的应力状态,称为该点的应力张量。当坐标变换时,这些分量按照一定的变换法则变换。再如,一点的应变状态,具有和应力张量相似的性质,称为应变张量。

把上述的力矢量、速度矢量、应力张量、应变张量等量的性质抽象化,撇开它们所表示的量的物理性质,抽出其数学上的共性,便得到抽象的张量概念。所谓张量是一个物理量或几何量,它由某参考坐标系中一定数目的分量的集合所规定,当坐标变换时,这些分量按照一定的法则变换。张量有不同的阶,三维空间中 N 阶张量有 3^N 个分量。例如,矢量是一阶张量,有 3 个分量;应力张量与应变张量是二阶张量,有 9 个分量;还有三阶、四阶、更高阶张量。例如,表示各向异性弹性体性质的弹性张量是四阶张量。

由张量的特性可以看出,它是一种不依赖于特定坐标系的表达物理定律的方式。采用张量记法表示的方程,若在某一坐标系中成立,则在容许变换的其他坐标系中也成立,即张量方程具有不变性。这使得它特别适合表达物理定律,因为物理定律与人们为了描述它所采用的坐标系无关。张量记法简洁,是一种非常精炼的数学语言,为人们提供了推导基本方程的有力工具。

将矢量概念加以推广,给出张量的定义:在三维空间的任一组基 $\boldsymbol{e}_i$ 下,有用 n 个指标编号的 3^n 个数 $T_{i_1 i_2 \cdots i_n}$,当坐标基矢量 $\boldsymbol{e}$ 按 $\boldsymbol{e}_{i'} = \beta_{i'i}\boldsymbol{e}_i$ 变换为 $\boldsymbol{e}_{i'}$ 时,这 3^n 个数按如下规律变换

$$T_{i_1' i_2' \cdots i_n'} = \beta_{i_1' i_1}\beta_{i_2' i_2}\cdots\beta_{i_n' i_n}T_{i_1 i_2 \cdots i_n} \tag{1.40}$$

则称这 3^n 个数的有序集合为一个 n 阶张量。称 $T_{i_1 i_2 \cdots i_n}$ 为对应基 $\boldsymbol{e}_i$ 下的张量分量,有时也简单称 $T_{i_1 i_2 \cdots i_n}$ 为 n 阶张量。

显然标量为 0 阶张量,矢量为一阶张量。一个矢量的某一分量不是标量,因为它会随坐标系变化。

2. 张量的表示

可以用坐标基矢量及其在坐标系中的分量来表示一个张量,例如

$$\boldsymbol{T} = T_{i_1 i_2 \cdots i_n} \boldsymbol{e}_{i_1} \otimes \boldsymbol{e}_{i_2} \otimes \boldsymbol{e}_{i_n}$$

其中 $\boldsymbol{e}_{i_1} \otimes \boldsymbol{e}_{i_2} \otimes \cdots \boldsymbol{e}_{i_n}$ 表示把 n 个基矢量并写在一起,称为基张量。这种基张量共有 3^n 个。

二阶张量共有 9 个分量,一个二阶张量可以表示为

$$\begin{aligned}
\boldsymbol{T} = T_{ij}\boldsymbol{e}_j &= T_{11}\boldsymbol{e}_1 \otimes \boldsymbol{e}_1 + T_{12}\boldsymbol{e}_1 \otimes \boldsymbol{e}_2 + T_{13}\boldsymbol{e}_1 \otimes \boldsymbol{e}_3 \\
&+ T_{21}\boldsymbol{e}_2 \otimes \boldsymbol{e}_1 + T_{22}\boldsymbol{e}_2 \otimes \boldsymbol{e}_2 + T_{23}\boldsymbol{e}_2 \otimes \boldsymbol{e}_3 \\
&+ T_{31}\boldsymbol{e}_3 \otimes \boldsymbol{e}_1 + T_{32}\boldsymbol{e}_3 \otimes \boldsymbol{e}_2 + T_{33}\boldsymbol{e}_3 \otimes \boldsymbol{e}_3
\end{aligned} \tag{1.41}$$

需指出的是,若 $i \neq j$,$\boldsymbol{e}_i \otimes \boldsymbol{e}_j \neq \boldsymbol{e}_j \otimes \boldsymbol{e}_i$。

3. 二阶张量的点积

若张量 $\boldsymbol{A} = A_{ij}\boldsymbol{e}_i \otimes \boldsymbol{e}_j$,$\boldsymbol{B} = B_{ij}\boldsymbol{e}_i \otimes \boldsymbol{e}_j$,则它们的点积(或称为内积)定义为

$$\boldsymbol{A} \cdot \boldsymbol{B} = A_{ij}B_{kl}\boldsymbol{e}_i \otimes \boldsymbol{e}_j \cdot \boldsymbol{e}_k \otimes \boldsymbol{e}_l = A_{ij}B_{kl}\delta_{jk}\boldsymbol{e}_i \otimes \boldsymbol{e}_l = A_{ik}B_{kl}\boldsymbol{e}_i \otimes \boldsymbol{e}_l \tag{1.42}$$

可以证明,两个二阶张量的点积仍为二阶张量。若 $\boldsymbol{u} = u_k\boldsymbol{e}_k$ 是一个矢量,则

$$\boldsymbol{A} \cdot \boldsymbol{u} = A_{ij}\boldsymbol{e}_i \otimes \boldsymbol{e}_j \cdot u_k\boldsymbol{e}_k = A_{ij}u_k\delta_{jk}\boldsymbol{e}_i = A_{ik}u_k\boldsymbol{e}_i \tag{1.43}$$

二阶张量和矢量可用矩阵和列向量表示,如二阶张量 $\boldsymbol{T}$,将其 9 个分量用矩阵表示为

$$[\boldsymbol{T}] = [T_{ij}] = \begin{bmatrix} T_{11} & T_{12} & T_{13} \\ T_{21} & T_{22} & T_{23} \\ T_{31} & T_{32} & T_{33} \end{bmatrix} \tag{1.44}$$

称为二阶张量对应的矩阵。矢量 $\boldsymbol{u}$、$\boldsymbol{v}$ 用列向量可表示为 $\{\boldsymbol{u}\} = \{u_1 \quad u_2 \quad u_3\}^{\mathrm{T}}$、$\{\boldsymbol{v}\} = \{v_1 \quad v_2 \quad v_3\}^{\mathrm{T}}$。有了这种矩阵和列向量,二阶张量的点积或张量与矢量的点积就可以用矩阵相乘或矩阵乘以列向量表示。例如若 $\boldsymbol{A}$、$\boldsymbol{B}$ 和 $\boldsymbol{C}$ 是三个二阶张量,$\boldsymbol{C} = \boldsymbol{A} \cdot \boldsymbol{B}$ 可以表示为 $[\boldsymbol{C}] = [\boldsymbol{A}][\boldsymbol{B}]$,式中 $[\boldsymbol{C}]$、$[\boldsymbol{A}]$、$[\boldsymbol{B}]$ 分别是二阶张量 $\boldsymbol{A}$、$\boldsymbol{B}$ 和 $\boldsymbol{C}$ 对应的矩阵,或以矩阵元素表示为 $C_{ij} = A_{ik}B_{kj}$;等式 $\boldsymbol{T} \cdot \boldsymbol{u} = \boldsymbol{v}$ 就可以表示为 $[\boldsymbol{T}]\{\boldsymbol{u}\} = \{\boldsymbol{v}\}$,即

$$\begin{bmatrix} T_{11} & T_{12} & T_{13} \\ T_{21} & T_{22} & T_{23} \\ T_{31} & T_{32} & T_{33} \end{bmatrix} \begin{Bmatrix} u_1 \\ u_2 \\ u_3 \end{Bmatrix} = \begin{Bmatrix} v_1 \\ v_2 \\ v_3 \end{Bmatrix} \tag{1.45}$$

或表示为

$$T_{ij}u_j = v_i \tag{1.46}$$

4. 二阶张量的不变量

二阶张量对应的矩阵的行列式称为二阶张量的行列式。例如二阶张量 $\boldsymbol{T}$ 的行列式记为 $\det\boldsymbol{T}$,即

$$\det\boldsymbol{T} = \det[T_{ij}] = \begin{vmatrix} T_{11} & T_{12} & T_{13} \\ T_{21} & T_{22} & T_{23} \\ T_{31} & T_{32} & T_{33} \end{vmatrix}$$

对称与反对称张量:若二阶张量 $\boldsymbol{T}$ 的分量满足 $T_{ij} = T_{ji}$,则称张量 $\boldsymbol{T}$ 为二阶对称张量,二阶张量对应的矩阵为对称矩阵。若二阶张量 $\boldsymbol{C}$ 的分量满足 $C_{ij} = -C_{ji}$,则称张量 $\boldsymbol{C}$ 为二阶反对称张量。二阶反对称张量对应的矩阵为反对称矩阵。

任何一个二阶张量 $\boldsymbol{A}$ 都可以分解成一个对称张量 $\boldsymbol{B}$ 和一个反对称张量 $\boldsymbol{C}$ 的和,即

$$\boldsymbol{A} = \boldsymbol{B} + \boldsymbol{C}$$

其中 $B = \dfrac{1}{2}(A + A^{\mathrm{T}})$ 为对称张量，$C = \dfrac{1}{2}(A - A^{\mathrm{T}})$ 为反对称张量。

或以分量表示为

$$A_{ij} = B_{ij} + C_{ij}$$

$$B_{ij} = \frac{1}{2}(A_{ij} + A_{ji}), \quad C_{ij} = \frac{1}{2}(A_{ij} - A_{ji})$$

对于二阶对称张量 T，若存在实数 λ 和单位矢量 a，使得

$$T \cdot a = \lambda a \tag{1.47a}$$

即

$$(T - \lambda I) \cdot a = 0 \tag{1.47b}$$

成立，则称 λ 为张量的特征值，矢量 a 称为张量对应于特征值 λ 的特征矢量，其方向称为张量的主方向。式中 $I = e_i \otimes e_i = e_1 \otimes e_1 + e_2 \otimes e_2 + e_3 \otimes e_3$ 称为二阶单位张量，其对应的矩阵为二阶单位对角矩阵。

以上两式可以分量式写为

$$T_{ij} a_j = \lambda a_i \tag{1.47c}$$

或

$$(T_{ij} - \lambda \delta_{ij}) a_j = 0 \tag{1.47d}$$

由于 a 是单位矢量，所以 $a_i a_i = 1$。上式可以看成关于 a_i 的齐次线性方程组，由于 a 是单位矢量，要使上式成立，其行列式必须为零，即

$$\det(T - \lambda I) = \begin{vmatrix} T_{11} - \lambda & T_{12} & T_{13} \\ T_{21} & T_{22} - \lambda & T_{23} \\ T_{31} & T_{32} & T_{33} - \lambda \end{vmatrix}$$

展开上式可得方程

$$\lambda^3 - I_1 \lambda^2 + I_2 \lambda - I_3 = 0 \tag{1.48}$$

其中

$$\begin{aligned} I_1 &= T_{ii} = \mathrm{tr}\,T \\ I_2 &= \frac{1}{2}(T_{ii} T_{jj} - T_{ij} T_{ji}) = \frac{1}{2}\left[(\mathrm{tr}\,T)^2 - \mathrm{tr}\,T^2\right] \\ &= T_{11} T_{22} + T_{22} T_{33} + T_{33} T_{11} - T_{12}^2 - T_{23}^2 - T_{31}^2 \\ I_3 &= \det T \end{aligned} \tag{1.49}$$

可以证明，I_1, I_2, I_3 都是与坐标系无关的不变量，分别称为张量 T 的第一、第二、第三不变量。也就是说，虽然张量的分量随坐标变化，但它们间的某种组合可以不随坐标改变。其中 $\mathrm{tr}\,T$ 称为张量的迹，是张量对应的矩阵主对角线上元素的和。$\det T$ 是张量对应的矩阵的行列式。

5. 二阶反对称张量的轴向矢量

对一个给定的反对称张量 W，必存在唯一的一个矢量 ω，使得对任意矢量 v

$$W \cdot v = \omega \times v \tag{1.50}$$

成立，称 ω 为对应于反对称张量 W 的轴向矢量。

第2章 应力与应变分析

2.1 一点的应力分析

弹性体内一点的应力不仅随点的位置改变而变化,而且也随截面的法线方向 N 的改变而变化,研究这一变化规律称为应力分析。应力分析的途径是围绕弹性体内该点取一个单元体,利用单元体相互正交的三组面上的 6 个独立的应力分量描述该点的应力状态。通过该点的任意截面上的应力与这 6 个应力分量必然有内在联系,能够通过这些分量表达通过该点的任意斜截面上的应力矢量。

为了说明这一问题,在弹性体内任取一点 M,在 M 点用三个坐标面和一任意斜截面截取一个微分四面体单元 $MABC$,如图 2.1 所示,四面体各坐标面上的应力分量分别为 σ_x、τ_{xy}、τ_{xz};σ_y、τ_{yx}、τ_{yz};σ_z、τ_{zx}、τ_{zy}。斜截面 ABC 上的应力即为过 M 点的任意斜截面上的应力,下面确定该面上应力矢量及其在坐标系中的分量。

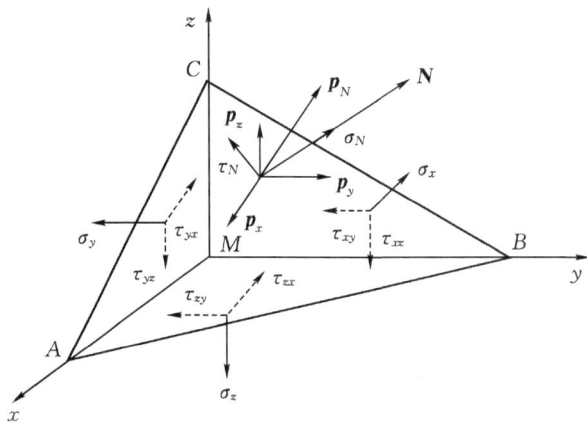

图 2.1

设斜截面的法线方向矢量为 N,N 与三个坐标轴正方向夹角的余弦分别为 l,m 和 n,即 $\cos(N,i)=l,\cos(N,j)=m,\cos(N,k)=n$。这里 i,j 和 k 分别为三个坐标轴正方向的单位矢量。

设斜截面上的应力为 p_N,其在坐标轴上的投影分别为 p_x,p_y,p_z,则应力矢量 p_N 可以表示为

$$p_N = p_x i + p_y j + p_z k \tag{2.1}$$

同样,把单位体积在 M 点的体积力 $\boldsymbol{f}$ 沿坐标轴分解,有

$$\boldsymbol{f} = f_x \boldsymbol{i} + f_y \boldsymbol{j} + f_z \boldsymbol{k} \tag{2.2}$$

式中 f_x, f_y, f_z 为体积力 $\boldsymbol{f}$ 在三个坐标轴上的投影。

设 $\triangle ABC$ 的面积为 $\mathrm{d}S$,则 $\triangle MBC, \triangle MCA, \triangle MAB$ 的面积分别为

$$S_{\triangle MBC} = l\mathrm{d}S, \quad S_{\triangle MCA} = m\mathrm{d}S, \quad S_{\triangle MAB} = n\mathrm{d}S$$

微分四面体在各表面力和体积力作用下应满足平衡条件,设 Δh 为 M 点至斜面 $\triangle ABC$ 的距离,由四面体 x 方向的力的平衡 $\sum F_x = 0$,可得

$$p_x \mathrm{d}S - \sigma_x l \mathrm{d}S - \tau_{yx} m \mathrm{d}S - \tau_{zx} n \mathrm{d}S + f_x \mathrm{d}V_{MABC} = 0$$

两边除以 $\mathrm{d}S$,则

$$p_x = l\sigma_x + m\tau_{yx} + n\tau_{zx} - f_x \frac{1}{3}\Delta h$$

对于微分四面体单元,Δh 的大小与单元体棱边长度相关,趋近于零(正因为如此,斜面 ABC 可以认为是过 M 点的斜截面),因此忽略无穷小量后上式可写为

$$p_x = l\sigma_x + m\tau_{yx} + n\tau_{zx}$$

同理,根据平衡方程 $\sum F_y = 0$,$\sum F_z = 0$ 可得 $\boldsymbol{p}_N$ 沿 y 轴和沿 z 轴的分量,将三个式子合并写为

$$\begin{aligned} p_x &= l\sigma_x + m\tau_{yx} + n\tau_{zx} \\ p_y &= l\tau_{xy} + m\sigma_y + n\tau_{zy} \\ p_z &= l\tau_{xz} + m\tau_{yz} + n\sigma_z \end{aligned} \tag{2.3}$$

上式给出了物体内一点的 9 个应力分量(即三个微分正交坐标面上应力)和通过该点的各个微分斜截面上的应力分量之间的关系。这一关系式表明,只要有了这 9 个应力分量,就能够确定一点任意截面的应力分量。因此单元体的应力分量可以确定一点的应力状态,将这 9 个分量用 3×3 的矩阵表示为

$$[\sigma] = \begin{bmatrix} \sigma_x & \tau_{xy} & \tau_{xz} \\ \tau_{yx} & \sigma_y & \tau_{yz} \\ \tau_{zx} & \tau_{zy} & \sigma_z \end{bmatrix} \tag{2.4}$$

由切应力互等可知,矩阵(2.4)为实对称矩阵,$[\sigma] = [\sigma]^{\mathrm{T}}$,即应力矩阵 9 个分量中独立的只有 6 个,三个正应力和三个切应力。将斜截面上的应力矢量 $\boldsymbol{p}_N$ 写成列向量 $\{p_N\} = \{p_x \quad p_y \quad p_z\}^{\mathrm{T}}$,斜截面法向矢量的方向余弦写成列向量 $\{\lambda_N\} = \{l, m, n\}^{\mathrm{T}}$,则式(2.3)可写成如下矩阵与列向量相乘的形式

$$\{p_N\} = [\sigma]^{\mathrm{T}}\{\lambda_N\} = [\sigma]\{\lambda_N\} \tag{2.5}$$

令斜截面的正应力为 σ_N,切应力为 τ_N,则将 $\boldsymbol{p}_N$ 向 $\boldsymbol{N}$ 方向投影即得斜截面正应力大小

$$\sigma_N = \boldsymbol{p}_N \cdot \boldsymbol{N} = (p_x \boldsymbol{i} + p_y \boldsymbol{j} + p_z \boldsymbol{k}) \cdot (l\boldsymbol{i} + m\boldsymbol{j} + n\boldsymbol{k}) = lp_x + mp_y + np_z \tag{2.6a}$$

利用式(2.3),上式又可写为

$$\sigma_N = \{\lambda_N\}^{\mathrm{T}}\{p_N\} = \{\lambda_N\}^{\mathrm{T}}[\sigma]\{\lambda_N\} \tag{2.6b}$$

将式(2.6b)式展开,并利用切应力互等定理可得

$$\sigma_N = l^2\sigma_x + m^2\sigma_y + n^2\sigma_z + 2lm\tau_{xy} + 2mn\tau_{yz} + 2nl\tau_{zx} \tag{2.7}$$

显然

$$p_N^2 = p_x^2 + p_y^2 + p_z^2 = \sigma_N^2 + \tau_N^2 \tag{2.8}$$

因此斜截面的切应力由下式确定

$$\tau_N = \sqrt{(p_N^2 - \sigma_N^2)} = \sqrt{(p_x^2 + p_y^2 + p_z^2 - \sigma_N^2)} \tag{2.9}$$

由此可见,已知物体内任意一点的微分单元体的 6 个应力分量,则可求得斜截面上的正应力和切应力。也就是说,已知一点处的 6 个应力分量,则该点的应力状态就完全确定了。

2.2 应力分量的坐标变换

我们研究一点的应力,总是在一个选定的坐标系下进行的。一点的应力状态可以用以三个坐标轴为法线的单元体的三组正交面上的 9 个应力分量表示。如果坐标轴旋转,以坐标轴为法线的单元体的三组正交面在空间中的方位发生了变化,一点的应力是与通过该点的截面的方位有关系的,现在就产生一个问题:当坐标系旋转时,同一点的各应力分量应作如何改变,在两组不同正交坐标系中,表征一点应力状态的 9 个分量有何关系。下面我们就研究这一问题。

设在坐标系 $Oxyz$ 下,某一点(譬如 M 点)的 9 个应力分量为

$$[\sigma_{ij}] = \begin{bmatrix} \sigma_x & \tau_{xy} & \tau_{xz} \\ \tau_{yx} & \sigma_y & \tau_{yz} \\ \tau_{zx} & \tau_{zy} & \sigma_z \end{bmatrix} = \begin{bmatrix} \sigma_{11} & \sigma_{12} & \sigma_{13} \\ \sigma_{21} & \sigma_{22} & \sigma_{23} \\ \sigma_{31} & \sigma_{22} & \sigma_{33} \end{bmatrix}$$

现在让坐标系转过某一角度,得到新的坐标系 $Ox'y'z'$,如图 2.2 所示,新坐标系对旧坐标系 $Oxyz$ 各坐标轴方向的方向余弦分别为 $l_1, m_1, n_1, l_2, m_2, n_2, l_3, m_3, n_3$,如表 2.1 所示。

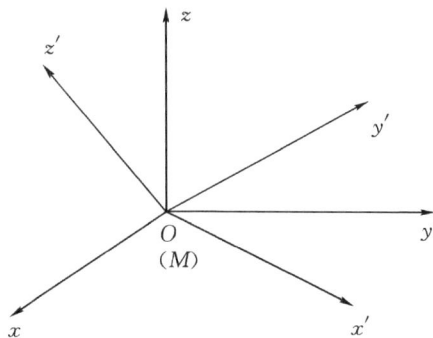

图 2.2

表 2.1

	x	y	z
x'	l_1	m_1	n_1
y'	l_2	m_2	n_2
z'	l_3	m_3	n_3

记

$$\{\lambda_i\} = \{l_i \ m_i \ n_i\}^{\mathrm{T}}; (i = 1, 2, 3)$$

则以上方向余弦间的关系可用矩阵表示为

$$[\lambda_{ij}] = \begin{bmatrix} l_1 & m_1 & n_1 \\ l_2 & m_2 & n_2 \\ l_3 & m_3 & n_3 \end{bmatrix} = \begin{bmatrix} \{\lambda_1\}^{\mathrm{T}} \\ \{\lambda_2\}^{\mathrm{T}} \\ \{\lambda_3\}^{\mathrm{T}} \end{bmatrix} \tag{2.10}$$

显然,新坐标系的各坐标平面可分别看作是旧坐标中的斜截面,例如 $y'Mz'$ 是外法线为

x' 轴的斜截面,该斜截面总应力 $\boldsymbol{p}_{x'}$ 沿原坐标轴方向的三个应力分量可由(2.5)式得到

$$\{p_{x'}\} = [\sigma]\{\lambda_1\} \tag{2.11}$$

或写成

$$\begin{cases} p_x = l_1\sigma_x + m_1\tau_{xy} + n_1\tau_{xz} \\ p_y = l_1\tau_{yx} + m_1\sigma_y + n_1\tau_{yz} \\ p_z = l_1\tau_{zx} + m_1\tau_{zy} + n_1\sigma_z \end{cases} \tag{2.12}$$

将 p_x, p_y, p_z 分别投影于 x', y', z' 方向,可得沿新坐标系的正应力,切应力

$$\begin{cases} \sigma_{x'} = l_1 p_x + m_1 p_y + n_1 p_z = \{\lambda_1\}^T\{p_{x'}\} \\ \tau_{x'y'} = l_2 p_x + m_2 p_y + n_2 p_z = \{\lambda_2\}^T\{p_{x'}\} \\ \tau_{x'z'} = l_3 p_x + m_3 p_y + n_3 p_z = \{\lambda_3\}^T\{p_{x'}\} \end{cases} \tag{2.13}$$

将式(2.11)代入上式得到

$$\begin{cases} \sigma_{x'} = \{\lambda_1\}^T[\sigma]\{\lambda_1\} \\ \tau_{x'y'} = \{\lambda_2\}^T[\sigma]\{\lambda_1\} \\ \tau_{x'z'} = \{\lambda_3\}^T[\sigma]\{\lambda_1\} \end{cases} \tag{2.14}$$

同理可求得在以 y', z' 为外法线方向的斜截面上的正应力和切应力分别为

$$\begin{cases} \sigma_{y'} = \{\lambda_2\}^T[\sigma]\{\lambda_2\} \\ \tau_{y'x'} = \{\lambda_1\}^T[\sigma]\{\lambda_2\} \\ \tau_{y'z'} = \{\lambda_3\}^T[\sigma]\{\lambda_2\} \end{cases} \tag{2.15}$$

$$\begin{cases} \sigma_{z'} = \{\lambda_3\}^T[\sigma]\{\lambda_3\} \\ \tau_{y'x'} = \{\lambda_1\}^T[\sigma]\{\lambda_3\} \\ \tau_{y'z'} = \{\lambda_2\}^T[\sigma]\{\lambda_3\} \end{cases} \tag{2.16}$$

将以上各式展开得

$$\left.\begin{aligned} \sigma_{x'} &= \sigma_x l_1^2 + \sigma_y m_1^2 + \sigma_z n_1^2 + 2\tau_{xy}l_1 m_1 + 2\tau_{yz}m_1 n_1 + 2\tau_{zx}l_1 n_1 \\ \sigma_{y'} &= \sigma_x l_2^2 + \sigma_y m_2^2 + \sigma_z n_2^2 + 2\tau_{xy}l_2 m_2 + 2\tau_{yz}m_2 n_2 + 2\tau_{zx}l_2 n_2 \\ \sigma_{z'} &= \sigma_x l_3^2 + \sigma_y m_3^2 + \sigma_z n_3^2 + 2\tau_{xy}l_3 m_3 + 2\tau_{yz}m_3 n_3 + 2\tau_{zx}l_3 n_3 \\ \tau_{x'y'} &= \sigma_x l_1 l_2 + \sigma_y m_1 m_2 + \sigma_z n_1 n_2 + \tau_{xy}(l_1 m_2 + l_2 m_1) + \tau_{yz}(m_1 n_2 + m_2 n_1) + \tau_{zx}(l_1 n_2 + l_2 n_1) \\ \tau_{y'z'} &= \sigma_x l_2 l_3 + \sigma_y m_2 m_3 + \sigma_z n_2 n_3 + \tau_{xy}(l_2 m_3 + l_3 m_2) + \tau_{yz}(m_2 n_3 + m_3 n_2) + \tau_{zx}(l_2 n_3 + l_3 n_2) \\ \tau_{z'x'} &= \sigma_x l_1 l_3 + \sigma_y m_1 m_3 + \sigma_z n_1 n_3 + \tau_{xy}(l_1 m_3 + l_3 m_1) + \tau_{yz}(m_1 n_3 + m_3 n_1) + \tau_{zx}(l_1 n_3 + l_3 n_1) \end{aligned}\right\} \tag{2.17}$$

因此,在新坐标系 $Ox'y'z'$ 中,表示 M 点应力状态的 9 个应力分量

$$[\sigma_{i'j'}] = \begin{bmatrix} \sigma_{x'} & \tau_{x'y'} & \tau_{x'z'} \\ \tau_{y'x'} & \sigma_{y'} & \tau_{y'z'} \\ \tau_{z'x'} & \tau_{z'y'} & \sigma_{z'} \end{bmatrix} = [\lambda_{i'i}][\sigma_{ij}][\lambda_{j'j}]^T \tag{2.18}$$

式中 $i', j'(i', j'=1,2,3)$ 代表新坐标系的坐标轴号;$i, j(i, j=1,2,3)$ 为代表旧坐标系的坐标轴号;$\lambda_{i'i}, \lambda_{j'j}$ 为新旧坐标轴之间的方向余弦矩阵中的元素。

上式给出了一点的应力分量在两个不同正交坐标系中的变换关系,因此当已知一点的应力分量和新旧坐标的方向余弦矩阵,可以求得在新坐标系中的应力分量。

2.3 主应力及应力不变量

已知物体内一点的微分单元体的应力分量,则可由式(2.4)求得过该点的任意斜截面上的正应力和切应力。如果某一斜截面上的切应力为零,则该截面称为主平面。可以证明,弹性体内任一点必存在这样一个单元体,该单元体三个相互垂直的平面上切应力为零,这样的单元体称为主应力状态单元体。主应力状态单元体的三组正交面都为主平面。主平面上的正应力称为主应力,主平面的外法线方向称为主方向。以主方向构成的坐标轴称为坐标主轴。下面分析一点的主应力大小和主平面的方位。

设已知物体内 M 点的微分单元体的 9 个应力分量,在单元体内截取一平面 ABC,其法线为方向余弦为 l,m 和 n,令该截面上的切应力为零,则此面上的全应力 p_N 即为正应力 σ_N,称为 M 点的一个主应力。截面 ABC 就是过 M 点的一个主平面,该面的法线方向就是主方向,斜截面 ABC 和过 M 点且平行于坐标轴的三个微分面形成一个四面体 $MABC$,如图 2.3 所示,主应力在 x,y,z 方向的投影分别为

$$\begin{cases} p_x = \boldsymbol{p}_N \cdot \boldsymbol{i} = \boldsymbol{\sigma}_N \cdot \boldsymbol{i} = l\sigma_N \\ p_y = \boldsymbol{p}_N \cdot \boldsymbol{j} = \boldsymbol{\sigma}_N \cdot \boldsymbol{j} = m\sigma_N \\ p_z = \boldsymbol{p}_N \cdot \boldsymbol{k} = \boldsymbol{\sigma}_N \cdot \boldsymbol{k} = n\sigma_N \end{cases} \tag{2.19}$$

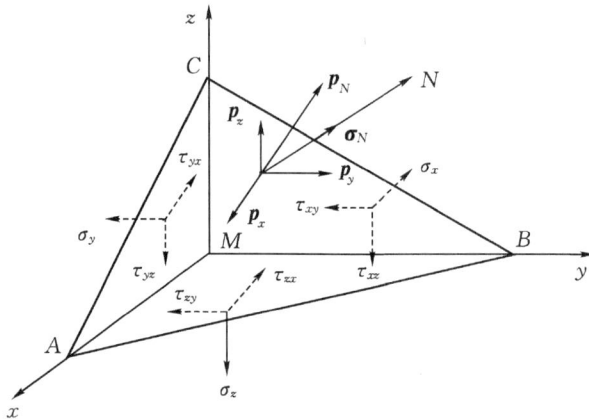

图 2.3

将式(2.11)代入上式,移项整理得到

$$\begin{cases} l(\sigma_x - \sigma_N) + m\tau_{yx} + n\tau_{zx} = 0 \\ l\tau_{xy} + m(\sigma_y - \sigma_N) + n\tau_{zy} = 0 \\ l\tau_{xz} + m\tau_{yz} + n(\sigma_z - \sigma_N) = 0 \end{cases} \tag{2.20}$$

式(2.20)就是求主平面方向余弦的线性方程组,注意到方向余弦还应满足归一性条件

$$l^2 + m^2 + n^2 = 1 \tag{2.21}$$

显然 l,m,n 不全为零。将方程组(2.20)视为以 l,m,n 为未知量的齐次线性方程组,此齐次线性方程组有非零解,其系数行列式必须等于零,即

$$\begin{vmatrix} \sigma_x - \sigma_N & \tau_{yx} & \tau_{zx} \\ \tau_{xy} & \sigma_y - \sigma_N & \tau_{zy} \\ \tau_{xz} & \tau_{yz} & \sigma_z - \sigma_N \end{vmatrix} = 0$$

展开行列式,并注意到切应力互等定理,得

$$\sigma_N^3 - I_1\sigma_N^2 + I_2\sigma_N - I_3 = 0 \tag{2.22}$$

式中

$$\begin{cases} I_1 = \sigma_x + \sigma_y + \sigma_z = \sigma_{ii} \\ I_2 = \sigma_y\sigma_z + \sigma_z\sigma_x + \sigma_x\sigma_y - \tau_{yz}^2 - \tau_{zx}^2 - \tau_{xy}^2 = \frac{1}{2}\sigma_{ii}\sigma_{jj} - \frac{1}{2}\sigma_{ij}\sigma_{ij} \\ I_3 = \sigma_x\sigma_y\sigma_z - \sigma_x\tau_{yz}^2 - \sigma_y\tau_{zx}^2 - \sigma_z\tau_{xy}^2 + 2\tau_{yz}\tau_{zx}\tau_{xy} = \det[\sigma_{ij}] \end{cases} \tag{2.23}$$

方程式(2.22)为 M 点的应力状态的特征方程,解方程可得 σ_N 的三个实根,即主应力 $\sigma_1,\sigma_2,\sigma_3$,且规定 $\sigma_1 \geqslant \sigma_2 \geqslant \sigma_3$,即代数值最大的主应力以 σ_1 表示,最小的以 σ_3 表示,中间的以 σ_2 表示。如果三个主应力都不为零,称该点为三向应力状态或空间应力状态;如果只有两个不为零,称为二向应力状态或平面应力状态。同时,也可以求出每一个主应力对应的主平面的法线方向,即主方向。可以证明,当三个实根互不相等时,存在三个相互正交的主方向。将 $\sigma_1,\sigma_2,\sigma_3$ 分别代入式(2.20),即可求得对应用每一个主应力的主方向。例如,求 σ_1 的主方向,将主应力 σ_1 的值代入式(2.20)的前两个方程得

$$\begin{cases} l_1(\sigma_x - \sigma_1) + m_1\tau_{yx} + n_1\tau_{zx} = 0 \\ l_1\tau_{xy} + m_1(\sigma_y - \sigma_1) + n_1\tau_{zy} = 0 \end{cases}$$

且同时有

$$l_1^2 + m_1^2 + n_1^2 = 1$$

联立求解这三个方程可求得与主应力相应的方向余弦 (l_1,m_1,n_1),同理,也可求得与 σ_2,σ_3 相对应的主平面的方向余弦 $(l_2,m_2,n_2),(l_3,m_3,n_3)$。

另一方面,因主应力 $\sigma_1,\sigma_2,\sigma_3$ 均为特征方程的根,故又可将此方程表示为

$$(\sigma_N - \sigma_1)(\sigma_N - \sigma_2)(\sigma_N - \sigma_3) = 0$$

展开后有

$$\sigma_N^3 - (\sigma_1 + \sigma_2 + \sigma_3)\sigma_N^2 + (\sigma_1\sigma_2 + \sigma_2\sigma_3 + \sigma_3\sigma_1)\sigma_N - \sigma_1\sigma_2\sigma_3 = 0 \tag{2.24}$$

与式(2.22)比较可得

$$\begin{cases} I_1 = \sigma_x + \sigma_y + \sigma_z = \sigma_1 + \sigma_2 + \sigma_3 \\ I_2 = \sigma_y\sigma_z + \sigma_z\sigma_x + \sigma_x\sigma_y - \tau_{yz}^2 - \tau_{zx}^2 - \tau_{xy}^2 = \sigma_1\sigma_2 + \sigma_2\sigma_3 + \sigma_3\sigma_1 \\ I_3 = \sigma_x\sigma_y\sigma_z - \sigma_x\tau_{yz}^2 - \sigma_y\tau_{zx}^2 - \sigma_z\tau_{xy}^2 + 2\tau_{yz}\tau_{zx}\tau_{xy} = \sigma_1\sigma_2\sigma_3 \end{cases} \tag{2.25}$$

因为主应力是表征应力状态的物理量,它们与所采用的坐标系无关,故当坐标系变换时,I_1,I_2,I_3 是不变量,分别称为应力张量的第一、第二、第三不变量,其不变的含义是,当坐标旋转时,应力分量都会改变,但 I_1,I_2,I_3 它们不因坐标轴的旋转变化而改变。它之所以不变,我们无需从数学上严格证明,而只要说明下面一点就可以了:方程式(2.22)的根代表主应力,它的大小和方向在物体的形状和引起内力的因素确定后是完全确定的,也就是说,它是不会随坐标轴的旋转而改变的。I_1 是过一点任意三个相互垂直的截面上的正应力之和,它是一个常数。如果定义一点的平均应力为 $\sigma_m = \frac{1}{3}(\sigma_1 + \sigma_2 + \sigma_3)$,$I_1$ 等于平均应力的 3 倍。

应力状态的第二、第三不变量 I_2，I_3 在塑性理论中有重要的应用。

现在，我们证明如下三点：

(1)如果 $\sigma_1 \neq \sigma_2 \neq \sigma_3$，即方程式(2.22)无重根，则它们的方向即应力主方向必相互垂直；

(2)如果 $\sigma_1 = \sigma_2 \neq \sigma_3$，即方程式(2.22)有两重根，则 σ_3 的方向必同时垂直于 σ_1 和 σ_2 的方向，而 σ_1 和 σ_2 的方向可以相互垂直，也可以不相互垂直，也就是说，与 σ_3 垂直的任何方向都是主方向；

(3)如果 $\sigma_1 = \sigma_2 = \sigma_3$，即方程有三重根，则三个主方向可以相互垂直，也可以不相互垂直，也就是说，任何方向都是主方向。

为了证明上述三种情况，我们假设 σ_1，σ_2，σ_3 的方向分别为 (l_1, m_1, n_1)，(l_2, m_2, n_2)，(l_3, m_3, n_3)，它们都要满足方程式(2.20)，于是有

$$\begin{cases} l_1(\sigma_x - \sigma_1) + m_1 \tau_{yx} + n_1 \tau_{zx} = 0 \\ l_1 \tau_{xy} + m_1(\sigma_y - \sigma_1) + n_1 \tau_{zy} = 0 \\ l_1 \tau_{xz} + m_1 \tau_{yz} + n_1(\sigma_z - \sigma_1) = 0 \end{cases} \quad (2.26a)$$

$$\begin{cases} l_2(\sigma_x - \sigma_2) + m_2 \tau_{yx} + n_2 \tau_{zx} = 0 \\ l_2 \tau_{xy} + m_2(\sigma_y - \sigma_2) + n_2 \tau_{zy} = 0 \\ l_2 \tau_{xz} + m_2 \tau_{yz} + n_2(\sigma_z - \sigma_2) = 0 \end{cases} \quad (2.26b)$$

$$\begin{cases} l_3(\sigma_x - \sigma_3) + m_3 \tau_{yx} + n_3 \tau_{zx} = 0 \\ l_3 \tau_{xy} + m_3(\sigma_y - \sigma_3) + n_3 \tau_{zy} = 0 \\ l_3 \tau_{xz} + m_3 \tau_{yz} + n_3(\sigma_z - \sigma_3) = 0 \end{cases} \quad (2.26c)$$

分别把式(2.26a)的第一、第二、第三式乘以 l_2，m_2，n_2，而式(2.26b)的第一、第二、第三式乘以 $-l_1$，$-m_1$，$-n_1$，然后将 6 个式子相加，得

$$(\sigma_1 - \sigma_2)(l_1 l_2 + m_1 m_2 + n_1 n_2) = 0 \quad (2.26d)$$

同理可得

$$(\sigma_1 - \sigma_3)(l_1 l_3 + m_1 m_3 + n_1 n_3) = 0 \quad (2.26e)$$

$$(\sigma_2 - \sigma_3)(l_2 l_3 + m_2 m_3 + n_2 n_3) = 0 \quad (2.26f)$$

由关系式(2.26d)、(2.26e)、(2.26f)可以看出，如 $\sigma_1 \neq \sigma_2 \neq \sigma_3$，则有

$$\begin{cases} l_1 l_2 + m_1 m_2 + n_1 n_2 = 0 \\ l_1 l_3 + m_1 m_3 + n_1 n_3 = 0 \\ l_2 l_3 + m_2 m_3 + n_2 n_3 = 0 \end{cases} \quad (2.26g)$$

这说明三个主方向是相互垂直的。如果 $\sigma_1 = \sigma_2 \neq \sigma_3$，则有

$$\begin{cases} l_1 l_3 + m_1 m_3 + n_1 n_3 = 0 \\ l_2 l_3 + m_2 m_3 + n_2 n_3 = 0 \end{cases}$$

而 $l_1 l_2 + m_1 m_2 + n_1 n_2$ 可以为零，也可以不为零，这说明 σ_3 的方向必同时垂直于 σ_1 和 σ_2 的方向，而 σ_1 和 σ_2 的方向可以相互垂直，也可以不垂直。也就是说，与 σ_3 垂直的方向都是主方向。

如果 $\sigma_1 = \sigma_2 = \sigma_3$，则 $l_1 l_2 + m_1 m_2 + n_1 n_2$，$l_1 l_3 + m_1 m_3 + n_1 n_3$，$l_2 l_3 + m_2 m_3 + n_2 n_3$ 三者可以是零，也可以不是零，这说明三个主方向可以相互垂直，也可以不垂直。也就是说，任何方向都是主方向。

还可以证明,在通过一点的所有微分面上的正应力中,最大和最小的是主应力。进一步分析还可以求出三个极值切应力,分别以 τ_1,τ_2,τ_3 表示,称为主切应力

$$\tau_1 = \pm\frac{\sigma_2-\sigma_3}{2}, \quad \tau_2 = \pm\frac{\sigma_3-\sigma_1}{2}, \quad \tau_3 = \pm\frac{\sigma_1-\sigma_2}{2} \tag{2.27}$$

如果 $\sigma_1 > \sigma_2 > \sigma_3$,则最大切应力为

$$\tau_{\max} = \pm\frac{\sigma_1-\sigma_3}{2} \tag{2.28}$$

它作用在过主轴 σ_2 而平分主轴 σ_1 和 σ_3 的夹角的平面上。同理,主切应力 τ_1 作用在过主轴 σ_1 而平分主轴 σ_2 和 σ_3 的夹角的平面上,而主切应力 τ_3 作用在过主轴 σ_3 而平分主轴 σ_1 和 σ_2 的平面上。

例 2.1 已知一点的应力状态为 $[\sigma_{ij}] = \begin{bmatrix} 4 & 2 & 3 \\ 2 & 6 & 1 \\ 3 & 1 & 5 \end{bmatrix}$,应力单位为 MPa,确定主应力的大小和最大主应力相对于原坐标轴的方向余弦。

解 由式(2.25)有:

$I_1 = \sigma_x+\sigma_y+\sigma_z = 4+6+5 = 15$

$I_2 = \sigma_y\sigma_z+\sigma_z\sigma_x+\sigma_x\sigma_y-\tau_{yz}^2-\tau_{zx}^2-\tau_{xy}^2 = 6\times5+5\times4+4\times6-1^2-3^2-2^2 = 60$

$I_3 = \sigma_x\sigma_y\sigma_z-\sigma_x\tau_{yz}^2-\sigma_y\tau_{zx}^2-\sigma_z\tau_{xy}^2+2\tau_{yz}\tau_{zx}\tau_{xy} = 4\times6\times5-4\times1^2-6\times3^2-5\times2^2 = 54$

因此方程式(2.22)成为

$$\sigma_N^3-15\sigma_N^2+60\sigma_N-54 = 0$$

以上三次代数方程有解析求解的公式,但较为复杂,可以通过数值方法求解,得到方程的三个根为

$$\sigma_1 = 9, \sigma_2 = 4.73, \sigma_3 = 1.27$$

为了求得最大主应力对应的方向余弦,在此应用方程式(2.22),将相关的应力值 $\sigma_1 = 9$ 代入,有

$$-5l+2m+3n = 0$$
$$2l-3m+n = 0$$
$$l^2+m^2+n^2 = 1$$

即可求得对应于主应力 σ_1 的主平面的三个方向余弦 $l = m = n = \dfrac{1}{\sqrt{3}}$,即与三个坐标轴正向成相同的倾角 $\alpha = \beta = \gamma = \arccos\dfrac{1}{\sqrt{3}} = 54.74°$。

2.4 八面体和八面体应力

设过 M 点三个主应力分别为 $\sigma_1,\sigma_2,\sigma_3$,过 M 点选取一直角坐标系 $Oxyz$,并使坐标轴分别与三个主应力方向平行,即 x,y,z 方向分别与主应力 $\sigma_1,\sigma_2,\sigma_3$ 方向相同,这时三个坐标轴分别以 1,2,3 表示,称为主轴坐标系,如图 2.4 所示。在坐标系的八个卦限中,分别选取三个方向余弦平方值相等的等倾面,这八个平面形成一个正八面体,简称八面体,各面上的应力称为八面体应力。

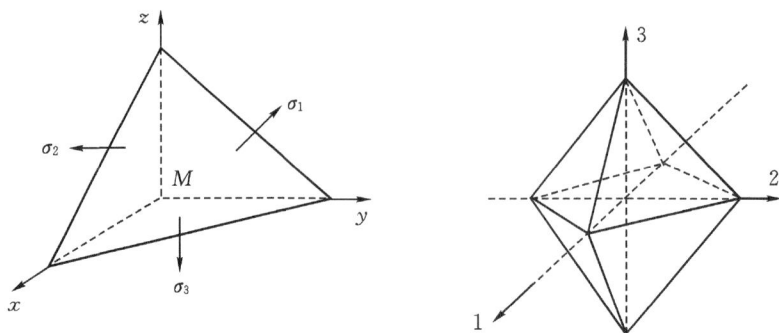

图 2.4

八面体各面法线的三个方向余弦的平方相等,即 $l^2 = m^2 = n^2$,且由归一性条件 $l^2 + m^2 + n^2 = 1$,可以求出

$$l = m = n = \pm \frac{1}{\sqrt{3}} \tag{2.29}$$

记八面体正应力为 σ_8,将八面体的任一面看作方向余弦满足式(2.29)的主应力状态单元体的斜截面,则由式(2.7),可得

$$\sigma_8 = l^2\sigma_1 + m^2\sigma_2 + n^2\sigma_3 = \frac{1}{3}(\sigma_1 + \sigma_2 + \sigma_3) = \frac{1}{3}(\sigma_x + \sigma_y + \sigma_z) = \frac{1}{3}I_1 \tag{2.30}$$

上式表明:八面体正应力等于该点三个正交方向的正应力的平均值,故称为一点的平均应力。

由式(2.3)可求得八面体应力沿三个坐标主轴的分量为

$$p_x = l\sigma_1, \quad p_y = m\sigma_2, \quad p_z = n\sigma_3$$

记八面体应力为 p_8,则

$$p_8^2 = p_x^2 + p_y^2 + p_z^2 = \frac{1}{3}(\sigma_1^2 + \sigma_2^2 + \sigma_3^2)$$

将式(2.30)代入式(2.9),可得八面体切应力 τ_8 为

$$\tau_8 = \sqrt{p_8^2 - \sigma_8^2} = \frac{1}{3}\sqrt{(\sigma_1 - \sigma_2)^2 + (\sigma_2 - \sigma_3)^2 + (\sigma_3 - \sigma_1)^2} \tag{2.31}$$

八面体切应力还可以用应力状态的第一和第二不变量表示,为此将(2.31)式改写为

$$\tau_8 = \sqrt{\frac{1}{3}\left[(\sigma_1 + \sigma_2 + \sigma_3)^2 - 2\sigma_1\sigma_2 - 2\sigma_2\sigma_3 - 2\sigma_3\sigma_1\right] - \frac{1}{9}(\sigma_1 + \sigma_2 + \sigma_3)^2}$$
$$= \frac{1}{3}\sqrt{2I_1^2 - 6I_2} \tag{2.32}$$

还可以用非主应力分量表示八面体切应力,为此将式(2.25)前两式代入式(2.32),可以得到

$$\tau_8 = \frac{1}{3}\sqrt{2(\sigma_x + \sigma_y + \sigma_z)^2 - 6(\sigma_y\sigma_z + \sigma_z\sigma_x + \sigma_x\sigma_y - \tau_{xy}^2 - \tau_{yz}^2 - \tau_{zx}^2)}$$
$$= \frac{1}{3}\sqrt{(\sigma_x - \sigma_y)^2 + (\sigma_y - \sigma_z)^2 + (\sigma_z - \sigma_x)^2 + 6(\tau_{xy}^2 + \tau_{yz}^2 + \tau_{zx}^2)} \tag{2.33}$$

利用主切应力公式(2.27),则八面体上的切应力又可表示为

$$\tau_8 = \frac{2}{3}\sqrt{\tau_1^2 + \tau_2^2 + \tau_3^2} \tag{2.34}$$

上述式(2.30)和式(2.32)式表明:八面体正应力和切应力都是不变量,因此用它们来描述材料的某些力学性质很方便,并且它们具有明确的物理意义。当物体中一点的三个主应力都相等,即 $\sigma_1 = \sigma_2 = \sigma_3$ 时称为静水应力状态,此时一点沿每个不同方向的应力都相同,就如静水压力,沿各个方向压强都相同。上节定义了一点的平均应力

$$\sigma_m = \frac{1}{3}(\sigma_x + \sigma_y + \sigma_z) = \frac{1}{3}(\sigma_1 + \sigma_2 + \sigma_3) = \sigma_8 = \frac{1}{3}I_1$$

一般情况下,一点的应力状态可以分解为如下两部分

$$\begin{bmatrix} \sigma_x & \tau_{xy} & \tau_{xz} \\ \tau_{yx} & \sigma_y & \tau_{yz} \\ \tau_{zx} & \tau_{zy} & \sigma_z \end{bmatrix} = \begin{bmatrix} \sigma_m & 0 & 0 \\ 0 & \sigma_m & 0 \\ 0 & 0 & \sigma_m \end{bmatrix} + \begin{bmatrix} \sigma_x - \sigma_m & \tau_{xy} & \tau_{xz} \\ \tau_{yx} & \sigma_y - \sigma_m & \tau_{yz} \\ \tau_{zx} & \tau_{zy} & \sigma_z - \sigma_m \end{bmatrix} \tag{2.35}$$

其中

$$[\sigma_{ii}] = \begin{bmatrix} \sigma_m & 0 & 0 \\ 0 & \sigma_m & 0 \\ 0 & 0 & \sigma_m \end{bmatrix} \tag{2.36}$$

定义为球形应力球张量,简称应力球张量,反映一点处的平均应力。

$$[s_{ij}] = \begin{bmatrix} \sigma_x - \sigma_m & \tau_{xy} & \tau_{xz} \\ \tau_{yx} & \sigma_y - \sigma_m & \tau_{yz} \\ \tau_{zx} & \tau_{zy} & \sigma_z - \sigma_m \end{bmatrix} = \begin{bmatrix} s_x & s_{xy} & s_{xz} \\ s_{yx} & s_y & s_{yz} \\ s_{zx} & s_{zy} & s_z \end{bmatrix} \tag{2.37}$$

s_{ij} 定义为偏斜应力张量,简称为应力偏张量。应力偏张量也是可能单独存在的一种应力状态,故它也有自己的主值及不变量。

可以求出应力偏张量的三个主值

$$s_1 = \sigma_1 - \sigma_m, s_2 = \sigma_2 - \sigma_m, s_3 = \sigma_3 - \sigma_m \tag{2.38}$$

用偏主应力表示的应力偏张量的三个不变量分别是

$$J_1 = s_{ii} = s_x + s_y + s_z = s_1 + s_2 + s_3 = 0 \tag{2.39a}$$

$$\begin{aligned} J_2 &= \frac{1}{2}s_{ii}s_{jj} - \frac{1}{2}s_{ij}s_{ij} \\ &= -(s_x s_y + s_y s_z + s_z s_x) + (s_{xy}^2 + s_{yz}^2 + s_{zx}^2) \\ &= s_{xy}^2 + s_{yz}^2 + s_{zx}^2 + \frac{1}{2}(s_x^2 + s_y^2 + s_z^2) \\ &= -(s_1 s_2 + s_2 s_3 + s_3 s_1) \\ &= \frac{1}{2}(s_1^2 + s_2^2 + s_3^2) \end{aligned} \tag{2.39b}$$

$$J_3 = \det[s_{ij}] = s_1 s_2 s_3 \tag{2.39c}$$

J_1, J_2, J_3 是塑性力学中一组重要的不变量,J_1 表示静水压力,J_2 反映剪应力的大小,J_3 表示剪应力方向。其中,J_2 还可以主应力表示为

$$J_2 = \frac{1}{6}[(\sigma_1 - \sigma_2)^2 + (\sigma_2 - \sigma_3)^2 + (\sigma_3 - \sigma_1)^2] \tag{2.40}$$

或以偏主应力表示为

$$J_2 = \frac{1}{6}[(s_1 - s_2)^2 + (s_2 - s_3)^2 + (s_3 - s_1)^2] \tag{2.41}$$

读者可自行推导这一结果。

由式(2.31)可知,八面体剪应力也可以用应力偏张量的第二不变量表示为

$$\tau_8 = \sqrt{\frac{2}{3}J_2} \qquad (2.42)$$

引入 Kroneker 符号

$$\delta_{ij} = \begin{cases} 1, & \text{当 } i = j \\ 0, & \text{当 } i \neq j \end{cases}$$

则式(2.36)可表示为

$$\sigma_{ij} = \sigma_m \delta_{ij} + s_{ij} \qquad (2.43)$$

式(2.43)表明,物体任意点处的应力张量,可分解为应力球张量和应力偏张量,应力球张量表示各向均匀的应力状态,又称为静水应力状态。应力球张量只能引起弹性体体积的改变;而应力偏张量只能引起弹性体形状的改变。实验表明:塑性材料的屈服与破坏主要是由于物体形状改变(畸变)引起的,与体积变化无关,而脆性材料(岩石、岩土、混凝土)的破坏,不仅与形状改变有关,而且与体积变化有关,即平均应力对塑性材料的屈服与破坏有贡献。因此,在塑性力学中,常常把一点的应力分解为应力球张量和应力偏张量,以便于分析。

2.5　平衡微分方程

受外力作用平衡的弹性体,其内部任一部分都是平衡的。为了考察弹性体内部的平衡,通过微分平行六面体单元讨论任意一点 M 的平衡。在物体内,通过任意点 M,用三组与坐标轴平行的平面截取一正六面体单元,单元的棱边分别与 x,y,z 轴平行,棱边分别长 $\mathrm{d}x$, $\mathrm{d}y$, $\mathrm{d}z$,如图 2.5 所示。下面讨论微分平行六面体单元的平衡。

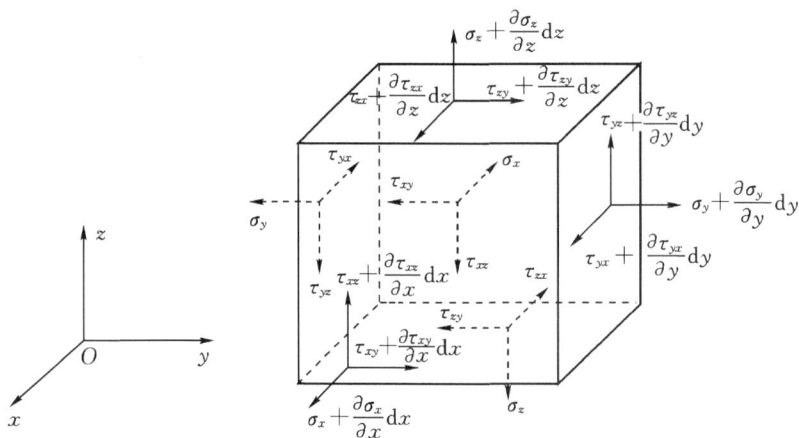

图 2.5

设在 x 面上有应力分量 σ_x, τ_{xy} 和 τ_{xz};在 $x+\mathrm{d}x$ 面上,应力分量相对 x 截面有一个增量,取一阶增量,则应力分量分别为 $\sigma_x + \frac{\partial \sigma_x}{\partial x}\mathrm{d}x$, $\tau_{xy} + \frac{\partial \tau_{xy}}{\partial x}\mathrm{d}x$, $\tau_{xz} + \frac{\partial \tau_{xz}}{\partial x}\mathrm{d}x$。对 y,z 方向的应力分量作同样处理。根据微分单元体 x 方向平衡, $\sum F_x = 0$,则

$$(\sigma_x + \frac{\partial \sigma_x}{\partial x}\mathrm{d}x)\mathrm{d}y\mathrm{d}z - \sigma_x\mathrm{d}y\mathrm{d}z + (\tau_{yx} + \frac{\partial \tau_{yx}}{\partial y}\mathrm{d}y)\mathrm{d}x\mathrm{d}z - \tau_{yx}\mathrm{d}x\mathrm{d}z$$

$$+ (\tau_{zx} + \frac{\partial \tau_{zx}}{\partial z}\mathrm{d}z)\mathrm{d}x\mathrm{d}y - \tau_{zx}\mathrm{d}x\mathrm{d}y + f_x\mathrm{d}x\mathrm{d}y\mathrm{d}z = 0$$

简化并且略去高阶小量,可得

$$\frac{\partial \sigma_x}{\partial x} + \frac{\partial \tau_{yx}}{\partial y} + \frac{\partial \tau_{zx}}{\partial z} + f_x = 0 \qquad (2.44\mathrm{a})$$

同理考虑 y,z 方向,有

$$\frac{\partial \tau_{xy}}{\partial x} + \frac{\partial \sigma_y}{\partial y} + \frac{\partial \tau_{zy}}{\partial z} + f_y = 0 \qquad (2.44\mathrm{b})$$

$$\frac{\partial \tau_{xz}}{\partial x} + \frac{\partial \tau_{yz}}{\partial y} + \frac{\partial \sigma_z}{\partial z} + f_z = 0 \qquad (2.44\mathrm{c})$$

上述公式给出了应力和体力之间的平衡关系,称为平衡微分方程,又叫纳维(Navier)方程。

用指标形式表示,可以简写为

$$\sigma_{ij,i} + f_j = 0 \qquad (2.45)$$

如果考虑微分单元体的力矩平衡,则可以得到切应力互等定理,即

$$\tau_{xy} = \tau_{yx}, \ \tau_{yz} = \tau_{zy}, \tau_{zx} = \tau_{xz}$$

2.6 应力边界条件

运用弹性力学的方法解答具体问题时,与用材料力学的方法一样,事先也必须给出受力体边界上的荷载条件和约束条件,如图 2.7 所示,我们统称其为边界条件。它有两种基本形式,即力的边界条件和位移的边界条件,前者所给定的是边界上的外力(面力),而后者所给定的是边界位移。弹性力学问题的求解,可以归结为在任意形状的区域 Ω 内已知控制方程、在位移边界 S_u 上约束已知、在应力边界 S_σ 上受力条件已知的偏微分方程组的边值问题的求解。然后以应力分量为基本未知量求解,或以位移作为基本未知量求解。

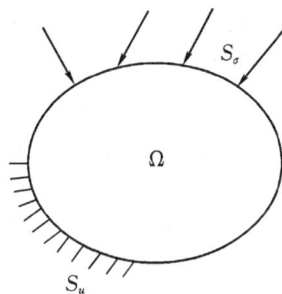

图 2.6

如果以位移作为未知量求解,求出位移后,由几何方程可以计算出应变分量,得到物体的变形情况;再由物理方程计算出应力分量,得到物体的内力分布,就完成了对弹性力学问题的分析。

在应力边界问题中,物体在边界上所受的全部面力是已知的,也就是说,面力分量 $\overline{f}_x, \overline{f}_y$ 和 $\overline{f}_z$ 在边界上的所有各点都是坐标的已知函数,即

$$\overline{f}_x = f_1(x,y), \quad \overline{f}_y = f_2(x,y), \quad \overline{f}_z = f_3(x,y)$$

将公式(2.3)应用于弹性体边界上的一点,则应力分量 p_x、p_y 及 p_z 分别成为面力分量 $\overline{f}_x, \overline{f}_y$ 及 $\overline{f}_z$,而 $\sigma_x, \sigma_y, \sigma_z, \tau_{xy}, \tau_{yz}, \tau_{zx}$ 分别成为应力分量的边界值 $(\sigma_x)_s, (\sigma_y)_s, (\sigma_z)_s, (\tau_{xy})_s,$ $(\tau_{yz})_s, (\tau_{zx})_s$。这样便可得出边界上各点的应力分量与面力分量之间的关系式。

$$\begin{cases} l\,(\sigma_x)_s + m\,(\tau_{yx})_s + n\,(\tau_{zx})_s = \overline{f}_x \\ l\,(\tau_{xy})_s + m\,(\sigma_y)_s + n\,(\tau_{zy})_s = \overline{f}_y \\ l\,(\tau_{xz})_s + m\,(\tau_{yz})_s + n(\sigma_z)_s = \overline{f}_z \end{cases} \qquad (2.46)$$

这便是应力边界条件,它表明弹性体平衡时其所受的面力和边界的应力之间所满足的平衡条件。

2.7　应变分析

物体的变形是通过应变分量描述的。因此,首先确定位移与应变分量的基本关系——几何方程。由于一点的应变是与方向相关的,在不同坐标系中是不同的。因此,应变状态分析主要是讨论不同坐标轴的应变分量变化关系。这个关系就是应变分量的转轴公式;根据转轴公式,可以确定一点的主应变和应变主轴等。

2.7.1　几何方程

1.位移函数

弹性体在荷载作用或者温度变化等外界因素的影响下,物体内各点在空间的位置将发生变化,即产生位移。第一种位移是位置的改变,但是物体内部各个点仍然保持初始状态的相对位置不变,这种位移是物体在空间做刚体运动引起的,因此称为刚体位移。第二种位移是弹性体形状的变化,位移发生时不仅改变物体的绝对位置,而且改变了物体内部各个点的相对位置,这是物体形状变化引起的位移。

一般来说,刚体位移和变形是同时出现的。当然,对于弹性力学,主要是研究变形,因为变形和弹性体的应力有着直接的关系。

根据连续性假设,弹性体在变形前和变形后仍保持为连续体。那么弹性体中某点 $M(x,y,z)$ 在变形过程中移动至 $M'(x',y',z')$,这一过程也将是连续的,如图 2.7 所示。在数学上,x',y',z' 必为 x,y,z 的单值连续函数。

设 $MM'=S$ 为位移矢量,其在三个坐标轴上的投影 u,v,w 称为三个位移分量,则

$$u = x'(x,y,z) - x = u(x,y,z)$$
$$v = y'(x,y,z) - y = v(x,y,z)$$
$$w = z'(x,y,z) - z = w(x,y,z)$$

显然,位移分量 u,v,w 也是 x,y,z 的单值连续函数。以后的分析将进一步假定位移函数具有三阶连续导数。

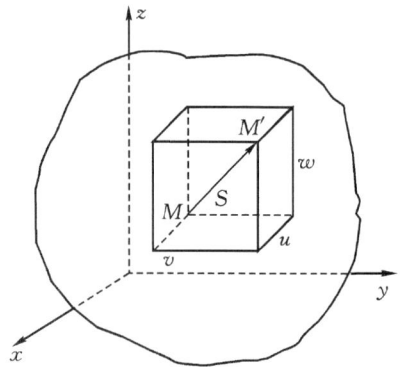

图 2.7

2.变形与应变分量

为进一步研究弹性体的变形情况,假设从弹性体中分割出一个微分直角六面体单元,其六个面分别与三个坐标轴垂直。显然如果其中每一个微分直角六面体的变形已知,则整个弹性体的变形情况就知道了。对于微分单元体的变形,将分为两个部分讨论。

一是微分单元体棱边的伸长和缩短；二是棱边之间夹角的变化。弹性力学分别使用正应变和切应变表示这两种变形。

对于微分平行六面体单元，设其变形前与 x,y,z 坐标轴平行的棱边分别为 MA,MB,MC，变形后分别变为 $M'A',M'B',M'C'$。

假设分别用 $\varepsilon_x,\varepsilon_y,\varepsilon_z$ 表示 x,y,z 轴方向棱边的相对伸长度，即线应变或正应变；分别用 $g\gamma_{xy},\gamma_{yz},\gamma_{zx}$ 表示 x 和 y,y 和 z,z 和 x 轴之间的夹角变化，即切应变或剪应变（见图 2.8），则

$$\varepsilon_x = \frac{M'A' - MA}{MA}, \quad \varepsilon_y = \frac{M'B' - MB}{MB}, \quad \varepsilon_z = \frac{M'C' - MC}{MC}$$

$$\gamma_{xy} = \frac{\pi}{2} - \angle A'M'B', \quad \gamma_{yz} = \frac{\pi}{2} - \angle B'M'C', \quad \gamma_{zx} = \frac{\pi}{2} - \angle C'M'A'$$

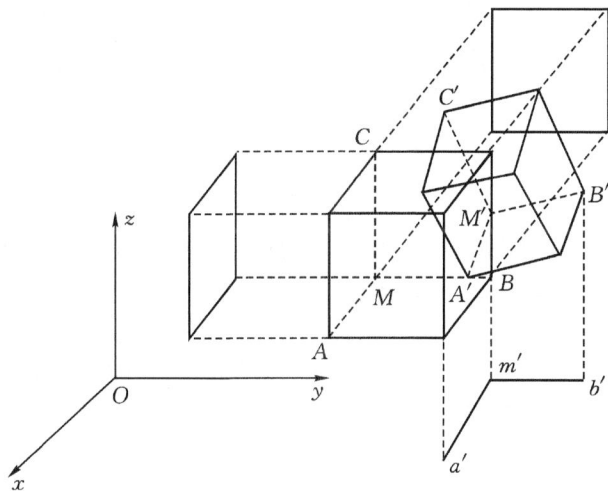

图 2.8

这 6 个分量中的每一个都称为应变分量。对于小变形问题，为了简化分析，将微分单元体分别投影到 Oxy,Oyz,Ozx 平面来讨论。

显然，单元体变形前各棱边是与坐标面平行的，变形后棱边将有相应的转动，但我们讨论的是小变形问题，如果我们假设在物体内各点的位移中不包括纯属物体位置变化（即刚体运动）的那部分，也就是各点的位移仅由单元体自身的大小和形状的变化所确定，则物体内上述微分线段的转动是十分微小的，因此在以后的推导中可以用 $M'A',M'B',M'C'$ 分别在 Ox 轴、Oy 轴及 Oz 轴上的投影来代替它们的实际长度；用 $M'B'$ 和 $M'C'$，$M'C'$ 和 $M'A'$ 以及 $M'A'$ 和 $M'B'$ 分别在 Oyz 平面、Oxz 平面及 Oxy 平面上投影间的夹角来代替它们间的实际夹角，这样做不会导致明显的误差，但可以使问题的分析大为简化。

3. 正应变

下面，我们将此微分直角六面体分别投影到三个坐标平面上，根据上述理由，只要考虑它们的变形就可以了。首先讨论 Oxy 面上投影的变形，设 ma,mb 分别为 MA,MB 在 Oxy 平面的投影，$m'a',m'b'$ 分别为 $M'A',M'B'$ 在 Oxy 平面的投影，即变形后的 MA,MB 的投影。微分单元体的棱边长为 $\mathrm{d}x,\mathrm{d}y,\mathrm{d}z$，$M$ 点的坐标为 (x,y,z)，以 $u(x,y,z),v(x,y,z)$，

$w(x,y,z)$分别表示M点在x,y,z方向的位移分量,则A点的位移为

$$u(x+\mathrm{d}x,y,z),v(x+\mathrm{d}x,y,z)$$

B点的位移为

$$u(x,y+\mathrm{d}y,z),v(x,y+\mathrm{d}y,z)$$

按泰勒级数将A,B两点的位移展开,并且略去二阶以上的小量,则A,B点的位移分别为$u+\dfrac{\partial u}{\partial x}\mathrm{d}x,v+\dfrac{\partial v}{\partial x}\mathrm{d}x$和$u+\dfrac{\partial u}{\partial y}\mathrm{d}y,v+\dfrac{\partial v}{\partial y}\mathrm{d}y$。

因为

$$M'A'\approx m'a'=\mathrm{d}x+u+\frac{\partial u}{\partial x}\mathrm{d}x-u=\mathrm{d}x+\frac{\partial u}{\partial x}\mathrm{d}x$$

所以

$$\varepsilon_x=\frac{M'A'-MA}{MA}\approx\frac{\mathrm{d}x+\dfrac{\partial u}{\partial x}\mathrm{d}x-\mathrm{d}x}{\mathrm{d}x}=\frac{\partial u}{\partial x} \tag{2.47a}$$

同理可得

$$\varepsilon_y=\frac{\partial v}{\partial y},\quad \varepsilon_z=\frac{\partial w}{\partial z} \tag{2.47b}$$

由此可以得到弹性体内任意一点微分线段的相对伸长度,即正应变。显然微分线段伸长,则正应变x,y,z大于零,反之则小于零。

4.切应变

以下讨论切应变表达关系。假设β_{yx}为与x轴平行的微分线段ma向y轴转过的角度,β_{xy}为与y轴平行的mb向x轴转过的角度(见图2.9),则切应变

$$\gamma_{xy}=\frac{\pi}{2}-\angle A'M'B'=\frac{\pi}{2}-\angle a'm'b'=\beta_{xy}+\beta_{yx}$$

因为

$$\beta_{yx}\approx\tan\beta_{yx}=\frac{a''a'}{m'a'}=\frac{v+\dfrac{\partial v}{\partial x}\mathrm{d}x-v}{\mathrm{d}x+\dfrac{\partial u}{\partial x}\mathrm{d}x}=\frac{\dfrac{\partial v}{\partial x}}{1+\dfrac{\partial u}{\partial x}}=\frac{\partial v}{\partial x}$$

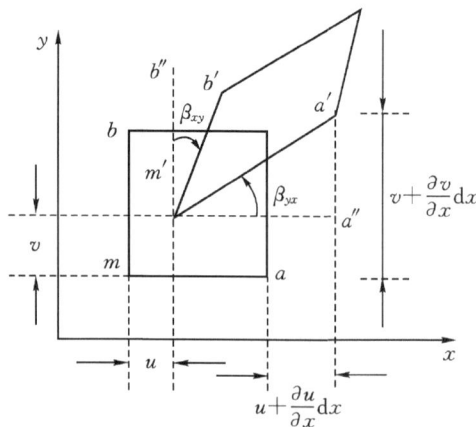

图 2.9

上式的推导中,利用了小变形条件下位移的导数是高阶小量的结论。同理可得

$$\beta_{xy} = \frac{\partial u}{\partial y}$$

β_{yx} 和 β_{xy} 可为正或为负,其正负号的几何意义为:β_{yx} 大于零,表示位移 v 随坐标 x 而增加,即 x 方向的微分线段正向向 y 轴旋转;β_{xy} 大于零,表示位移 u 随坐标 y 而增加,即 y 方向的微分线段正向向 x 轴旋转。若它们小于零,则表示向相反方向旋转。将上述两式代入切应变表达式,则

$$\gamma_{xy} = \frac{\partial v}{\partial x} + \frac{\partial u}{\partial y} \tag{2.48a}$$

同理可得

$$\gamma_{yz} = \frac{\partial w}{\partial y} + \frac{\partial v}{\partial z}, \quad \gamma_{zx} = \frac{\partial u}{\partial z} + \frac{\partial w}{\partial x} \tag{2.48b}$$

切应变分量大于零,表示微分线段的夹角缩小,反之则增大。

5. 几何方程与工程应变

综上所述,我们得到如下六个应变分量与位移分量之间的关系

$$\left.\begin{array}{l}\varepsilon_x = \dfrac{\partial u}{\partial x}, \quad \varepsilon_y = \dfrac{\partial v}{\partial y}, \quad \varepsilon_z = \dfrac{\partial w}{\partial z} \\[2mm] \gamma_{xy} = \dfrac{\partial v}{\partial x} + \dfrac{\partial u}{\partial y}, \quad \gamma_{yz} = \dfrac{\partial w}{\partial y} + \dfrac{\partial v}{\partial z}, \quad \gamma_{zx} = \dfrac{\partial u}{\partial z} + \dfrac{\partial w}{\partial x}\end{array}\right\} \tag{2.49a}$$

上述公式称为几何方程,又称柯西(Cauchy)方程。

柯西方程给出了 3 个位移分量和 6 个应变分量之间的关系。如果已知位移,由位移函数的偏导数即可求得应变;但是如果已知应变,由于六个应变分量对应三个位移分量,则其求解将相对复杂,六个应变分量间必须满足一定的关系,这个问题以后作专门讨论。几何方程给出的应变通常称为柯西应变或工程应变。

将式(2.47a)的后三个式子除以 2,并记

$$\varepsilon_{xy} = \frac{\gamma_{xy}}{2}, \quad \varepsilon_{yz} = \frac{\gamma_{yz}}{2}, \quad \varepsilon_{zx} = \frac{\gamma_{zx}}{2}$$

使用指标符号,则几何方程可以表达为

$$\varepsilon_{ij} = \frac{1}{2}(u_{i,j} + u_{j,i}) \quad (i,j = 1,2,3) \tag{2.49b}$$

当 $i = j$ 时表示线应变,当 $i \neq j$ 时表示切应变,且切应变满足 $\varepsilon_{ij} = \varepsilon_{ji}$。

应变分量 $\varepsilon_{ij}(i,j = 1,2,3)$ 满足张量分量的坐标变换规律,因此也称为应变张量。应变张量分量与工程应变的关系为

$$[\varepsilon_{ij}] = \begin{bmatrix} \varepsilon_x & \dfrac{1}{2}\gamma_{xy} & \dfrac{1}{2}\gamma_{xz} \\[2mm] \dfrac{1}{2}\gamma_{yx} & \varepsilon_y & \dfrac{1}{2}\gamma_{yz} \\[2mm] \dfrac{1}{2}\gamma_{zx} & \dfrac{1}{2}\gamma_{zy} & \varepsilon_z \end{bmatrix} = \begin{bmatrix} \varepsilon_x & \varepsilon_{xy} & \varepsilon_{xz} \\ \varepsilon_{yx} & \varepsilon_y & \varepsilon_{yz} \\ \varepsilon_{zx} & \varepsilon_{zy} & \varepsilon_z \end{bmatrix} = \begin{bmatrix} \varepsilon_{11} & \varepsilon_{12} & \varepsilon_{13} \\ \varepsilon_{21} & \varepsilon_{22} & \varepsilon_{23} \\ \varepsilon_{31} & \varepsilon_{32} & \varepsilon_{33} \end{bmatrix} \tag{2.50}$$

2.7.2　变形位移与刚性转动位移

应变分量通过位移的偏导数描述了一点的变形,对微分平行六面体单元棱边的伸长以及棱边之间夹角的改变做出定义。但是这还不能完全描述弹性体的位移,原因是没有考虑微分单元体的刚性转动。通过分析弹性体内无限邻近两点的位置变化,则可得出刚性转动位移与纯变形位移。

如果弹性体中某点及邻近区域没有变形,根据刚体运动学可知,与该点无限邻近的一点的位移,是由两部分组成,分别是随这点的平动位移和绕这点的转动位移。对于弹性体中的该点,一般还要发生变形,因此位移中还包括纯变形位移。

1.纯变形位移与转动位移

设 M 点的坐标为 (x,y,z),位移为 S,u,v,w 是与三个坐标轴 x,y,z 平行的位移分量。与 M 点邻近的 N 点,坐标为 $(x+dx,y+dy,z+dz)$,位移为 $(u+du,v+dv,w+dw)$,则 MN 两点的相对位移为 (du,dv,dw)。因为位移为坐标的函数,小变形时忽略高阶小量,则有

$$\mathrm{d}u = \frac{\partial u}{\partial x}\mathrm{d}x + \frac{\partial u}{\partial y}\mathrm{d}y + \frac{\partial u}{\partial z}\mathrm{d}z$$

$$= \frac{\partial u}{\partial x}\mathrm{d}x + \frac{1}{2}\left(\frac{\partial v}{\partial x}+\frac{\partial u}{\partial y}\right)\mathrm{d}y + \frac{1}{2}\left(\frac{\partial w}{\partial x}+\frac{\partial u}{\partial z}\right)\mathrm{d}z - \frac{1}{2}\left(\frac{\partial v}{\partial x}-\frac{\partial u}{\partial y}\right)\mathrm{d}y + \frac{1}{2}\left(\frac{\partial u}{\partial z}-\frac{\partial w}{\partial x}\right)\mathrm{d}z$$

$$\tag{2.51a}$$

$$\mathrm{d}v = \frac{\partial v}{\partial x}\mathrm{d}x + \frac{\partial v}{\partial y}\mathrm{d}y + \frac{\partial v}{\partial z}\mathrm{d}z$$

$$= \frac{\partial v}{\partial y}\mathrm{d}y + \frac{1}{2}\left(\frac{\partial v}{\partial x}+\frac{\partial u}{\partial y}\right)\mathrm{d}y + \frac{1}{2}\left(\frac{\partial w}{\partial y}+\frac{\partial v}{\partial z}\right)\mathrm{d}z - \frac{1}{2}\left(\frac{\partial w}{\partial y}-\frac{\partial v}{\partial z}\right)\mathrm{d}z + \frac{1}{2}\left(\frac{\partial v}{\partial x}-\frac{\partial u}{\partial y}\right)\mathrm{d}x$$

$$\tag{2.51b}$$

$$\mathrm{d}w = \frac{\partial w}{\partial x}\mathrm{d}x + \frac{\partial w}{\partial y}\mathrm{d}y + \frac{\partial w}{\partial z}\mathrm{d}z$$

$$= \frac{\partial w}{\partial z}\mathrm{d}z + \frac{1}{2}\left(\frac{\partial w}{\partial x}+\frac{\partial u}{\partial z}\right)\mathrm{d}x + \frac{1}{2}\left(\frac{\partial w}{\partial y}+\frac{\partial v}{\partial z}\right)\mathrm{d}y - \frac{1}{2}\left(\frac{\partial u}{\partial z}-\frac{\partial w}{\partial x}\right)\mathrm{d}x + \frac{1}{2}\left(\frac{\partial w}{\partial y}-\frac{\partial v}{\partial z}\right)\mathrm{d}y$$

$$\tag{2.51c}$$

令

$$\omega_x = \frac{1}{2}\left(\frac{\partial w}{\partial y}-\frac{\partial v}{\partial z}\right),\ \omega_y = \frac{1}{2}\left(\frac{\partial u}{\partial z}-\frac{\partial w}{\partial x}\right),\ \omega_z = \frac{1}{2}\left(\frac{\partial v}{\partial x}-\frac{\partial u}{\partial y}\right) \tag{2.52}$$

并考虑到几何方程式(2.49a),则式(2.51a)至(2.51c)可写为

$$\mathrm{d}u = \varepsilon_x \mathrm{d}x + \frac{1}{2}\gamma_{xy}\mathrm{d}y + \frac{1}{2}\gamma_{xz}\mathrm{d}z - \omega_z\mathrm{d}y + \omega_y\mathrm{d}z \tag{2.53a}$$

$$\mathrm{d}v = \varepsilon_y \mathrm{d}y + \frac{1}{2}\gamma_{yx}\mathrm{d}x + \frac{1}{2}\gamma_{yz}\mathrm{d}z - \omega_x\mathrm{d}z + \omega_z\mathrm{d}x \tag{2.53b}$$

$$\mathrm{d}w = \varepsilon_z \mathrm{d}z + \frac{1}{2}\gamma_{zx}\mathrm{d}x + \frac{1}{2}\gamma_{zy}\mathrm{d}y - \omega_y\mathrm{d}x + \omega_x\mathrm{d}y \tag{2.53c}$$

以上位移增量公式中,前三项为产生变形的纯变形位移,后两项是某点邻近区域的材料绕该点像刚体一样转动的刚性转动位移。

引入哈密尔顿算子 $\nabla = \frac{\partial}{\partial x}\boldsymbol{i} + \frac{\partial}{\partial y}\boldsymbol{j} + \frac{\partial}{\partial z}\boldsymbol{k}$，则 M 点位移 $\boldsymbol{S}$ 的旋度

$$\text{rot}\boldsymbol{S} = \nabla \times \boldsymbol{S} = \begin{vmatrix} \boldsymbol{i} & \boldsymbol{j} & \boldsymbol{k} \\ \frac{\partial}{\partial x} & \frac{\partial}{\partial y} & \frac{\partial}{\partial z} \\ u & v & w \end{vmatrix} = (\frac{\partial w}{\partial y} - \frac{\partial v}{\partial z})\boldsymbol{i} + (\frac{\partial u}{\partial z} - \frac{\partial w}{\partial x})\boldsymbol{j} + (\frac{\partial v}{\partial x} - \frac{\partial u}{\partial y})\boldsymbol{k}$$

将上式与式(2.52)比较可得

$$\boldsymbol{\omega} = \omega_x\boldsymbol{i} + \omega_y\boldsymbol{j}\omega_z\boldsymbol{k} = \frac{1}{2}\nabla \times \boldsymbol{S} \tag{2.54}$$

式中，$\omega_x, \omega_y, \omega_z$ 是坐标的函数，表示了弹性体内微分单元体绕相应坐标轴的刚性转动分量。

2.位移的分解

总的来讲，弹性体中与 M 点无限邻近的 N 点的位移由三部分组成。考虑 N 点沿 x 方向的位移分量，如图 2.10 所示，其包含

(1)随同 M 点作平动的位移。即 M 点沿 x 方向的位移为 u，则与其临近的 N 点随点沿 x 方向平移 u。

(2)N 点附近微团绕 M 点作刚性转动产生的位移，即式(2.51a、b、c)中后两项。

(3)由于 M 点及其邻近区域的变形在 N 点引起的位移，即式(2.51a、b、c)中前三项。

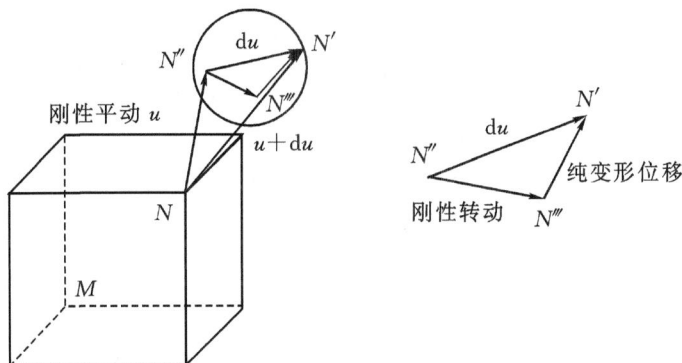

图 2.10

对于微分单元体，转动分量 $\omega_x, \omega_y, \omega_z$ 描述的是刚性转动，但其对于整个弹性体来讲，仍属于位移的一部分。三个转动分量和六个应变分量合在一起，不仅确定了微分单元体形状的变化，而且确定了方位的变化。如果使用矩阵形式表示位移增量公式，可得

$$\begin{Bmatrix} du \\ dv \\ dw \end{Bmatrix} = \begin{bmatrix} 0 & -\omega_z & \omega_y \\ \omega_z & 0 & -\omega_x \\ -\omega_y & \omega_x & 0 \end{bmatrix} \begin{Bmatrix} dx \\ dy \\ dz \end{Bmatrix} + \begin{bmatrix} \varepsilon_x & \frac{1}{2}\gamma_{xy} & \frac{1}{2}\gamma_{xz} \\ \frac{1}{2}\gamma_{yx} & \varepsilon_y & \frac{1}{2}\gamma_{yz} \\ \frac{1}{2}\gamma_{zx} & \frac{1}{2}\gamma_{zy} & \varepsilon_z \end{bmatrix} \begin{Bmatrix} dx \\ dy \\ dz \end{Bmatrix} \tag{2.55}$$

显然,位移的增量是由两部分组成的,一部分是转动分量引起的刚体转动位移,另一部分是应变分量引起的形变位移。记

$$[\omega_{ij}] = \begin{bmatrix} \omega_{xx} & \omega_{xy} & \omega_{xz} \\ \omega_{yx} & \omega_{yy} & \omega_{yz} \\ \omega_{zx} & \omega_{zy} & \omega_{zz} \end{bmatrix} = \begin{bmatrix} 0 & -\omega_z & \omega_y \\ \omega_z & 0 & -\omega_x \\ -\omega_y & \omega_x & 0 \end{bmatrix} \tag{2.56}$$

称为转动张量。

2.7.3 应变分量的坐标变换

与应力状态分析相同,一点的应变分量在不同坐标系下的描述是不相同的,因此讨论应变状态,就必须建立坐标变换,就是坐标转动时的应变分量的变换关系。与坐标转轴时的应力分量的变换一样,我们将建立应变分量转轴的变换公式,即已知 ε_{ij} 在旧坐标系中的分量,求其在新坐标系中的各分量 $\varepsilon_{i'j'}$。

根据转轴公式,一点的六个独立的应变分量一旦确定,则任意坐标系下的应变分量均可确定,即应变状态完全确定。根据几何方程,坐标平动将不会影响应变分量。因此只需分析坐标转动时的应变分量变换关系。设新坐标系 $Oxyz$ 是旧坐标系 $Ox'y'z'$ 经过转动得到的,如图 2.11 所示。新旧坐标轴之间的夹角的方向余弦为

$$
\begin{array}{cccc}
 & x & y & z \\
x' & l_1 & m_1 & n_1 \\
y' & l_2 & m_2 & n_2 \\
z' & l_3 & m_3 & n_3
\end{array}
$$

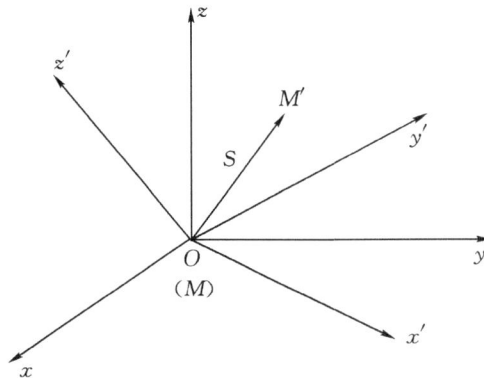

图 2.11

设变形前的 M 点变形后移至 M' 点,设其位移矢量 $\boldsymbol{MM'} = \boldsymbol{S}$,$\boldsymbol{i}$,$\boldsymbol{j}$ 和 $\boldsymbol{k}$ 分别为 x,y,z 坐标轴正方向的单位矢量;$\boldsymbol{i'}$,$\boldsymbol{j'}$ 和 $\boldsymbol{k'}$ 分别为 x',y',z' 坐标轴正方向的单位矢量,则

$$\boldsymbol{S} = u\boldsymbol{i} + v\boldsymbol{j} + w\boldsymbol{k} = u'\boldsymbol{i'} + v'\boldsymbol{j'} + w'\boldsymbol{k'}$$

以 $\{\boldsymbol{i'}\} = \{l_1, m_1, n_1\}^{\mathrm{T}}$,$\{\boldsymbol{j'}\} = \{l_2, m_2, n_2\}^{\mathrm{T}}$,$\{\boldsymbol{k'}\} = \{l_3, m_3, n_3\}^{\mathrm{T}}$ 分别表示新坐标系 x',y',z' 坐标轴正方向单位矢量的方向余弦列向量,则新坐标系的位移分量为

$$\left.\begin{aligned} u'(x',y',z') &= \boldsymbol{S} \cdot \boldsymbol{i}' = ul_1 + vm_1 + wn_1 \\ v'(x',y',z') &= \boldsymbol{S} \cdot \boldsymbol{j}' = ul_2 + vm_2 + wn_2 \\ w'(x',y',z') &= \boldsymbol{S} \cdot \boldsymbol{k}' = ul_3 + vm_3 + wn_3 \end{aligned}\right\} \tag{2.57}$$

根据几何方程及方向导数与梯度间的关系

$$\varepsilon_{x'} = \frac{\partial u'}{\partial x'} = \nabla u' \cdot \boldsymbol{i}' = \left(\frac{\partial u'}{\partial x}\boldsymbol{i} + \frac{\partial u'}{\partial y}\boldsymbol{j} + \frac{\partial u'}{\partial z}\boldsymbol{k}\right) \cdot \boldsymbol{i}'$$

$$= \left(l_1 \frac{\partial}{\partial x} + m_1 \frac{\partial}{\partial y} + n_1 \frac{\partial}{\partial z}\right)(ul_1 + vm_1 + wn_1)$$

$$= l_1^2 \varepsilon_x + m_1^2 \varepsilon_y + n_1^2 \varepsilon_z + l_1 m_1 \gamma_{xy} + m_1 n_1 \gamma_{yz} + n_1 l_1 \gamma_{zx}$$

同理,可以推导其余五个应变分量的变换公式,即

$$\left.\begin{aligned} \varepsilon_{x'} &= l_1^2 \varepsilon_x + m_1^2 \varepsilon_y + n_1^2 \varepsilon_z + l_1 m_1 \gamma_{xy} + m_1 n_1 \gamma_{yz} + n_1 l_1 \gamma_{zx} \\ \varepsilon_{y'} &= l_2^2 \varepsilon_x + m_2^2 \varepsilon_y + n_2^2 \varepsilon_z + l_2 m_2 \gamma_{xy} + m_2 n_2 \gamma_{yz} + n_2 l_2 \gamma_{zx} \\ \varepsilon_{z'} &= l_3^2 \varepsilon_x + m_3^2 \varepsilon_y + n_3^2 \varepsilon_z + l_3 m_3 \gamma_{xy} + m_3 n_3 \gamma_{yz} + n_3 l_3 \gamma_{zx} \\ \gamma_{x'y'} &= 2l_1 l_2 \varepsilon_x + 2m_1 m_2 \varepsilon_y + 2n_1 n_2 \varepsilon_z + (l_1 m_2 + l_2 m_1)\gamma_{xy} + (m_1 n_2 + m_2 n_1)\gamma_{yz} + (n_1 l_2 + n_2 l_1)\gamma_{zx} \\ \gamma_{y'z'} &= 2l_2 l_3 \varepsilon_x + 2m_2 m_3 \varepsilon_y + 2n_2 n_3 \varepsilon_z + (l_2 m_3 + l_3 m_2)\gamma_{xy} + (m_2 n_3 + m_3 n_2)\gamma_{yz} + (n_2 l_3 + n_3 l_2)\gamma_{zx} \\ \gamma_{z'x'} &= 2l_3 l_1 \varepsilon_x + 2m_3 m_1 \varepsilon_y + 2n_3 n_1 \varepsilon_z + (l_3 m_1 + l_1 m_3)\gamma_{xy} + (m_3 n_1 + m_1 n_3)\gamma_{yz} + (n_3 l_1 + n_1 l_3)\gamma_{zx} \end{aligned}\right\}$$

$$\tag{2.58a}$$

以 $\lambda_{ij'}(i,j'=1,2,3)$ 表示新旧坐标系之间的夹角的方向余弦,则上述应变分量变换公式(2.58a)可以写作

$$\varepsilon_{i'j'} = \lambda_{i'j}\lambda_{ij'}\varepsilon_{ij} \tag{2.58b}$$

则应变分量满足张量变换关系,称为一点的应变张量。与应力张量相同,应变张量也是二阶对称张量。

由公式(2.60a)可知,一点的六个独立的应变分量一旦确定,则任意坐标系下的应变分量均可确定,即一点的应变状态就完全确定了。不难理解,坐标变换后各应变分量均发生改变,但它们作为一个整体,所描述的一点的应变状态是不会改变的。

2.7.4 主应变和应变不变量

应变状态分析包含确定一点的最大正应变及其方位,就是确定主应变和主平面。本节根据位移增量与应变分量以及主应变的关系,推导求解主应变及其方向余弦的齐次线性方程组。根据齐次线性方程组有非零解的条件,可以确定求解主应变的应变状态的特征方程。

1.主应变的概念

弹性体内任一点的六个应变分量,随着坐标轴的旋转而改变。因此是否可以像应力张量一样,对于一个确定点,在某个坐标系下所有的切应变分量都为零,仅有正应变分量不等于零。即能否找到三个相互垂直的方向,在这三个方向上的微分线段在物体变形后只是各自改变长度,而其夹角仍为直角呢?答案是肯定的。在任何应变状态下,至少可以找到三个这样的垂直方向,在该方向仅有正应变而切应变为零。具有该性质的方向,称为应变主方向或应变主轴,该方向的应变称为主应变。

设 ε_{ij} 为物体内 M 点在已知坐标系的应变分量,设 MN 为 M 点的主轴之一,其变形前的方向余弦为 l,m,n,主应变为 ε。令 $\mathrm{d}\rho$ 表示 MN 变形前的长度,则 MN 相对伸长为 $\varepsilon\mathrm{d}\rho$,如图 2.12 所示。

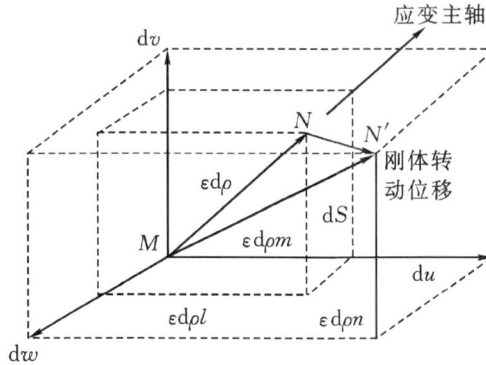

图 2.12

设 M 点的位移为 (u,v,w),则 N 点的位移为 $(u+\mathrm{d}u,v+\mathrm{d}v,w+\mathrm{d}w)$。因为

$\mathrm{d}u =$ 变形位移在 x 方向的分量 + 刚性转动位移在 x 方向的分量

$\quad = \varepsilon l\mathrm{d}\rho +$ 刚性转动位移在 x 方向的分量

根据公式(2.53a)得

$$\mathrm{d}u = \varepsilon_x\mathrm{d}x + \frac{1}{2}\gamma_{xy}\mathrm{d}y + \frac{1}{2}\gamma_{xz}\mathrm{d}z - \omega_z\mathrm{d}y + \omega_y\mathrm{d}z$$

即 $\mathrm{d}u$ 等于纯变形位移与刚性转动位移在 x 方向的分量之和。根据上述公式,可得

$$\varepsilon_x\mathrm{d}x + \frac{1}{2}\gamma_{xy}\mathrm{d}y + \frac{1}{2}\gamma_{xz}\mathrm{d}z = \varepsilon l\mathrm{d}\rho$$

或者写作

$$\varepsilon_x l + \frac{1}{2}\gamma_{xy}m + \frac{1}{2}\gamma_{xz}n = \varepsilon l$$

$$(\varepsilon_x - \varepsilon)l + \frac{1}{2}\gamma_{xy}m + \frac{1}{2}\gamma_{xz}n = 0 \tag{2.59a}$$

同理可得

$$\frac{1}{2}\gamma_{xy}l + (\varepsilon_y - \varepsilon)m + \frac{1}{2}\gamma_{yz}n = 0 \tag{2.59b}$$

$$\frac{1}{2}\gamma_{xz}l + \frac{1}{2}\gamma_{yz}m + (\varepsilon_z - \varepsilon)n = 0 \tag{2.59c}$$

上述方程组是关于 l,m,n 的齐次线性方程组。

2.主应变特征方程与不变量

对于 l,m,n 的齐次线性方程组,其存在非零解的条件为其系数行列式的值为零,即

$$\begin{vmatrix} \varepsilon_x - \varepsilon & \dfrac{1}{2}\gamma_{xy} & \dfrac{1}{2}\gamma_{xz} \\[2mm] \dfrac{1}{2}\gamma_{yx} & \varepsilon_y - \varepsilon & \dfrac{1}{2}\gamma_{yz} \\[2mm] \dfrac{1}{2}\gamma_{zx} & \dfrac{1}{2}\gamma_{zy} & \varepsilon_z - \varepsilon \end{vmatrix} = 0 \tag{2.60}$$

将上式展开,可得主应变特征方程

$$\varepsilon^3 - I_1'\varepsilon^2 + I_2'\varepsilon - I_3' = 0 \tag{2.61}$$

其中

$$\left.\begin{aligned} I_1' &= \varepsilon_{ii} = \varepsilon_x + \varepsilon_y + \varepsilon_z \\ I_2' &= \frac{1}{2}(\varepsilon_{ii}\varepsilon_{jj} - \varepsilon_{ij}\varepsilon_{ij}) = \varepsilon_x\varepsilon_y + \varepsilon_y\varepsilon_z + \varepsilon_x\varepsilon_x - \frac{1}{4}(\gamma_{xy}^2 + \gamma_{yz}^2 + \gamma_{zx}^2) \\ I_3' &= \det[\varepsilon_{ij}] = \varepsilon_x\varepsilon_y\varepsilon_z - \frac{1}{4}(\varepsilon_x\gamma_{yz}^2 + \varepsilon_y\gamma_{zx}^2 + \varepsilon_z\gamma_{xy}^2) + \frac{1}{8}\gamma_{yz}\gamma_{zx}\gamma_{xy} \end{aligned}\right\} \tag{2.62}$$

与应力不变量相似,显然 I_1', I_2', I_3' 为应变不变量,分别称为第一,第二和第三应变张不变量。

根据特征方程,可以求解得到三个主应变,记为 ε_1、ε_2、ε_3。将求解后的主应变代入公式 (2.59a) 至 (2.59c) 中的任意两个中,并注意到任意一点三个方向余弦的平方和等于 1,则可解出应变主轴的方向余弦。

由应力张量和应变张量,应力不变量和应变不变量之间的公式的比较可知,主应变和应变主轴的特性与主应力和应力主轴是类似的。

应变张量不变量式 (2.62) 也可利用主应变写为

$$\left.\begin{aligned} I_1' &= \varepsilon_1 + \varepsilon_2 + \varepsilon_3 \\ I_2' &= \varepsilon_1\varepsilon_2 + \varepsilon_2\varepsilon_3 + \varepsilon_3\varepsilon_1 \\ I_3' &= \varepsilon_1\varepsilon_2\varepsilon_3 \end{aligned}\right\} \tag{2.63}$$

完全类似应力分析,可得最大切应变为

$$\gamma_1 = \pm(\varepsilon_2 - \varepsilon_3), \quad \gamma_2 = \pm(\varepsilon_1 - \varepsilon_3), \quad \gamma_3 = \pm(\varepsilon_1 - \varepsilon_2)$$

2.7.5 应变张量的分解

1. 体积应变

讨论微分平行六面体单元。变形前,单元体的三条棱边分别为 MA, MB, MC,长 $\mathrm{d}x$,$\mathrm{d}y, \mathrm{d}z$,其体积为 $V = \mathrm{d}x\mathrm{d}y\mathrm{d}z$。设 M 点坐标为 (x, y, z),则 A, B, C 点坐标分别为 $(x+\mathrm{d}x, y, z)$,$(x, y+\mathrm{d}y, z)$ 和 $(x, y, z+\mathrm{d}z)$。

弹性体变形后,其三条棱边分别变为 $M'A', M'B', M'C'$。其中

$$\boldsymbol{M'A'} = (1 + \frac{\partial u}{\partial x})\mathrm{d}x\boldsymbol{i} + \frac{\partial v}{\partial x}\mathrm{d}x\boldsymbol{j} + \frac{\partial w}{\partial x}\mathrm{d}x\boldsymbol{k}$$

$$\boldsymbol{M'B'} = \frac{\partial u}{\partial y}\mathrm{d}y\boldsymbol{i} + (1 + \frac{\partial v}{\partial y})\mathrm{d}y\boldsymbol{j} + \frac{\partial w}{\partial y}\mathrm{d}y\boldsymbol{k}$$

$$\boldsymbol{M'C'} = \frac{\partial u}{\partial z}\mathrm{d}z\boldsymbol{i} + \frac{\partial v}{\partial z}\mathrm{d}z\boldsymbol{j} + (1 + \frac{\partial w}{\partial z})\mathrm{d}z\boldsymbol{k}$$

若用 V' 表示变形后的微分单元体体积,则

$$V' = M'A' \times M'B \cdot M'C'$$

$$= \begin{vmatrix} (1+\dfrac{\partial u}{\partial x})\mathrm{d}x & \dfrac{\partial v}{\partial x}\mathrm{d}x & \dfrac{\partial w}{\partial x}\mathrm{d}x \\[3mm] \dfrac{\partial u}{\partial y}\mathrm{d}y & (1+\dfrac{\partial v}{\partial y})\mathrm{d}y & \dfrac{\partial w}{\partial y}\mathrm{d}y \\[3mm] \dfrac{\partial u}{\partial z}\mathrm{d}z & \dfrac{\partial v}{\partial z}\mathrm{d}z & (1+\dfrac{\partial w}{\partial z})\mathrm{d}z \end{vmatrix}$$

将行列式展开并忽略二阶以上的高阶小量,则

$$V' = (1+\varepsilon_x+\varepsilon_y+\varepsilon_z)\mathrm{d}x\mathrm{d}y\mathrm{d}z = (1+\varepsilon_x+\varepsilon_y+\varepsilon_z)V$$

若用 θ 表示单位体积的变化即体积应变,则由上式可得

$$\theta = \frac{V'-V}{V} = \varepsilon_x+\varepsilon_y+\varepsilon_z = \frac{\partial u}{\partial x}+\frac{\partial v}{\partial y}+\frac{\partial w}{\partial z} \tag{2.64}$$

显然体积应变 θ 就是应变张量的第一不变量 I'_1。因此 θ 常写作

$$\theta = \varepsilon_1+\varepsilon_2+\varepsilon_3 \tag{2.65}$$

体积应变 θ 大于零表示微分单元体膨胀,小于零则表示单元体受压缩。若弹性体内 θ 处处为零,则物体变形后的体积是不变的。记

$$\theta_m = \frac{1}{3}(\varepsilon_1+\varepsilon_2+\varepsilon_3) \tag{2.66}$$

θ_m 称为一点的平均应变。

2. 应变球张量与应变偏张量

利用式(2.65),可将一点的应变张量式(2.50)分解为

$$[\varepsilon_{ij}] = \begin{bmatrix} \theta_m & 0 & 0 \\ 0 & \theta_m & 0 \\ 0 & 0 & \theta_m \end{bmatrix} + \begin{bmatrix} \varepsilon_{11}-\theta_m & \varepsilon_{12} & \varepsilon_{13} \\ \varepsilon_{21} & \varepsilon_{22}-\theta_m & \varepsilon_{23} \\ \varepsilon_{31} & \varepsilon_{32} & \varepsilon_{33}-\theta_m \end{bmatrix}$$

记

$$[\varepsilon_{ii}] = \begin{bmatrix} \theta_m & 0 & 0 \\ 0 & \theta_m & 0 \\ 0 & 0 & \theta_m \end{bmatrix} \tag{2.67}$$

$$[e_{ij}] = \begin{bmatrix} \varepsilon_{11}-\theta_m & \varepsilon_{12} & \varepsilon_{13} \\ \varepsilon_{21} & \varepsilon_{22}-\theta_m & \varepsilon_{23} \\ \varepsilon_{31} & \varepsilon_{32} & \varepsilon_{33}-\theta_m \end{bmatrix} \tag{2.68}$$

式(2.67)和式(2.68)分别称为一点的球应变张量和偏应变张量。或以指标符号记为

$$\varepsilon_{ij} = \theta_m\delta_{ij} + e_{ij} \tag{2.69}$$

设偏应变张量的三个主值为 e_1,e_2,e_3,则偏应变张量的三个不变量为

$$\left.\begin{aligned}
J'_1 &= e_{ii} = e_{11} + e_{22} + e_{33} = e_1 + e_2 + e_3 = 0 \\
J'_2 &= \frac{1}{2}e_{ii}e_{jj} - \frac{1}{2}e_{ij}e_{ij} \\
&= e_{11}e_{22} + e_{22}e_{33} + e_{33}e_{11} - e_{12}^2 - e_{23}^2 - e_{31}^2 \\
&= e_1e_2 + e_2e_3 + e_3e_1 \\
J'_3 &= \det[e_{ij}] = e_1e_2e_3
\end{aligned}\right\}$$

(2.70)

由于 $J'_1 = 0$，所以，与偏应变张量对应的变形只会改变微元体的形状而不会改变微元体的体积。

2.7.6　应变协调方程

几何方程表明，六个应变分量是通过三个位移分量表示的，因此六个应变分量将不可能是互不相关的，应变分量之间必然存在某种联系。

这个问题对于弹性力学分析是非常重要的。因为如果已知位移分量，容易通过几何方程的求导过程获得应变分量；但是反之，如果已知应变分量，则几何方程的六个方程将仅面对三个未知的位移函数，方程数显然超过未知函数的个数，方程组将可能是矛盾的。

随意给出六个应变分量，不一定能求出对应的位移。

例 2.2　设应变分量为：$\varepsilon_x = 3x$，$\varepsilon_y = 2y$，$\gamma_{xy} = xy$，$\varepsilon_z = \gamma_{zx} = \gamma_{zy} = 0$，求其位移。

解　$\because \varepsilon_x = \dfrac{\partial u}{\partial x} = 3x$，$\therefore u = \dfrac{3}{2}x^2 + f(y)$

$\because \varepsilon_y = \dfrac{\partial v}{\partial y} = 2y$，$\therefore v = y^2 + g(x)$

$\because \gamma_{xy} = \dfrac{\partial v}{\partial x} + \dfrac{\partial u}{\partial y} = f'(y) + g'(x) \neq xy$

显然该应变分量没有对应的位移。要使这一方程组不矛盾，则六个应变分量必须满足一定的条件，以下我们将着手建立这一条件。

首先从几何方程中消去位移分量，把几何方程

$$\varepsilon_x = \frac{\partial u}{\partial x}, \quad \varepsilon_y = \frac{\partial v}{\partial y}, \quad \varepsilon_z = \frac{\partial w}{\partial z}$$

$$\gamma_{xy} = \frac{\partial v}{\partial x} + \frac{\partial u}{\partial y}, \quad \gamma_{yz} = \frac{\partial w}{\partial y} + \frac{\partial v}{\partial z}, \quad \gamma_{zx} = \frac{\partial w}{\partial x} + \frac{\partial u}{\partial z}$$

的第一式和第二式分别对 x 和 y 求二阶偏导数，然后相加，并利用第四式，可得

$$\frac{\partial^2 \varepsilon_y}{\partial x^2} + \frac{\partial^2 \varepsilon_x}{\partial y^2} = \frac{\partial^2}{\partial x \partial y}\left(\frac{\partial v}{\partial x} + \frac{\partial u}{\partial y}\right) = \frac{\partial^2 \gamma_{xy}}{\partial x \partial y}$$

(2.71a)

若将几何方程的第四、五、六式分别对 z,x,y 求一阶偏导数，然后四和六两式相加并减去第五式，则

$$-\frac{\partial \gamma_{yz}}{\partial x} + \frac{\partial \gamma_{zx}}{\partial y} + \frac{\partial \gamma_{xy}}{\partial z} = 2\frac{\partial^2 u}{\partial y \partial z}$$

(2.71b)

将上式对 x 求一阶偏导数，则

$$\frac{\partial}{\partial x}\left(-\frac{\partial \gamma_{yz}}{\partial x} + \frac{\partial \gamma_{zx}}{\partial y} + \frac{\partial \gamma_{xy}}{\partial z}\right) = 2\frac{\partial^2 \varepsilon_x}{\partial y \partial z}$$

(2.71c)

分别轮换 x,y,z,则可得如下 6 个关系式

$$\begin{cases} \dfrac{\partial^2 \varepsilon_y}{\partial x^2} + \dfrac{\partial^2 \varepsilon_x}{\partial y^2} = \dfrac{\partial^2 \gamma_{xy}}{\partial x \partial y} \\[2mm] \dfrac{\partial^2 \varepsilon_z}{\partial y^2} + \dfrac{\partial^2 \varepsilon_y}{\partial z^2} = \dfrac{\partial^2 \gamma_{yz}}{\partial y \partial z} \\[2mm] \dfrac{\partial^2 \varepsilon_x}{\partial z^2} + \dfrac{\partial^2 \varepsilon_z}{\partial x^2} = \dfrac{\partial^2 \gamma_{zx}}{\partial x \partial z} \\[2mm] \dfrac{\partial}{\partial x}\left(-\dfrac{\partial \gamma_{yz}}{\partial x} + \dfrac{\partial \gamma_{zx}}{\partial y} + \dfrac{\partial \gamma_{xy}}{\partial z}\right) = 2\dfrac{\partial^2 \varepsilon_x}{\partial y \partial z} \\[2mm] \dfrac{\partial}{\partial y}\left(\dfrac{\partial \gamma_{yz}}{\partial x} - \dfrac{\partial \gamma_{zx}}{\partial y} + \dfrac{\partial \gamma_{xy}}{\partial z}\right) = 2\dfrac{\partial^2 \varepsilon_y}{\partial x \partial z} \\[2mm] \dfrac{\partial}{\partial z}\left(\dfrac{\partial \gamma_{yz}}{\partial x} + \dfrac{\partial \gamma_{zx}}{\partial y} - \dfrac{\partial \gamma_{xy}}{\partial z}\right) = 2\dfrac{\partial^2 \varepsilon_z}{\partial x \partial y} \end{cases} \tag{2.72}$$

上述 6 个方程称为应变协调方程或者变形协调方程,又称圣维南(Saint Venant)方程。

变形协调方程的数学意义是:要使三个位移分量为未知函数的六个几何方程不相矛盾,则应变分量必须满足的必要条件。应变协调方程的物理意义可以从弹性体的变形连续作出解释。假如物体分割成无数个微分六面体单元,如图 2.13(a)所示,变形后每一单元体都发生形状改变,如变形不满足一定的关系,变形后的单元体将不能重新组合成连续体,其间将产生缝隙,如图 2.13(b)所示;或嵌入现象,如图 2.13(c)所示。为使变形后的微分单元体仍能重新组合成连续体,如图 2.13(d)所示,应变分量必须满足一定的关系,这一关系就是应变协调方程,又称圣维南(Saint Venant)方程。假如弹性体是单连通的,则应变分量满足应变协调方程不仅是变形连续的必要条件,而且也是充分条件。

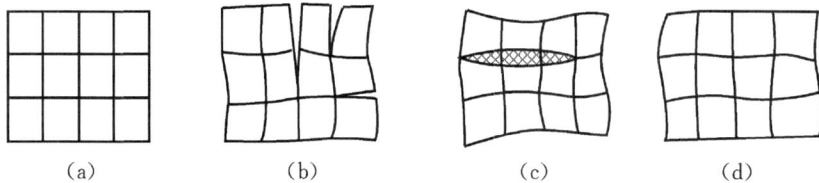

(a)   (b)   (c)   (d)

图 2.13

第3章 能量原理与本构方程

第2章分别从静力学和运动学的角度推导了平衡微分方程、几何方程和应变协调方程。由于弹性体的静力平衡和几何变形是和具体物体的材料性质相联系的,因此,必须建立材料的应力和应变的内在联系。对于每一种材料,在一定的温度下,应力和应变之间有着完全确定的关系。这是材料的固有特性,因此称为物理方程或者本构关系。

对于复杂应力状态,应力应变关系的实验测试是有困难的,因此本章首先通过能量法讨论本构关系的一般形式,然后分别讨论各向异性弹性体的本构关系;具有一个和两个弹性对称面的弹性体本构关系一般表达式;各向同性弹性体的本构关系等。

3.1 能量守恒定律及弹性应变能

外力作用下弹性体发生变形时,外力将要做功,内部的能量也要相应地发生变化。根据热力学的观点,外力在变形过程中所做的功,一部分将转化为内能,一部分将转化为动能;另外,在变形过程中,弹性体的温度将发生变化,它必须向外界吸收或释放热量。设弹性体变形时,外力所做的元功为 $\mathrm{d}W$,则

$$\mathrm{d}W = \mathrm{d}W_{\mathrm{s}} + \mathrm{d}W_{\mathrm{b}} \tag{3.1a}$$

其中,$\mathrm{d}W_{\mathrm{s}}$ 为表面力 $\overline{f}$ 所做的功,$\mathrm{d}W_{\mathrm{b}}$ 为体积力 f 所做的功。变形过程中,由外界输入热量为 $\mathrm{d}Q$,弹性体的内能增量为 $\mathrm{d}U$,不计弹性体动能的变化,根据热力学第一定律,有

$$\mathrm{d}W_{\mathrm{s}} + \mathrm{d}W_{\mathrm{b}} = \mathrm{d}U - \mathrm{d}Q \tag{3.1b}$$

因为

$$\mathrm{d}W_{\mathrm{s}} = \iint_S \overline{f}\,\mathrm{d}\boldsymbol{u}\,\mathrm{d}S = \iint_S \overline{f}_i\,\mathrm{d}u_i\,\mathrm{d}S = \iint_S \sigma_{ij}n_j\,\mathrm{d}u_i\,\mathrm{d}S \tag{3.1c}$$

这里 $n_j(j=1,2,3)$ 为弹性体表面一点的单位法向矢量的分量。根据高斯积分公式,上式可写为

$$\iint_S \sigma_{ij}n_j\,\mathrm{d}u_i\,\mathrm{d}S = \iiint_V (\sigma_{ij}\,\mathrm{d}u_i)_{,j}\,\mathrm{d}V = \iiint_V \left[\sigma_{ij,j}\,\mathrm{d}u_i + \sigma_{ij}\,\frac{\partial(\mathrm{d}u_i)}{\partial x_j}\right]\mathrm{d}V \tag{3.1d}$$

而

$$\mathrm{d}W_{\mathrm{b}} = \iint_S f\,\mathrm{d}\boldsymbol{u}\,\mathrm{d}V = \iiint_V f_i\,\mathrm{d}u_i\,\mathrm{d}V \tag{3.1e}$$

将式(3.1d)、(3.1e)代入式(3.1a),则

$$\mathrm{d}W = \mathrm{d}W_{\mathrm{s}} + \mathrm{d}W_{\mathrm{b}} = \iiint_V \left[(\sigma_{ij,j} + f_i)\,\mathrm{d}u_i + \sigma_{ij}\,\frac{\partial(\mathrm{d}u_i)}{\partial x_j}\right]\mathrm{d}V$$

$$= \iiint\limits_{V} \sigma_{ij} \mathrm{d}(\frac{\partial u_i}{\partial x_j}) \mathrm{d}V = \iiint\limits_{V} \frac{1}{2} \left[\sigma_{ij} \mathrm{d}(\frac{\partial u_i}{\partial x_j}) + \sigma_{ji} \mathrm{d}(\frac{\partial u_j}{\partial x_i}) \right] \mathrm{d}V$$

$$= \iiint\limits_{V} \sigma_{ij} \mathrm{d} \left[\frac{1}{2} (\frac{\partial u_i}{\partial x_j} + \frac{\partial u_j}{\partial x_i}) \right] \mathrm{d}V = \iiint\limits_{V} \sigma_{ij} \mathrm{d}\varepsilon_{ij} \mathrm{d}V \tag{3.1f}$$

如果加载很快,变形在极短的时间内完成,变形过程中没有进行热交换,称为绝热过程。绝热过程中,$\mathrm{d}Q=0$,故有

$$\mathrm{d}W_s + \mathrm{d}W_b = \mathrm{d}U \tag{3.1g}$$

对于完全弹性体,内能的增量就是物体的应变能增量 $\mathrm{d}U_\varepsilon$。设 u_ε 为弹性体单位体积的应变能,也称为应变能密度,则由式(3.1f)、式(3.1g),可得

$$\mathrm{d}U_\varepsilon = \mathrm{d} \iiint\limits_{V} u_\varepsilon \mathrm{d}V = \iiint\limits_{V} \mathrm{d}u_\varepsilon \mathrm{d}V = \iiint\limits_{V} \sigma_{ij} \mathrm{d}\varepsilon_{ij} \mathrm{d}V \tag{3.1h}$$

即

$$\mathrm{d}u_\varepsilon = \sigma_{ij} \mathrm{d}\varepsilon_{ij} = \sigma_x \mathrm{d}\varepsilon_x + \sigma_y \mathrm{d}\varepsilon_y + \sigma_z \mathrm{d}\varepsilon_z + \tau_{xy} \mathrm{d}\gamma_{xy} + \tau_{yz} \mathrm{d}\gamma_{yz} + \tau_{zx} \mathrm{d}\gamma_{zx} \tag{3.1i}$$

设应变能密度为应变的函数,则由变应能密度的全微分为

$$\mathrm{d}u_\varepsilon = \frac{\partial u_\varepsilon}{\partial \varepsilon_x} \mathrm{d}\varepsilon_x + \frac{\partial u_\varepsilon}{\partial \varepsilon_y} \mathrm{d}\varepsilon_y + \frac{\partial u_\varepsilon}{\partial \varepsilon_z} \mathrm{d}\varepsilon_z + \frac{\partial u_\varepsilon}{\partial \gamma_{xy}} \mathrm{d}\gamma_{xy} + \frac{\partial u_\varepsilon}{\partial \gamma_{yz}} \mathrm{d}\gamma_{yz} + \frac{\partial u_\varepsilon}{\partial \gamma_{zx}} \mathrm{d}\gamma_{zx} \tag{3.1j}$$

对上式积分,可得 $u_\varepsilon = u_\varepsilon(\varepsilon_{ij})$。它是由于变形而存储于物体内的单位体积的弹性势能,通常称其为应变能密度函数或简称为应变比能。在绝热条件下,它恒等于物体的内能。

比较式(3.1i)、式(3.1j),可得

$$\sigma_x = \frac{\partial u_\varepsilon}{\partial \varepsilon_x}, \quad \sigma_y = \frac{\partial u_\varepsilon}{\partial \varepsilon_y}, \quad \sigma_z = \frac{\partial u_\varepsilon}{\partial \varepsilon_z}, \quad \tau_{xy} = \frac{\partial u_\varepsilon}{\partial \gamma_{xy}}, \quad \tau_{yz} = \frac{\partial u_\varepsilon}{\partial \gamma_{yz}}, \quad \tau_{zx} = \frac{\partial u_\varepsilon}{\partial \gamma_{zx}} \tag{3.2}$$

以上公式称为格林公式,格林公式是以能量形式表达的本构关系。

如果材料的应力应变关系是线性弹性的,则由格林公式,单位体积的应变能必为应变分量的二次齐次函数。因此根据齐次函数的欧拉定理,可得

$$2u_\varepsilon = \frac{\partial u_\varepsilon}{\partial \varepsilon_x}\varepsilon_x + \frac{\partial u_\varepsilon}{\partial \varepsilon_y}\varepsilon_y + \frac{\partial u_\varepsilon}{\partial \varepsilon_z}\varepsilon_z + \frac{\partial u_\varepsilon}{\partial \gamma_{xy}}\gamma_{xy} + \frac{\partial u_\varepsilon}{\partial \gamma_{yz}}\gamma_{yz} + \frac{\partial u_\varepsilon}{\partial \gamma_{zx}}\gamma_{zx}$$

即

$$u_\varepsilon = \frac{1}{2}(\sigma_x\varepsilon_x + \sigma_y\varepsilon_y + \sigma_z\varepsilon_z + \tau_{xy}\gamma_{xy} + \tau_{yz}\gamma_{yz} + \tau_{zx}\gamma_{zx}) \tag{3.3}$$

用指标符号表示,写作

$$u_\varepsilon = \frac{1}{2}\sigma_{ij}\varepsilon_{ij} \tag{3.4}$$

设物体的体积为 V,整个物体的应变能为

$$U_\varepsilon = \iiint\limits_{V} u_\varepsilon \mathrm{d}V \tag{3.5}$$

3.2 各向异性弹性体的本构关系

根据弹性体的应变能函数,可以确定本构方程的能量表达形式。如果将应力分量表达为应变分量的函数,可以得到应力和应变关系的一般表达式。对于小变形问题,这个一般表达式可以展开为泰勒级数。

3.2.1　应力应变关系的一般形式

由于应变能函数的存在,通过格林公式就可求出应力。本节将通过应变能的推导应力和应变的一般关系。若将应力表达为应变的函数,则应力和应变关系的一般表达式为

$$
\begin{cases}
\sigma_x = f_1(\varepsilon_x,\varepsilon_y,\varepsilon_z,\gamma_{xy},\gamma_{yz},\gamma_{zx}) \\
\sigma_y = f_2(\varepsilon_x,\varepsilon_y,\varepsilon_z,\gamma_{xy},\gamma_{yz},\gamma_{zx}) \\
\sigma_z = f_3(\varepsilon_x,\varepsilon_y,\varepsilon_z,\gamma_{xy},\gamma_{yz},\gamma_{zx}) \\
\tau_{xy} = f_4(\varepsilon_x,\varepsilon_y,\varepsilon_z,\gamma_{xy},\gamma_{yz},\gamma_{zx}) \\
\tau_{yz} = f_5(\varepsilon_x,\varepsilon_y,\varepsilon_z,\gamma_{xy},\gamma_{yz},\gamma_{zx}) \\
\tau_{zx} = f_6(\varepsilon_x,\varepsilon_y,\varepsilon_z,\gamma_{xy},\gamma_{yz},\gamma_{zx})
\end{cases}
$$

这里的函数 $f_i(i=1,2,\cdots,6)$ 取决于材料自身的物理特性。对于均匀的各向同性材料,单向拉伸或压缩时,应力应变关系可以通过实验直接确定。但是对于复杂的应力状态,即使是各向同性的材料,也很难通过实验直接确定其关系。

这里不去讨论如何建立一般条件下的应力应变关系,仅考虑弹性范围内的小变形问题。

对于小变形问题,上述一般表达式可以展开成泰勒级数,并且可以略去二阶以上的高阶小量。例如将的第一式展开,可得

$$
\sigma_x = (f_1)_0 + \left(\frac{\partial f_1}{\partial \varepsilon_x}\right)_0 \varepsilon_x + \left(\frac{\partial f_1}{\partial \varepsilon_y}\right)_0 \varepsilon_y + \left(\frac{\partial f_1}{\partial \varepsilon_z}\right)_0 \varepsilon_z + \left(\frac{\partial f_1}{\partial \gamma_{xy}}\right)_0 \gamma_{xy} + \left(\frac{\partial f_1}{\partial \gamma_{yz}}\right)_0 \gamma_{yz} + \left(\frac{\partial f_1}{\partial \gamma_{zx}}\right)_0 \gamma_{zx}
$$

上式中 $(f_1)_0$ 表达了函数 f_1 在应变分量为零时的值,根据应力应变的一般关系式可知,它代表了初始应力。

根据无初始应力的假设,$(f_1)_0$ 应为零。对于均匀材料,材料性质与坐标无关,因此函数 f_1 对应变的一阶偏导数为常数。因此应力应变的一般关系表达式可以简化为

$$
\begin{cases}
\sigma_x = C_{11}\varepsilon_x + C_{12}\varepsilon_y + C_{13}\varepsilon_z + C_{14}\gamma_{xy} + C_{15}\gamma_{yz} + C_{16}\gamma_{zx} \\
\sigma_y = C_{21}\varepsilon_x + C_{22}\varepsilon_y + C_{23}\varepsilon_z + C_{24}\gamma_{xy} + C_{25}\gamma_{yz} + C_{26}\gamma_{zx} \\
\sigma_z = C_{31}\varepsilon_x + C_{32}\varepsilon_y + C_{33}\varepsilon_z + C_{34}\gamma_{xy} + C_{35}\gamma_{yz} + C_{36}\gamma_{zx} \\
\tau_{xy} = C_{41}\varepsilon_x + C_{42}\varepsilon_y + C_{43}\varepsilon_z + C_{44}\gamma_{xy} + C_{45}\gamma_{yz} + C_{46}\gamma_{zx} \\
\tau_{yz} = C_{51}\varepsilon_x + C_{52}\varepsilon_y + C_{53}\varepsilon_z + C_{54}\gamma_{xy} + C_{55}\gamma_{yz} + C_{56}\gamma_{zx} \\
\tau_{zx} = C_{61}\varepsilon_x + C_{62}\varepsilon_y + C_{63}\varepsilon_z + C_{64}\gamma_{xy} + C_{65}\gamma_{yz} + C_{66}\gamma_{zx}
\end{cases}
\tag{3.6}
$$

上述关系式是胡克(Hooke)定律在复杂应力条件下的推广,因此又称作广义胡克定律。广义胡克定律中的系数 $C_{mn}(m,n=1,2,\cdots,6)$ 称为弹性常数,一共有 36 个。如果物体是非均匀材料构成的,物体内各点受力后将有不同的弹性效应。因此一般地讲,C_{mn} 是坐标 x,y,z 的函数。

但是如果物体是由均匀材料构成的,那么物体内部各点,如果受同样的应力,将有相同的应变;反之,物体内各点如果有相同的应变,必承受同样的应力。这一条件反映在广义胡克定理上,就是 C_{mn} 为弹性常数。

正交各向异性材料的本构方程中,正应力仅与正应变有关,切应力仅与对应的切应变有关,因此拉压与剪切之间,以及不同平面内的剪切之间将不存在耦合作用。

3.2.2　各向异性弹性体的本构方程

1.完全各向异性弹性体

下面从广义胡克定理公式出发,用应变能的概念建立常见的各向异性弹性体的应力和应变关系。根据格林公式和广义胡克定律,有

$$\frac{\partial u_\epsilon}{\partial \epsilon_x} = \sigma_x = C_{11}\varepsilon_x + C_{12}\varepsilon_y + C_{13}\varepsilon_z + C_{14}\gamma_{xy} + C_{15}\gamma_{yz} + C_{16}\gamma_{zx}$$

对于上式,如果对切应变 g_{xy} 求偏导数,有

$$\frac{\partial^2 u_\epsilon}{\partial \epsilon_x \partial \gamma_{xy}} = C_{14}$$

同理,有

$$\frac{\partial u_\epsilon}{\partial \gamma_{xy}} = C_{41}\varepsilon_x + C_{42}\varepsilon_y + C_{43}\varepsilon_z + C_{44}\gamma_{xy} + C_{45}\gamma_{yz} + C_{46}\gamma_{zx}$$

对于上式,如果对正应变 ε_x 求偏导数,有

$$\frac{\partial^2 u_\epsilon}{\partial \gamma_{xy} \partial \epsilon_x} = C_{41}$$

因此,$C_{14} = C_{41}$。对于其他的弹性常数可以作同样的分析,则 $C_{mn} = C_{nm}$。上述结论证明完全各向异性弹性体只有 21 个弹性常数。其本构方程为

$$(3.7)\begin{cases}
\sigma_x = C_{11}\varepsilon_x + C_{12}\varepsilon_y + C_{13}\varepsilon_z + C_{14}\gamma_{xy} + C_{15}\gamma_{yz} + C_{16}\gamma_{zx} \\
\sigma_y = C_{12}\varepsilon_x + C_{22}\varepsilon_y + C_{23}\varepsilon_z + C_{24}\gamma_{xy} + C_{25}\gamma_{yz} + C_{26}\gamma_{zx} \\
\sigma_z = C_{13}\varepsilon_x + C_{23}\varepsilon_y + C_{33}\varepsilon_z + C_{34}\gamma_{xy} + C_{35}\gamma_{yz} + C_{36}\gamma_{zx} \\
\tau_{xy} = C_{14}\varepsilon_x + C_{24}\varepsilon_y + C_{34}\varepsilon_z + C_{44}\gamma_{xy} + C_{45}\gamma_{yz} + C_{46}\gamma_{zx} \\
\tau_{yz} = C_{15}\varepsilon_x + C_{25}\varepsilon_y + C_{35}\varepsilon_z + C_{45}\gamma_{xy} + C_{55}\gamma_{yz} + C_{56}\gamma_{zx} \\
\tau_{zx} = C_{16}\varepsilon_x + C_{26}\varepsilon_y + C_{36}\varepsilon_z + C_{46}\gamma_{xy} + C_{56}\gamma_{yz} + C_{66}\gamma_{zx}
\end{cases}$$

2.具有一个弹性对称面的各向异性弹性体

如果弹性体内每一点都存在这样一个平面,和该面对称的方向具有相同的弹性性质,则称该平面为物体的弹性对称面。垂直于弹性对称面的方向称为物体的弹性主方向。若设 yz 平面为弹性对称面,则 x 轴为弹性主方向。

以下根据完全各向异性弹性体本构方程,推导具有一个弹性对称面的各向异性弹性体的本构方程。作图示坐标变换,将 x 轴绕 z 轴转动 π 角度,成为新的 $Ox'y'z'$ 坐标系,如图 3.1

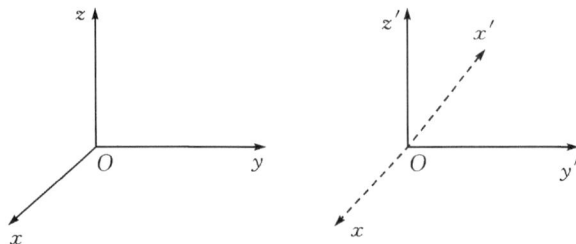

图 3.1

所示。

新旧坐标系之间的关系见表3.1。

表 3.1

	x	y	z
x'	$l_1=-1$	$m_1=0$	$n_1=0$
y'	$l_2=0$	$m_2=1$	$n_2=0$
z'	$l_3=0$	$m_3=0$	$n_3=1$

根据弹性对称性质,关于 x 轴对称的应力和应变分量在坐标系变换时保持不变,而关于 x 轴反对称的应力和应变分量在坐标系变换时取负值。所以

$$\begin{cases}\sigma_{x'}=\sigma_x,\sigma_{y'}=\sigma_y,\sigma_{z'}=\sigma_z,\tau_{x'y'}=-\tau_{xy},\tau_{y'z'}=\tau_{yz},\tau_{z'x'}=-\tau_{zx}\\\varepsilon_{x'}=\varepsilon_x,\varepsilon_{y'}=\varepsilon_y,\varepsilon_{z'}=\varepsilon_z,\gamma_{x'y'}=-\gamma_{xy},\gamma_{y'z'}=\gamma_{yz},\gamma_{z'x'}=-\gamma_{zx}\end{cases} \tag{3.8a}$$

将它们代入广义胡克定律式(3.6),可得

$$\begin{cases}\sigma_{x'}=C_{11}\varepsilon_{x'}+C_{12}\varepsilon_{y'}+C_{13}\varepsilon_{z'}-C_{14}\gamma_{x'y'}+C_{15}\gamma_{y'z'}-C_{16}\gamma_{z'x'}\\\sigma_{y'}=C_{21}\varepsilon_{x'}+C_{22}\varepsilon_{y'}+C_{23}\varepsilon_{z'}-C_{24}\gamma_{x'y'}+C_{25}\gamma_{y'z'}-C_{26}\gamma_{z'x'}\\\sigma_{z'}=C_{31}\varepsilon_{x'}+C_{32}\varepsilon_{y'}+C_{33}\varepsilon_{z'}-C_{34}\gamma_{x'y'}+C_{35}\gamma_{y'z'}-C_{36}\gamma_{z'x'}\\-\tau_{x'y'}=C_{41}\varepsilon_{x'}+C_{42}\varepsilon_{y'}+C_{43}\varepsilon_{z'}-C_{44}\gamma_{x'y'}+C_{45}\gamma_{y'z'}-C_{46}\gamma_{z'x'}\\\tau_{y'z'}=C_{51}\varepsilon_{x'}+C_{52}\varepsilon_{y'}+C_{53}\varepsilon_{z'}-C_{54}\gamma_{x'y'}+C_{55}\gamma_{y'z'}-C_{56}\gamma_{z'x'}\\-\tau_{z'x'}=C_{61}\varepsilon_{x'}+C_{62}\varepsilon_{y'}+C_{63}\varepsilon_{z'}-C_{64}\gamma_{x'y'}+C_{65}\gamma_{y'z'}-C_{66}\gamma_{z'x'}\end{cases} \tag{3.8b}$$

将式(3.8b)与广义胡克定律式(3.6)相比较,要使变换后的应力和应变关系保持不变,则必有

$$C_{14}=C_{16}=C_{24}=C_{26}=C_{34}=C_{36}=C_{45}=C_{65}=0$$

这样,对于具有一个弹性对称面的弹性体,其弹性常数由 21 个将减少为 13 个。具有一个弹性对称面的弹性体的应力应变关系由式(3.6)简化为

$$\begin{cases}\sigma_x=C_{11}\varepsilon_x+C_{12}\varepsilon_y+C_{13}\varepsilon_z+C_{15}\gamma_{yz}\\\sigma_y=C_{21}\varepsilon_x+C_{22}\varepsilon_y+C_{23}\varepsilon_z+C_{25}\gamma_{yz}\\\sigma_z=C_{31}\varepsilon_x+C_{32}\varepsilon_y+C_{33}\varepsilon_z+C_{35}\gamma_{yz}\\\tau_{xy}=C_{44}\gamma_{xy}+C_{46}\gamma_{zx}\\\tau_{yz}=C_{51}\varepsilon_x+C_{52}\varepsilon_y+C_{53}\varepsilon_z+C_{55}\gamma_{yz}\\\tau_{zx}=C_{64}\gamma_{xy}+C_{66}\gamma_{zx}\end{cases} \tag{3.9}$$

3. 正交各向异性弹性体

若物体每一点有两个弹性对称面,我们假定 xz 平面也为弹性对称面,即 y 轴也为弹性主方向,在具有一个弹性对称面的基础上,将 y 轴绕动 z 轴转动 π 角度,成为新的 $Ox'y'z'$ 坐标系,如图 3.2 所示。

于是作图示坐标变换后,应力与应变关系保持不变。根据弹性对称性质,关于 y 轴对称的应力和应变分量在坐标系变换时也保持不变,而关于 y 轴反对称的应力和应变分量在坐标系变换时取负值。按照推导式(3.8a)与式(3.8b)相同的理由,可得

$$\begin{cases} \sigma_{x'} = \sigma_x, \quad \sigma_{y'} = \sigma_y, \quad \sigma_{z'} = \sigma_z, \quad \tau_{x'y'} = -\tau_{xy}, \quad \tau_{y'z'} = -\tau_{yz}, \quad \tau_{z'x'} = \tau_{zx} \\ \varepsilon_{x'} = \varepsilon_x, \quad \varepsilon_{y'} = \varepsilon_y, \quad \varepsilon_{z'} = \varepsilon_z, \quad \gamma_{x'y'} = -\gamma_{xy}, \quad \gamma_{y'z'} = -\gamma_{yz}, \quad \gamma_{z'x'} = \gamma_{zx} \end{cases} \quad (3.10)$$

将式(3.10)代入式(3.9),与上面分析一样,要使经过这样的变换后应力应变关系不变,

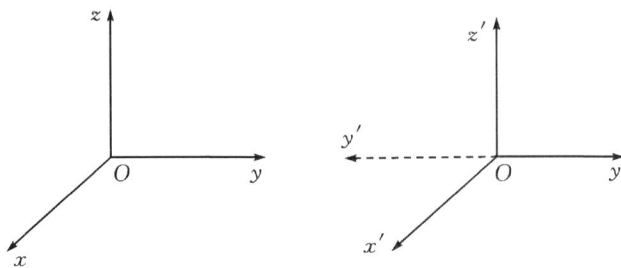

图 3.2

则必须有

$$C_{46} = C_{51} = C_{52} = C_{53} = 0$$

于是式(3.9)简化为

$$\begin{cases} \sigma_x = C_{11}\varepsilon_x + C_{12}\varepsilon_y + C_{13}\varepsilon_z \\ \sigma_y = C_{21}\varepsilon_x + C_{22}\varepsilon_y + C_{23}\varepsilon_z \\ \sigma_z = C_{31}\varepsilon_x + C_{32}\varepsilon_y + C_{33}\varepsilon_z \\ \tau_{xy} = C_{44}\gamma_{xy} \\ \tau_{yz} = C_{55}\gamma_{yz} \\ \tau_{zx} = C_{66}\gamma_{zx} \end{cases} \quad (3.11)$$

对于具有两个弹性对称面的弹性体,如图 3.3 所示,其弹性常数由 13 个将减少为 9 个。如果再设 xOy 平面为弹性对称面,而 z 轴为弹性主方向,经过与上面相同的推演,发现不会得到新的结果。

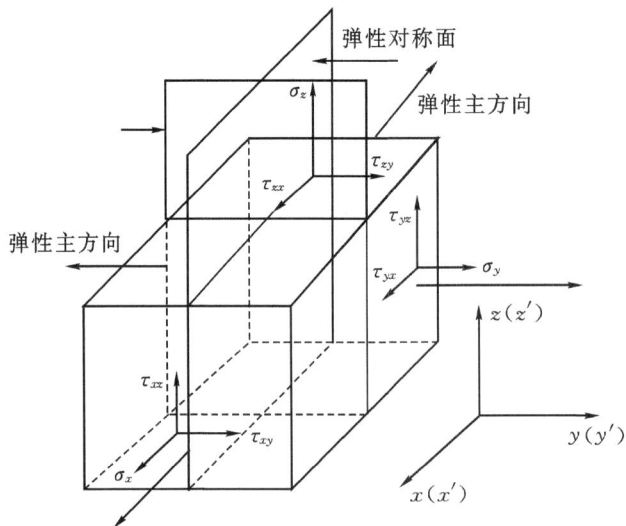

图 3.3

这表明，如果互相垂直的三个平面中有两个是弹性对称面，则第三个平面必然也是弹性对称面，这种弹性体称为正交各向异性弹性体。式(3.11)表明，当坐标轴与弹性主轴方向一致时，正应力只与正应变有关，切应力只与对应的切应变有关。因此，拉压与剪切之间，以及不同平面内的剪切之间将不存在耦合作用。这种正交各向异性弹性体，其独立的弹性常数为9个。

4. 横观各向同性弹性体

在正交各向异性的基础上，如果物体内每一点都有一个弹性对称轴，也就是说，每一点都有一个各向同性平面，在这个平面内，沿各个相同的方向具有相同的弹性。这种弹性体称为横观各向同性弹性体。

不妨假设 xOy 平面为弹性对称面，即 z 轴为弹性对称轴，先让坐标系绕 z 轴旋转90°，如图 3.4 所示，新老坐标系坐标轴之间的关系如表 3.2 所示。

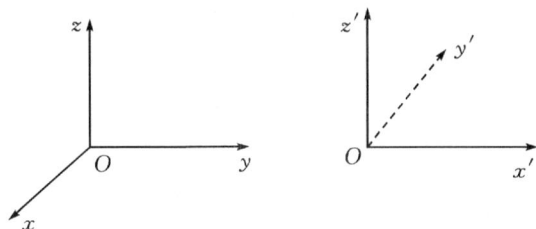

图 3.4

表 3.2

	x	y	z
x'	$l_1=0$	$m_1=-1$	$n_1=0$
y'	$l_2=-1$	$m_2=0$	$n_2=0$
z'	$l_3=0$	$m_3=0$	$n_3=1$

由式(2.18)和式(2.49a)得

$$\begin{cases} \sigma_{x'}=\sigma_x,\quad \sigma_{y'}=\sigma_y,\quad \sigma_{z'}=\sigma_z,\quad \tau_{x'y'}=-\tau_{xy},\quad \tau_{y'z'}=\tau_{yz},\quad \tau_{z'x'}=\tau_{zx} \\ \varepsilon_{x'}=\varepsilon_x,\quad \varepsilon_{y'}=\varepsilon_y,\quad \varepsilon_{z'}=\varepsilon_z,\quad \gamma_{x'y'}=-\gamma_{xy},\quad \gamma_{y'z'}=\gamma_{yz},\quad \gamma_{z'x'}=\gamma_{zx} \end{cases} \tag{3.12a}$$

将式(3.12a)代入式(3.11)，得到

$$\begin{cases} \sigma_{y'}=C_{11}\varepsilon_{y'}+C_{12}\varepsilon_{x'}+C_{13}\varepsilon_{z'} \\ \sigma_{x'}=C_{12}\varepsilon_{y'}+C_{22}\varepsilon_{x'}+C_{23}\varepsilon_{z'} \\ \sigma_{z'}=C_{13}\varepsilon_{y'}+C_{23}\varepsilon_{x'}+C_{33}\varepsilon_{z'} \\ -\tau_{x'y'}=-C_{44}\gamma_{x'y'} \\ \tau_{z'x'}=C_{55}\gamma_{z'x'} \\ -\tau_{y'z'}=-C_{66}\gamma_{y'z'} \end{cases} \tag{3.12b}$$

比较式(3.12b)和式(3.11)可以发现，要是经过这一变换后应力和应变关系不变，必须有

$$C_{11}=C_{22},\quad C_{13}=C_{23},\quad C_{55}=C_{66}$$

可见,弹性常数现在减少到 6 个,而式(3.11)简化为

$$
\begin{cases}
\sigma_x = C_{11}\varepsilon_x + C_{12}\varepsilon_y + C_{13}\varepsilon_z \\
\sigma_y = C_{12}\varepsilon_x + C_{11}\varepsilon_y + C_{13}\varepsilon_z \\
\sigma_z = C_{13}\varepsilon_x + C_{13}\varepsilon_y + C_{33}\varepsilon_z \\
\tau_{xy} = C_{44}\gamma_{xy} \\
\tau_{yz} = C_{55}\gamma_{yz} \\
\tau_{zx} = C_{55}\gamma_{zx}
\end{cases}
\tag{3.12c}
$$

现在,再将坐标轴绕轴旋转任意角度,如图 3.5 所示,新老坐标系之间的方向余弦关系如表 3.3 所示。

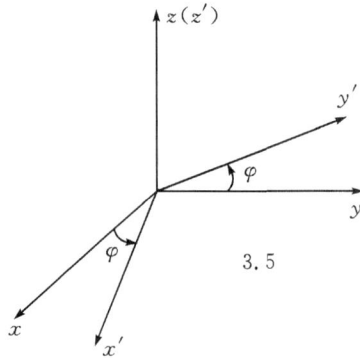

图 3.5

表 3.3

	x	y	z
x'	$l_1 = \cos\varphi$	$m_1 = \sin\varphi$	$n_1 = 0$
y'	$l_2 = -\sin\varphi$	$m_2 = \cos\varphi$	$n_2 = 0$
z'	$l_3 = 0$	$m_3 = 0$	$n_3 = 1$

由式(2.18)和式(2.58a)得

$$
\begin{cases}
\tau_{x'y'} = \dfrac{1}{2}(\sigma_y - \sigma_x)\sin2\varphi + \tau_{xy}\cos2\varphi \\
\gamma_{x'y'} = (\varepsilon_y - \varepsilon_x)\sin2\varphi + \gamma_{xy}\cos2\varphi
\end{cases}
\tag{3.12d}
$$

经过上述变换后,式(3.12b)的第四式仍然成立,即

$$
\tau_{x'y'} = C_{44}\gamma_{x'y'}
\tag{3.12e}
$$

式(3.12d)代入式(3.12e),有

$$
\frac{1}{2}(\sigma_y - \sigma_x)\sin2\varphi + \tau_{xy}\cos2\varphi = C_{44}\left[(\varepsilon_y - \varepsilon_x)\sin2\varphi + \gamma_{xy}\cos2\varphi\right]
$$

利用式(3.12c)的第四式,即 $\tau_{xy} = C_{44}\gamma_{xy}$,则上式简化为

$$
\sigma_y - \sigma_x = 2C_{44}(\varepsilon_y - \varepsilon_x)
\tag{3.12f}
$$

用式(3.12c)的第二式减去第一式,得

$$\sigma_y - \sigma_x = (C_{11} - C_{12})(\varepsilon_y - \varepsilon_x) \tag{3.12g}$$

比较式(3.12f)与式(3.12g),得到

$$2C_{44} = C_{11} - C_{12} \tag{3.12h}$$

可见,横观各向同性弹性体只有 5 个独立的弹性常数,将(3.12h)式代入(3.12c)式,得到横观各向同性材料的应力与应变之间的关系如下

$$\begin{cases} \sigma_x = C_{11}\varepsilon_x + C_{12}\varepsilon_y + C_{13}\varepsilon_z \\ \sigma_y = C_{12}\varepsilon_x + C_{11}\varepsilon_y + C_{13}\varepsilon_z \\ \sigma_z = C_{13}\varepsilon_x + C_{13}\varepsilon_y + C_{33}\varepsilon_z \\ \tau_{xy} = \dfrac{1}{2}(C_{11} - C_{12})\gamma_{xy},\ \tau_{yz} = C_{55}\gamma_{yz},\ \tau_{zx} = C_{55}\gamma_{zx} \end{cases} \tag{3.13}$$

地质中,很多层状结构的沉积岩可以认为是横观各向同性的。

3.3 各向同性弹性体的本构方程

3.3.1 各向同性弹性体

各向同性弹性体,就其物理意义来讲,就是指该物体在各个方向上的弹性性质完全相同,即物理性质的完全对称。该物理意义在数学上的反映,就是应力和应变之间的关系在所有方位不同的坐标系中都一样。

本节将从正交各向异性材料的应力应变公式出发,建立各向同性弹性体的应力和应变关系。对于各向同性材料,显然其材料性质应与坐标轴的选取无关,任意一个平面都是弹性对称面。下面我们将从式(3.13)出发,经过进一步简化,建立各向同性弹性体的应力与应变的关系。

从以上推到可知,式(3.13)反映的是这样一个事实,xOy 平面既是弹性体的各向同性平面,又是它的弹性对称面,这样,既保证了沿 xOy 平面内任意方向具有相同的弹性,又保证了沿 z 轴的正负两个方向也具有相同的弹性。但须注意,xOy 平面内的弹性性质和 z 轴方向的弹性性质对非各向同性体是不同的;对各向同性体来说,它们应该相同。为此,以式(3.13)为基础,再作如图 3.6 所示的坐标变换;如果在这样的变换下应力应变关系不变,就可以保证是各向同性了。

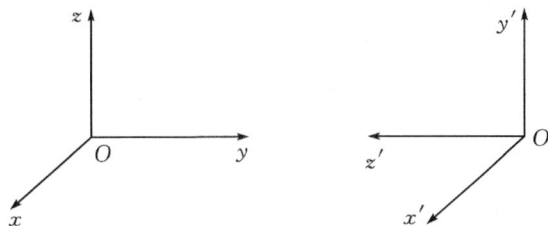

图 3.6

相应于图 3.6 所示的坐标变换,应力分量和应变分量的关系如下:

$$\begin{cases} \sigma_{x'} = \sigma_x, & \sigma_{y'} = \sigma_z, & \sigma_{z'} = \sigma_y, & \tau_{x'y'} = \tau_{zx}, & \tau_{y'z'} = -\tau_{yz}, & \tau_{z'x'} = -\tau_{xy} \\ \varepsilon_{x'} = \varepsilon_x, & \varepsilon_{y'} = \varepsilon_z, & \varepsilon_{z'} = \varepsilon_y, & \gamma_{x'y'} = \gamma_{zx}, & \gamma_{y'z'} = -\gamma_{yz}, & \gamma_{z'x'} = -\gamma_{xy} \end{cases} \quad (3.14a)$$

将式(3.14a)代入式(3.13),有

$$\begin{cases} \sigma_{x'} = C_{11}\varepsilon_{x'} + C_{12}\varepsilon_{z'} + C_{13}\varepsilon_{y'} \\ \sigma_{y'} = C_{13}\varepsilon_{x'} + C_{13}\varepsilon_{z'} + C_{33}\varepsilon_{y'} \\ \sigma_{z'} = C_{12}\varepsilon_{x'} + C_{11}\varepsilon_{z'} + C_{13}\varepsilon_{y'} \\ \tau_{x'y'} = C_{55}\gamma_{x'y'} \\ -\tau_{z'x'} = -\frac{1}{2}(C_{11} - C_{12})\gamma_{z'x'} \\ -\tau_{y'z'} = -C_{55}\gamma_{y'z'} \end{cases} \quad (3.14b)$$

将式(3.14b)与式(3.13)进行比较,要求经过上述变换后应力应变关系不变,则得到

$$C_{12} = C_{13}, \quad C_{11} = C_{33}, \quad C_{55} = \frac{1}{2}(C_{11} - C_{12}) \quad (3.14c)$$

可见,对于各向同性弹性体,只有两个独立的弹性常数。

将式(3.14c)代入式(3.12)可得

$$\begin{cases} \sigma_x = C_{11}\varepsilon_x + C_{12}\varepsilon_y + C_{12}\varepsilon_z \\ \sigma_y = C_{12}\varepsilon_x + C_{11}\varepsilon_y + C_{12}\varepsilon_z \\ \sigma_z = C_{12}\varepsilon_x + C_{12}\varepsilon_y + C_{11}\varepsilon_z \\ \tau_{xy} = \frac{1}{2}(C_{11} - C_{12})\gamma_{xy}, \quad \tau_{yz} = \frac{1}{2}(C_{11} - C_{12})\gamma_{yz}, \quad \tau_{zx} = \frac{1}{2}(C_{11} - C_{12})\gamma_{zx} \end{cases} \quad (3.14d)$$

稍加整理,有

$$\begin{cases} \sigma_x = C_{12}\theta + (C_{12} - C_{12})\varepsilon_x \\ \sigma_y = C_{12}\theta + (C_{12} - C_{12})\varepsilon_y \\ \sigma_z = C_{12}\theta + (C_{12} - C_{12})\varepsilon_z \\ \tau_{xy} = \frac{1}{2}(C_{11} - C_{12})\gamma_{xy}, \quad \tau_{yz} = \frac{1}{2}(C_{11} - C_{12})\gamma_{yz}, \quad \tau_{zx} = \frac{1}{2}(C_{11} - C_{12})\gamma_{zx} \end{cases} \quad (3.14e)$$

这里

$$\theta = \varepsilon_x + \varepsilon_y + \varepsilon_z$$

为体积应变。为使表达式简洁起见,令

$$C_{12} = \lambda, \quad C_{11} - C_{12} = 2\mu \quad (3.14f)$$

则式(3.14e)可以改写为

$$\begin{cases} \sigma_x = \lambda\theta + 2\mu\varepsilon_x \\ \sigma_y = \lambda\theta + 2\mu\varepsilon_y \\ \sigma_z = \lambda\theta + 2\mu\varepsilon_z \\ \tau_{xy} = \mu\gamma_{xy}, \quad \tau_{yz} = \mu\gamma_{yz}, \quad \tau_{zx} = \mu\gamma_{zx} \end{cases} \quad (3.15a)$$

或以张量指标形式表示为

$$\sigma_{ij} = \lambda\varepsilon_{kk}\delta_{ij} + 2\mu\varepsilon_{ij} \quad (3.15b)$$

其独立的弹性常数仅为 λ 和 μ，称为拉梅(Lamé)系数。式(3.15a)和式(3.15b)称为各向同性弹性体的广义胡克定律。

3.3.2 广义胡克定律

如果各向同性材料的本构关系用应力表示，一般用工程弹性常数 E, ν, G 表示胡克定律，有

$$\left.\begin{aligned}
\varepsilon_x &= \frac{1}{E}[\sigma_x - \nu(\sigma_y + \sigma_z)] = \frac{1}{E}[(1+\nu)\sigma_x - \nu\Theta] \\
\varepsilon_y &= \frac{1}{E}[\sigma_y - \nu(\sigma_z + \sigma_x)] = \frac{1}{E}[(1+\nu)\sigma_y - \nu\Theta] \\
\varepsilon_z &= \frac{1}{E}[\sigma_z - \nu(\sigma_x + \sigma_y)] = \frac{1}{E}[(1+\nu)\sigma_z - \nu\Theta] \\
\gamma_{xy} &= \frac{\tau_{xy}}{G}, \quad \gamma_{yz} = \frac{\tau_{yz}}{G}, \quad \gamma_{zx} = \frac{\tau_{zx}}{G}
\end{aligned}\right\} \tag{3.16}$$

这里 E 为弹性模量，又称为杨氏模量；G 为切变弹性模量；ν 为横向变形系数，简称泊松比。

工程弹性常数与拉梅弹性常数之间的关系为

$$E = \frac{\mu(3\lambda + 2\mu)}{\lambda + \mu}, \quad \nu = \frac{\lambda}{2(\lambda + \mu)} \tag{3.17}$$

由于各向同性弹性体仅有两个独立的弹性常数，因此

$$G = \frac{E}{2(1+\nu)} \tag{3.18}$$

各个弹性常数可由实验的方法测定，通常应用材料的单向拉伸实验可以测出弹性模量 E，利用薄壁管的扭转实验可以测定剪切弹性模量 G。其余的弹性常数可以通过上述公式计算得到。

3.3.3 体积胡克定律

如果将坐标轴选取的与弹性体内某点的应力主方向重合，则对应的切应力分量均应为零。根据各向同性材料的本构关系的后三式可见，此时所有的切应变分量也为零。

根据上述分析，对于各向同性弹性体内的任一点，应力主方向和应变主方向是一致的。因此这三个坐标轴，即应力主轴方向同时又是应变主轴方向，对于各向同性弹性体，应力主方向和应变主方向二者是重合的。

定义三个正应力之和为体积应力，以 Θ 表示，即

$$\Theta = \sigma_x + \sigma_y + \sigma_z$$

将公式(3.15a)的前三式相加，可得

$$\Theta = (3\lambda + 2\mu)\theta \tag{3.19}$$

由于 λ、μ 都是只与材料性质有关的常数，上式表明，一点处的体积应力与体积应变成正比，称为体积应变胡克定律，简称体积胡克定律。

如果材料为各向同性材料，本构关系满足线性条件，则应变能函数可以通过应力分量或者应变分量表示。将本构关系表达式代入应变能函数公式，则可以写出应变分量或者应力分量表达的应变能函数。

由于泊松比 ν 恒小于 1,所以应变能函数是恒大于零的。这就是说,单位体积的应变能总是正的。

弹性体单位体积的应变能的表达式已经作过讨论。如果材料为各向同性材料,本构关系满足线性条件,则应变能函数可以通过应力分量或者应变分量表示。

3.4 弹性体的能量原理

3.4.1 各向同性材料的弹性应变能

根据应变能函数表达式

$$u_\varepsilon = \frac{1}{2}(\sigma_x \varepsilon_x + \sigma_y \varepsilon_y + \sigma_z \varepsilon_z + \tau_{xy} \gamma_{xy} + \tau_{yz} \gamma_{yz} + \tau_{zx} \gamma_{zx})$$

对于各向同性弹性体,可以使用应力分量或应变分量表达单位体积的应变能,将本构关系表达式

$$\sigma_x = \lambda\theta + 2\mu\varepsilon_x, \quad \tau_{xy} = \mu\gamma_{xy}$$
$$\sigma_y = \lambda\theta + 2\mu\varepsilon_y, \quad \tau_{yz} = \mu\gamma_{yz}$$
$$\sigma_z = \lambda\theta + 2\mu\varepsilon_z, \quad \tau_{zx} = \mu\gamma_{zx}$$

代入上式,则可以写作应变分量表达的应变能函数

$$u_\varepsilon = \frac{1}{2}(\lambda + 2\mu)(\varepsilon_x^2 + \varepsilon_y^2 + \varepsilon_z^2) + \mu(\varepsilon_x\varepsilon_y + \varepsilon_y\varepsilon_z + \varepsilon_z\varepsilon_x) + \frac{\mu}{2}(\gamma_{xy}^2 + \gamma_{yz}^2 + \gamma_{zx}^2)$$

或者利用本构方程

$$\left.\begin{array}{l}
\varepsilon_x = \dfrac{1}{E}[\sigma_x - \nu(\sigma_y + \sigma_z)] = \dfrac{1}{E}[(1+\nu)\sigma_x - \nu\Theta] \\[2mm]
\varepsilon_y = \dfrac{1}{E}[\sigma_y - \nu(\sigma_z + \sigma_x)] = \dfrac{1}{E}[(1+\nu)\sigma_y - \nu\Theta] \\[2mm]
\varepsilon_z = \dfrac{1}{E}[\sigma_x - \nu(\sigma_x + \sigma_y)] = \dfrac{1}{E}[(1+\nu)\sigma_z - \nu\Theta] \\[2mm]
\gamma_{xy} = \dfrac{\tau_{xy}}{G}, \quad \gamma_{yz} = \dfrac{\tau_{yz}}{G}, \quad \gamma_{zx} = \dfrac{\tau_{zx}}{G}
\end{array}\right\} \quad (3.20)$$

写作应力分量表达的应变能函数

$$u_\varepsilon = \frac{1}{2E}[(\sigma_x^2 + \sigma_y^2 + \sigma_z^2) - 2\nu(\sigma_x\sigma_y + \sigma_y\sigma_z + \sigma_z\sigma_x) + 2(1+\nu)(\tau_{xy}^2 + \tau_{yz}^2 + \tau_{zx}^2)]$$

由于 ν 恒小于 1,所以,根据应变能函数表达式可知 u_ε 恒大于零。这就是说,单位体积的应变能总是正的。

3.4.2 虚功原理

从构造数值解的角度看,弹性力学问题的一个解答要能逐点地满足平衡微分方程与全部的边界条件是比较困难的。为此可以使用平衡微分方程的等价形式——虚功原理。

虚功原理也称虚位移原理。虚位移是指假想的、几何可能的、任意微小的位移,在平面问题中记为

$$\boldsymbol{u}^* = (u^* \ v^*)^{\mathrm{T}}$$

式中 u^*，v^* 分别为沿 x，y 的虚位移分量。由虚位移引起的应变称为虚应变，平面问题中为

$$\boldsymbol{\varepsilon}^* = (\varepsilon_x^* \varepsilon_y^* \ \gamma_{xy}^*)^{\mathrm{T}}$$

在平面问题中，物体所受的体力记为

$$\boldsymbol{f} = (f_1 \ f_2)^{\mathrm{T}} = (f_x \ f_y)^{\mathrm{T}}$$

物体所受的分布在物体表面的面力记为

$$\overline{\boldsymbol{f}} = (\overline{f}_1 \overline{f}_2)^{\mathrm{T}} = (\overline{f}_x \ \overline{f}_y)^{\mathrm{T}}$$

集中力可以看作分布面力的极限。

虚功原理：对于处于平衡状态的变形体，外力在虚位移上所作的虚功等于变形体应力在相应虚应变上所作的内力虚功。其数学表达式即虚功方程为

$$\int_V \boldsymbol{f}^{\mathrm{T}} \boldsymbol{u}^* \, \mathrm{d}V + \int_{S^\sigma} \overline{\boldsymbol{f}}^{\mathrm{T}} \boldsymbol{u}^* \, \mathrm{d}S = \int_V \sigma^{\mathrm{T}} \boldsymbol{\varepsilon}^* \, \mathrm{d}V \tag{3.21}$$

对于平面问题，虚功方程的简化形式为

$$t \int_\Omega \boldsymbol{f}^{\mathrm{T}} \boldsymbol{u}^* \, \mathrm{d}\Omega + t \int_{S^\sigma} \overline{\boldsymbol{f}}^{\mathrm{T}} \boldsymbol{u}^* \, \mathrm{d}S = t \int_\Omega \sigma^{\mathrm{T}} \boldsymbol{\varepsilon}^* \, \mathrm{d}\Omega \tag{3.22}$$

式中：t——物体的厚度；

Ω——平面域；

S^σ——力边界。

可以证明，虚功原理等价于平衡方程和边界条件。

应该注意，虚功方程(3.21)和(3.22)中并未出现应力应变的线弹性关系，因此是一个普遍的方程，既可适用于弹性力学问题，也可解决塑性力学问题。

3.4.3 势能变分原理

在外力作用下，物体内部将产生应力和应变，外力所作的功将以变形能的形式储存起来，这种能量称为应变能。单位体积内储存的应变能称为应变能密度或应变比能。通常以物体无变形状态作为计算应变能的零点。假定外力是从零开始逐渐增加的，应力和应变也从零开始逐渐增加，则应变能密度

$$u_\varepsilon = \int_0^\varepsilon \sigma^{\mathrm{T}} \mathrm{d}\varepsilon = \int_0^{\varepsilon_{ij}} \sigma_{ij} \, \mathrm{d}\varepsilon_{ij}$$

整个物体的应变能为

$$U_\varepsilon = \int_V u_\varepsilon \mathrm{d}V$$

对于线弹性体 $\sigma = D\varepsilon$，并注意到 D 的对称性，有

$$u_\varepsilon = \int_0^\varepsilon \varepsilon^{\mathrm{T}} D \mathrm{d}\varepsilon = \frac{1}{2} \varepsilon^{\mathrm{T}} D \mathrm{d}\varepsilon = \frac{1}{2} D_{ijkl} \, \varepsilon_{ij} \, \varepsilon_{kl} \tag{3.23}$$

$$U_\varepsilon = \int_V u_\varepsilon \mathrm{d}V = \frac{1}{2} \int_V \varepsilon^{\mathrm{T}} D\varepsilon \, \mathrm{d}V = \frac{1}{2} \int_V D_{ijkl} \, \varepsilon_{ij} \, \varepsilon_{kl} \mathrm{d}V \tag{3.24}$$

通常也是以物体无变形状态作为计算外力势能的零点，外力做功将使势能降低。因此，外力势能就是外力功的负值。功是力与力的作用点在力作用方向上的位移之积，即力矢量与相应的位移矢量的标量积。于是外力势能由下式计算

$$\Pi_p = -\int_V \boldsymbol{u}^{\mathrm{T}} \boldsymbol{p} \mathrm{d}V - \int_{S'} \boldsymbol{u}^{\mathrm{T}} \overline{\boldsymbol{p}} \mathrm{d}S = -\int_V p_i u_i \mathrm{d}V - \int_{S'} \overline{p}_i u_i \mathrm{d}S \qquad (3.25)$$

物体的总势能定义为物体的应变能 U_ε 与外力势能 Π_p 之和

$$\Pi = U_\varepsilon + \Pi_p \qquad (3.26)$$

将式(3.24)、式(3.25)代入(3.26)即得

$$\Pi = U_\varepsilon + \Pi_p = \int_V u_\varepsilon \mathrm{d}V - \int_V p_i u_i \mathrm{d}V - \int_{S\sigma} \overline{p}_i u_i \mathrm{d}S \qquad (3.27)$$

在线弹性条件下,注意到式(3.24),有

$$\Pi = \frac{1}{2} \int_V \boldsymbol{\varepsilon}^{\mathrm{T}} \boldsymbol{D} \boldsymbol{\varepsilon} \mathrm{d}V - \int_V \boldsymbol{u}^{\mathrm{T}} \boldsymbol{p} \mathrm{d}V - \int_{S'} \boldsymbol{u}^{\mathrm{T}} \overline{\boldsymbol{p}} \mathrm{d}S \qquad (3.28)$$

或

$$\Pi = \frac{1}{2} \int_V D_{ijkl} \varepsilon_{ij} \varepsilon_{kl} \mathrm{d}V - \int_V p_i u_i \mathrm{d}V - \int_{S'} \overline{p}_i u_i \mathrm{d}S \qquad (3.29)$$

总势能是一种泛函。势能变分原理可叙述如下:在所有满足边界条件的协调位移中,那些满足静力平衡条件的位移使物体势能泛函取驻值,即势能的变分为零。

$$\delta \Pi = \delta U_\varepsilon + \delta \Pi_p = 0$$

此即变分方程,对于线弹性体,势能取最小值,即

$$\delta^2 \Pi = \delta^2 U_\varepsilon + \delta^2 \Pi_p \geqslant 0$$

此时的势能变分原理就是著名的最小势能原理。证明从略。

对这一原理可作如下通俗理解:在自然状态下,水总是从高处向低处流,边坡总是有向下滑动的趋势。这类现象揭示出一种普遍的自然规律,即势能总有最小化的趋向。

4.1 平面问题的基本概念

严格地说,在实际问题中,任何弹性体都是空间物体,它所受到外力一般都是空间力系。因此,在一般情况下,求解弹性力学问题都归结为偏微分方程组的边值问题。这样的求解工作实际存在很大的困难。但是,当工程问题中的某些弹性体的形状和受力情况有一定的特点时,只要经过简化和力学的抽象化处理,就可归结为所谓的弹性力学的平面问题。弹性体在满足一定条件时,其变形和应力的分布规律可以用在某一平面内的变形和应力的分布规律来代替,这类问题称为平面问题。平面问题分为平面应力问题和平面应变问题。

4.1.1 平面应力问题

设有很薄的等厚薄板,在板面上无外力作用,只在板边上受到平行于板面并且不沿厚度变化的面力,体力也平行于板面且不沿厚度变化,如图 4.1(a)所示。

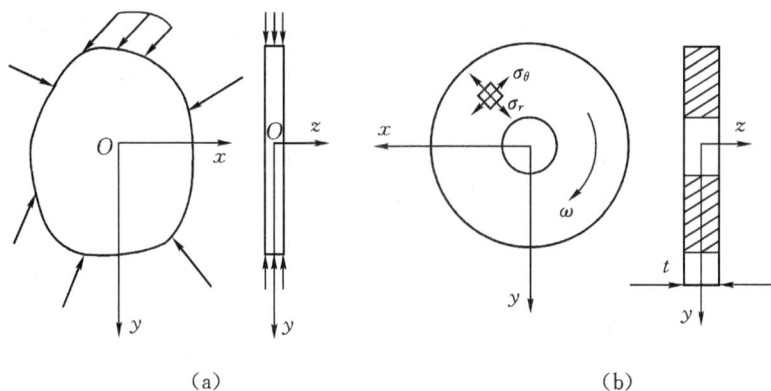

(a)   (b)

图 4.1

设板的厚度为 t,在板面上:

$$(\sigma_z)_{z=\pm\frac{t}{2}}=0, \quad (\sigma_z)_{z=\pm\frac{t}{2}}=0, \quad (\tau_{zx})_{z=\pm\frac{t}{2}}=0, \quad (\tau_{zy})_{z=\pm\frac{t}{2}}=0$$

一般应力沿厚度是变化的,由于平板很薄,外力不沿厚度变化,因此可以认为在整块板上有

$$\sigma_z=0, \quad \tau_{zx}=0, \quad \tau_{zy}=0$$

剩下平行于 xOy 平面的三个应力分量 σ_x、σ_y、τ_{xy} 未知,这三个应力分量都只是坐标 x、y 的函数,与 z 坐标无关,即

$$\begin{cases} \sigma_z = 0, \quad \tau_{zx} = 0, \quad \tau_{zy} = 0 \\ \sigma_x = f_1(x,y), \quad \sigma_y = f_2(x,y), \quad \tau_{xy} = f_3(x,y) \end{cases} \quad (4.1a)$$

应力状态具有这种性质的问题,称为平面应力问题。例如工程上的薄板梁、墙梁、旋转的砂轮,如图 4.1(b)所示,均可简化为平面应力问题。具有下述几何和受力特征的问题属于平面应力问题:

(1)等厚度的薄板;

(2)面力和体力平行于板面,沿厚度均匀分布,且面力作用于板的周边;

(3)在板面上无外力作用。

由广义胡克定律可知,平面应力问题的应变分量具有如下特点:

$$\begin{cases} \varepsilon_x = \varphi_1(x,y), \quad \varepsilon_y = \varphi_2(x,y), \quad \gamma_{xy} = \varphi_3(x,y) \\ \gamma_{yz} = \gamma_{zx} = 0, \varepsilon_z = -\dfrac{\nu}{E}(\sigma_x + \sigma_y) \end{cases} \quad (4.1b)$$

可见,平面应力问题中虽然只有三个不为零的应力分量,但一般有四个不为零的应变分量。$\varepsilon_z \neq 0$,表示虽然没有厚度方向的正应力,即 $\sigma_z = 0$,但薄板的厚度是可以变化的。

4.1.2　平面应变问题

设有很长的柱形体,其横截面形状和支承情况不沿长度变化,在柱面上受到平行于横截面而且不沿长度变化的面力,体力也如此分布。

上述情况下可以假定该柱体为无限长,以柱体的任一横截面为 xOy 平面,则柱体的形状和受载情况都将对称该截面,如图 4.2 所示。因此柱体在变形时,截面上各点都只能在其自身平面(xOy 平面)内移动,以任一纵线为 z 轴,截面上各点沿 z 轴位移为零。另外,由于不同的横截面都同样处于对称面的地位,故其上具有相同 x、y 坐标的各点,具有完全相同的位移,于是有

$$u = u(x,y), \quad v = v(x,y), \quad w = 0 \quad (4.1c)$$

根据几何方程(3.2),应变分量具有如下特点

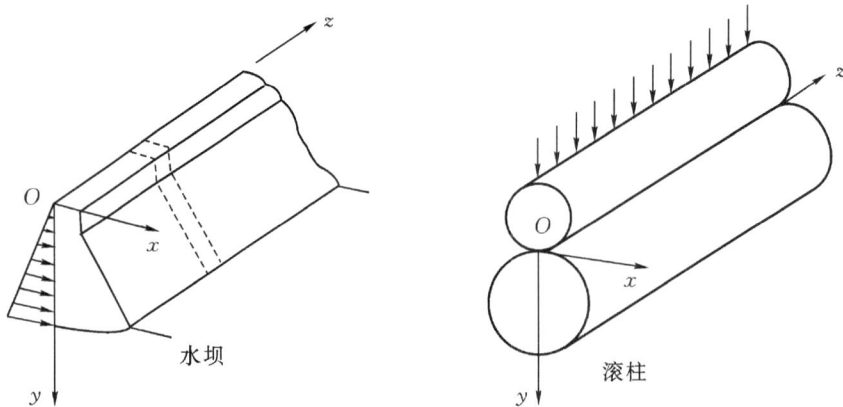

图 4.2

$$\varepsilon_x = \frac{\partial u}{\partial x} = g_1(x,y), \quad \varepsilon_y = \frac{\partial v}{\partial y} = g_2(x,y)$$

$$\gamma_{xy} = \frac{\partial v}{\partial x} + \frac{\partial u}{\partial y} = g_3(x,y) \tag{4.1d}$$

由式(4.1c)表示的位移特点,可知

$$\begin{cases} \varepsilon_z = \dfrac{\partial w}{\partial z} = 0 \\ \gamma_{yz} = \dfrac{\partial w}{\partial y} + \dfrac{\partial v}{\partial z} = 0, \gamma_{zx} = \dfrac{\partial w}{\partial x} + \dfrac{\partial u}{\partial z} = 0 \end{cases} \tag{4.1e}$$

由于这类问题的位移和应变都在 xOy 平面里发生,故称为平面应变问题。工程上遇到的挡土墙、隧道、管道、炮筒、重力水坝等都可近似为平面应变问题。具有下述几何和受力特征的问题属于平面应变问题:

(1)无限长的等直柱体;

(2)在柱体侧面受到与轴线垂直,且沿轴向均布的面力作用;

(3)体力也垂直于轴线,且沿轴向均布。

下面考虑平面应变问题的应力分量。由广义胡克定律

$$\varepsilon_z = \frac{1}{E}[\sigma_z - \nu(\sigma_x + \sigma_y)] = 0$$

可得

$$\sigma_z = \nu(\sigma_x + \sigma_y)$$

于是在平面应变情况下,应力分量 σ_x、σ_y、τ_{xy},σ_z 不为零,而且这些应力只是 x、y 的函数,与 z 无关,物体在 z 方向处于自平衡状态。

4.2 平面问题的基本方程

4.2.1 平衡方程

弹性力学中,在物体中取出一个微小单元体建立平衡方程。平衡方程代表了力的平衡关系,建立了应力分量和体力分量之间的关系。对于平面问题,方程(2.44a)和(2.44b)可简化为

$$\begin{cases} \dfrac{\partial \sigma_x}{\partial x} + \dfrac{\partial \tau_{yx}}{\partial y} + f_x = 0 \\ \dfrac{\partial \sigma_y}{\partial y} + \dfrac{\partial \tau_{xy}}{\partial x} + f_y = 0 \end{cases} \tag{4.2}$$

4.2.2 几何方程

由几何方程可以得到位移和变形之间的关系。对于平面问题,在物体内的任意一点有

$$\begin{cases} \varepsilon_x = \dfrac{\partial u}{\partial x} \\ \varepsilon_y = \dfrac{\partial v}{\partial y} \\ \gamma_{xy} = \dfrac{\partial u}{\partial y} + \dfrac{\partial v}{\partial x} \end{cases} \tag{4.3}$$

如果弹性体中任一点位移 $u=0,v=0$ 可以得到应变分量为零;反过来,应变分量为零则位移分量不一定为零。应变分量为零时的位移称为刚体位移。刚体位移代表了物体在平面内的移动和转动。由几何方程 $\dfrac{\partial u}{\partial x}=0,\dfrac{\partial v}{\partial y}=0$ 可得

$$u = f_1(y) , \ v = f_2(x)$$

将 f_1,f_2 代入几何方程 $\dfrac{\partial u}{\partial y}+\dfrac{\partial v}{\partial x}=0$ 可得

$$-\frac{\mathrm{d}f_1(y)}{\mathrm{d}y} = \frac{\mathrm{d}f_2(x)}{\mathrm{d}x} = \omega$$

积分后得到

$$f_1(y) = u_0 - \omega y$$
$$f_2(x) = v_0 + \omega x$$

得到位移分量

$$\begin{cases} u = u_0 - \omega y \\ v = v_0 + \omega x \end{cases} \tag{4.4}$$

当 $u_0\neq0,v_0=0,\omega=0$ 时,物体内任意一点都沿 x 方向移动相同的距离,可见 u_0 代表物体在 x 方向上的刚体平移。

当 $u_0=0,v_0\neq0,\omega=0$ 时,物体内任意一点都沿 y 方向移动相同的距离,可见 v_0 代表物体在 y 方向上的刚体平移。

当 $u_0=0,v_0=0,\omega\neq0$ 时,可以假定 $\omega>0$,此时的物体内任意一点 $P(x,y)$ 的位移分量为

$$u = -\omega y , \quad v = \omega x$$

P 点位移与 y 轴的夹角为 α

$$\tan\alpha = \frac{\omega y}{\omega x} = \frac{y}{x} = \tan\theta$$

P 点合成位移为

$$S = \sqrt{u^2 + v^2} = \omega\sqrt{x^2 + y^2} = \omega r$$

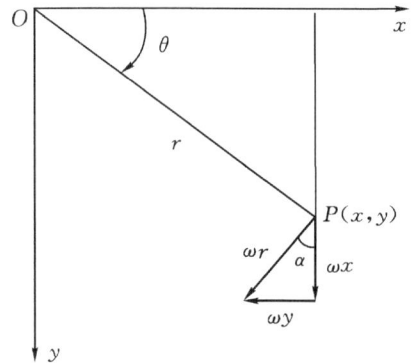

图 4.3

r 为 P 点到原点的距离,由于 $\alpha=\theta$,可见 P 点的位移垂直于 OP 连线,且与到 O 点的距离 r 成正比,可见 ω 代表弹性体绕 z 轴的刚体转动的转角,如图 4.3 所示。

4.2.3 物理方程

弹性力学平面问题的物理方程由广义虎克定律得到。平面应力问题中,由于 $\sigma_z=0$,$\tau_{zx}=0,\tau_{zy}=0$,因此平面应力问题的物理方程

$$\begin{cases} \varepsilon_x = \dfrac{1}{E}(\sigma_x - \nu\sigma_y) \\[2mm] \varepsilon_y = \dfrac{1}{E}(\sigma_y - \nu\sigma_x) \\[2mm] \gamma_{xy} = \dfrac{2(1+\nu)}{E}\tau_{xy} \end{cases} \tag{4.5}$$

式中:E 为材料弹性模量,ν 为泊松比。平面应力问题由于 $\sigma_z=0$;因此

$$\varepsilon_z = -\frac{\nu}{E}(\sigma_x + \sigma_y)$$

上式表明,平面应力问题中:(1)虽然第 3 个方向的正应力 σ_z 为零,但沿该方向的线应变 ε_z 却不为零;(2)非零的应变分量与 z 无关,仅为 x,y 的函数。平面应力问题的物理方程还有另外一种表示形式,即以应变分量表示应力分量

$$\sigma_x = \frac{E}{1-\nu^2}(\varepsilon_x + \nu\varepsilon_y)$$

$$\sigma_y = \frac{E}{1-\nu^2}(\varepsilon_y + \nu\varepsilon_x)$$

$$\tau_{xy} = \frac{E}{2(1+\nu)}\gamma_{xy}$$

平面应变问题中,由于 $\varepsilon_z = \gamma_{yz} = \gamma_{zx} = 0$,因此平面应变问题的物理方程为

$$\begin{cases} \varepsilon_x = \frac{1-\nu^2}{E}\left(\sigma_x - \frac{\nu}{1-\nu}\sigma_y\right) \\ \varepsilon_y = \frac{1-\nu^2}{E}\left(\sigma_y - \frac{\nu}{1-\nu}\sigma_x\right) \\ \gamma_{xy} = \frac{2(1+\nu)}{E}\tau_{xy} \end{cases} \tag{4.6}$$

平面应变问题有:$\varepsilon_z = 0$;$\sigma_z = \nu(\sigma_x + \sigma_y)$。

在平面应力问题的物理方程中,将 E 替换为 $\frac{E}{1-\nu^2}$、ν 替换为 $\frac{\nu}{1-\nu}$,可以得到平面应变问题的物理方程;在平面应变问题的物理方程中,将 E 替换为 $\frac{E(1+2\nu)}{(1+\nu)^2}$、$\nu$ 替换为 $\frac{\nu}{1+\nu}$,可以得到平面应力问题的物理方程。

4.2.4 相容方程

平面问题的几何方程为

$$\varepsilon_x = \frac{\partial u}{\partial x}, \quad \varepsilon_y = \frac{\partial v}{\partial y}, \quad \gamma_{xy} = \frac{\partial u}{\partial y} + \frac{\partial v}{\partial x}$$

平面问题的应变协调条件不需要考虑面与面之间的协调关系,因此应变协调条件只有一个,即式(2.72)中的第一个

$$\frac{\partial^2 \varepsilon_y}{\partial x^2} + \frac{\partial^2 \varepsilon_x}{\partial y^2} = \frac{\partial^2 \gamma_{xy}}{\partial x \partial y} \tag{4.7}$$

式(2.72)中的其他 5 个方程是可以自行满足的。

4.2.5 应力表示的相容方程

将平面应力情形下用应力表示应变的物理方程(4.5)代入几何方程(4.7)中,得到

$$\frac{\partial^2}{\partial y^2}(\sigma_x - \nu\sigma_y) + \frac{\partial^2}{\partial x^2}(\sigma_y - \nu\sigma_x) = 2(1+\nu)\frac{\partial^2 \tau_{xy}}{\partial x \partial y} \tag{4.8a}$$

利用平衡微分方程

$$\frac{\partial \tau_{xy}}{\partial y} = -\frac{\partial \sigma_x}{\partial x} - f_x, \quad \frac{\partial \tau_{xy}}{\partial x} = -\frac{\partial \sigma_y}{\partial y} - f_y \tag{4.8b}$$

将式(4.8b)的前一个式子两边对 x 求偏导数,后一个式子两边对 y 求偏导数得到

$$\frac{\partial^2 \tau_{xy}}{\partial y \partial x} = -\frac{\partial^2 \sigma_x}{\partial x^2} - \frac{\partial f_x}{\partial x}, \quad \frac{\partial^2 \tau_{xy}}{\partial x \partial y} = -\frac{\partial^2 \sigma_y}{\partial y^2} - \frac{\partial f_y}{\partial y} \tag{4.8c}$$

将上式两边分别相加,得到

$$2\frac{\partial^2 \tau_{xy}}{\partial x \partial y} = -\left(\frac{\partial^2 \sigma_x}{\partial x^2} + \frac{\partial^2 \sigma_y}{\partial y^2}\right) - \left(\frac{\partial f_x}{\partial x} + \frac{\partial f_y}{\partial y}\right) \tag{4.8d}$$

将式(4.8d)代入式(4.8a),化简整理后得到

$$\left(\frac{\partial^2}{\partial x^2} + \frac{\partial^2}{\partial y^2}\right)(\sigma_x + \sigma_y) = -(1+\nu)\left(\frac{\partial f_x}{\partial x} + \frac{\partial f_y}{\partial y}\right) \tag{4.9}$$

式(4.9)即为平面应力情形下用应力分量表示的相容方程。在平面应变条件下,只要将式 (4.9)中的 ν 换成 $\frac{\nu}{1-\nu}$,就可得到平面应变条件下的以应力分量表示的相容方程

$$\left(\frac{\partial^2}{\partial x^2} + \frac{\partial^2}{\partial y^2}\right)(\sigma_x + \sigma_y) = -\frac{1}{1-\nu}\left(\frac{\partial f_x}{\partial x} + \frac{\partial f_y}{\partial y}\right) \tag{4.10}$$

当体力 f_x、f_y 为常数时,两种平面问题的相容方程相同,即

$$\left(\frac{\partial^2}{\partial x^2} + \frac{\partial^2}{\partial y^2}\right)(\sigma_x + \sigma_y) = 0 \tag{4.11}$$

4.3 边界条件及圣维南原理

4.3.1 边界条件

在位移边界问题中,物体在全部边界上的位移分量是已知的,也就是在弹性体边界上有

$$u_s = \bar{u}, \ v_s = \bar{v} \tag{4.12}$$

其中 u_s 和 v_s 是位移的边界值,$\bar{u}$ 和 $\bar{v}$ 在边界上是坐标的已知函数,这就构成了平面问题的位移边界条件。

在应力边界问题中,物体在全部边界上所受的面力是已知的,也就是说,面力分量 $\bar{f}_x$ 和 $\bar{f}_y$ 在边界上的所有各点都是坐标的已知函数,即

$$\bar{f}_x = f_1(x,y), \quad \bar{f}_y = f_2(x,y)$$

将公式(2.48)应用于边界上的一点,则 p_x 及 p_y 分别成为面力分量 $\bar{f}_x$ 及 $\bar{f}_y$,而 σ_x、σ_y、τ_{xy} 分别成为应力分量的边界值 $(\sigma_x)_s$、$(\sigma_y)_s$、$(\tau_{xy})_s$。这样便可得出边界上各点的应力分量与面力分量之间的关系式。

$$\begin{cases} l(\sigma_x)_s + m(\tau_{yx})_s = \bar{f}_x \\ m(\sigma_y)_s + l(\tau_{xy})_s = \bar{f}_y \end{cases} \tag{4.13}$$

这便是平面问题的应力边界条件。当边界垂直于某一坐标轴时,应力边界条件的形式将得到简化。在垂直于 x 轴的边界上,即 x 为常量的边界上,$l = \pm 1$,$m = 0$,应力边界条件式(4.13)简化为

$$(\sigma_x)_s = \pm \bar{f}_x, \quad (\tau_{xy})_s = \pm \bar{f}_y$$

在垂直于 y 轴的边界上,即 y 为常量的边界上,$l = 0$,$m = \pm 1$,应力边界条件式(4.13)简化为

$$(\sigma_y)_s = \pm \bar{f}_y, \quad (\tau_{yx})_s = \pm \bar{f}_x$$

可见,在这种特殊情况下,应力分量的边界值就等于对应面力分量(当边界的外法线沿坐标轴正方向时,两者的正负号相同,当边界的外法线沿坐标轴负方向时,两者的正负号相反)。

应该注意的是:上述的特殊边界上,应力分量会出现缺项,譬如,在垂直于 x 轴的边界上,应力边界条件中没有 σ_y;在垂直于 y 轴的边界上,应力边界条件中没有 σ_x。这就是说,平行于边界的正应力,它的边界值与面力分量并不直接相关。

在混合边界问题中,物体的一部分边界具有已知位移,因而具有位移边界条件,如式(4.12);另一部分边界则具有已知面力,因而具有应力边界条件,如式(4.13)。此外在同一部分边界上还可能出现混合边界条件,即两个边界条件中的一个是位移边界条件,而另一个则是应力边界条件。例如,设垂直于 x 轴的某一个边界是链杆支承边,如图 4.4(a)所示,则在 x 方向有位移边界条件 $u_s = \bar{u} = 0$,而在 y 方向有应力边界条件 $(\tau_{xy})_s = \bar{f}_y = 0$。又例如,设垂直于 x 轴的某一个边界是齿槽边,如图 4.4(b),则在 x 方向有应力边界条件 $(\sigma_x)_s = \bar{f}_x = 0$,而在 y 方同有位移边界条件 $v_s = \bar{v} = 0$。在垂直于 y 轴的边界上,以及与坐标轴斜交的边界上,都可能有与此相似的混合边界条件。

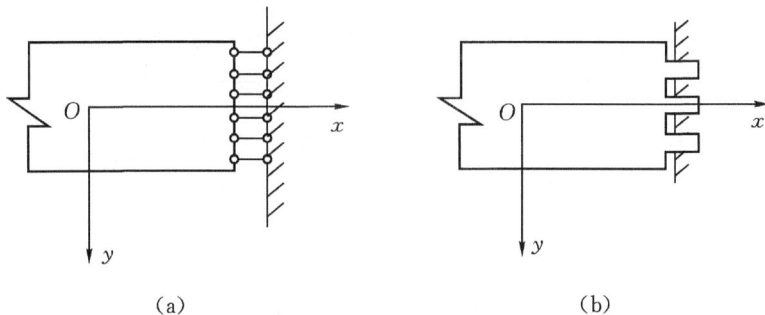

(a)   (b)

图 4.4

4.3.2 圣维南原理

我们在求解弹性力学问题时,对于一定的应力边界条件,得出的解答表示相应的应力分布状态。如果边界条件改变,则将得出不同的应力分布状态。当外部荷载比较复杂时,要使解出的应力分量完全满足边界条件是比较困难的。一般说来,对于弹性力学问题,使应力分量、应变分量、位移分量完全满足基本方程并不困难,然而,要使边界条件也得到完全的满足,却往往很难实现,因此,弹性力学问题在数学上常被称为边值问题。

另一方面,在工程结构中常有这样的情况:在物体的一小部分边界上,仅仅知道物体所受的面力的合力,而这个面力的分布方式并不明确,因而无从考虑这部分边界上的应力边界条件。

为了解决上述的问题,我们可以运用圣维南原理来简化一个具体的弹性力学边值问题。圣维南原理的具体表述为:如果把物体一小部分边界上的面力,变换为分布不同但静力等效的面力(主矢相同,对任一点的主矩也相同),那么近处的应力分布将有显著地改变,但是远处所受的影响可以略去不计。

大量的工程实践和实验应力分析的结果证明,在对边界条件进行简化后,边界附近应力场的改变范围,一般与外力作用区尺寸相当。例如图 4.5 所示的受拉直杆,在 4.5(a)图中的直杆两端截面的形心受到大小相等方向相反的拉力 P,在图 4.5(b)、(c)中的同一直杆的一端或两端的拉力用静力等效力代替,只有虚线划出的部分的应力分布有显著的改变,而其余部分所受的影响是可以不计的。若再将两端的拉力改换为均布的拉力,集度等于 $\frac{P}{A}$,其中 A 为直杆的截面面积,图 4.5(d)中仍然只有靠近两端部分的应力受到显著的影响。这就是说,在图 4.5 所示的前四种情况,离开两端较远处的应力分布并没有显著的差别。

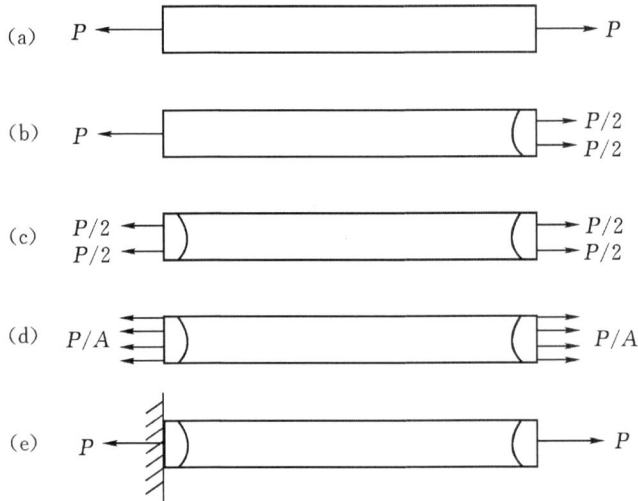

图 4.5

根据上述的分析我们在求解弹性力学问题时,就可利用圣维南原理,只要改变一下边界条件,用静力等效力来代替真实的边界力,将使问题大为简化,其解的精度能满足要求。例如图 4.5(d)所示的直杆,它的两端受到均匀连续分布的面力,所以边界条件远较图 4.5(a)、(b)、(c)所示的情况简单,因此,按图 4.5(d)所示的边界条件求解也就方便得多。这样就可以根据圣维南原理将按图 4.5(d)所示的边界条件求得的解用于图 4.5(a)、(b)、(c)所示的直杆。这样做虽不能满足图 4.5(a)、(b)、(c)所示直杆两端的应力边界条件,但却可精确地反映出离开杆端较远处的应力状态。

当物体的一小部分边界上的位移边界条件不能满足时,也可以应用圣维南原理得到有用的解答。例如图 4.5(e)所示的构件的左端是固定端,则在杆件的左端有位移边界条件

$$u_s = \bar{u} = 0, \qquad v_s = \bar{v} = 0$$

把图 4.5(d)所示情况的简单解答应用于这一情况时,这个位移边界条件是不能满足的。但是,显然可见,左端(固定端)的面力,一定是合成为经过截面形心的 P,与右端的面力成平衡。这就是说,左端的面力,静力等效于经过左端截面形心的力 P。因此,根据圣维南原理,把上述简单解答应用于这一情况时,仍然只是在靠近两端处有显著的误差。而在远离两端较远之处,误差可以不计。

对于圣维南原理还可以用另一种方法来表述:如果物体一小部分边界上的面力是一个平衡力系(主矢量及主矩都等于零),那么,这个面力就只会使得近处产生显著的应力,而远

处的应力可以不计。这种陈述和前面的陈述完全等效,因为静力等效的两个力系,它们的差异是一个平衡力系。

4.4 常体力问题的求解及应力函数

如果采用应力作为基本未知量求解弹性力学平面问题,在常体力的条件下基本方程归结为在给定的边界条件下求解平衡微分方程

$$\begin{cases} \dfrac{\partial \sigma_x}{\partial x} + \dfrac{\partial \tau_{yx}}{\partial y} + f_x = 0 \\[2mm] \dfrac{\partial \tau_{xy}}{\partial x} + \dfrac{\partial \sigma_y}{\partial y} + f_y = 0 \end{cases} \tag{4.14}$$

和应力表示的变形协调方程

$$\nabla^2 (\sigma_x + \sigma_y) = 0 \tag{4.15}$$

对于平衡微分方程的解,可以分解为其齐次方程的通解与任一特解之和。齐次方程就是体力为零的平衡微分方程。

显然,平衡微分方程的特解是容易寻找的,下列应力分量均为非齐次方程的特解:

$$\sigma_x = -xf_x, \quad \sigma_y = -yf_y, \quad \tau_{xy} = 0 \tag{4.16a}$$

或者

$$\sigma_x = 0, \quad \sigma_y = 0, \quad \tau_{xy} = -yf_x - xf_y \tag{4.16b}$$

4.4.1 应力分量与应力函数

方程(4.14)的第一式对应的齐次方程为

$$\frac{\partial \sigma_x}{\partial x} + \frac{\partial \tau_{yx}}{\partial y} = 0$$

$$\frac{\partial \tau_{xy}}{\partial x} + \frac{\partial \sigma_y}{\partial y} = 0 \tag{4.17a}$$

将其第一式改写为

$$\frac{\partial \sigma_x}{\partial x} = \frac{\partial (-\tau_{yx})}{\partial y} \tag{4.17b}$$

注意到必有函数 $h = h(x, y)$ 满足

$$\frac{\partial^2 h}{\partial x \partial y} = \frac{\partial}{\partial x} \frac{\partial h}{\partial y} = \frac{\partial}{\partial y} \frac{\partial h}{\partial x} \tag{4.17c}$$

式(4.17c)与式(4.17b)比较,令

$$\sigma_x = \frac{\partial h}{\partial y}, \quad \tau_{yx} = -\frac{\partial h}{\partial x} \tag{4.17d}$$

同理,由方程(4.17a)的第二式,必有函数 $g = g(x, y)$,满足

$$\sigma_y = \frac{\partial g}{\partial x}, \quad \tau_{xy} = -\frac{\partial g}{\partial y} \tag{4.17e}$$

比较式(4.17d)、式(4.17e)的第二式可知

$$\frac{\partial h}{\partial x} = \frac{\partial g}{\partial y} \tag{4.17f}$$

依上述做法可知,存在另一个函数 $\phi=\phi(x,y)$,使得

$$h=\frac{\partial\phi}{\partial y}, \quad g=\frac{\partial\phi}{\partial x}$$

将上式分别代入式(4.17d)、式(4.17e)得到

$$\sigma_x=\frac{\partial^2\phi}{\partial y^2}, \quad \sigma_y=\frac{\partial^2\phi}{\partial x^2}, \quad \tau_{xy}=-\frac{\partial^2\varphi}{\partial x\partial y} \tag{4.17g}$$

上式恒满足式(4.17a),是平衡微分方程的齐次解,函数 $\varphi(x,y)$ 称为应力函数,最早由 Ariy 提出,故称为 Ariy 应力函数。从式(4.14)中任选一组特解,比如式(4.14)中第一组解与齐次通解(4.17g)叠加,得到非奇次方程组(4.14)的通解

$$\sigma_x=\frac{\partial^2\phi}{\partial y^2}-xf_x, \quad \sigma_y=\frac{\partial^2\phi}{\partial x^2}-yf_y, \quad \tau_{xy}=-\frac{\partial^2\phi}{\partial x\partial y} \tag{4.18}$$

不论 $\phi(x,y)$ 为什么样的函数,方程(4.15)所示的应力总可以满足平衡微分方程(4.12)。

4.4.2　应力函数与双调和方程

将应力表达式特解

$$\sigma_x=\frac{\partial^2\phi}{\partial y^2}-xf_x, \quad \sigma_y=\frac{\partial^2\phi}{\partial x^2}-yf_y, \quad \tau_{xy}=-\frac{\partial^2\phi}{\partial x\partial y}$$

代入平衡微分方程可得

$$\frac{\partial\sigma_x}{\partial x}+\frac{\partial\tau_{yx}}{\partial y}+f_x=0$$

$$\frac{\partial\tau_{xy}}{\partial x}+\frac{\partial\sigma_y}{\partial y}+f_y=0$$

自然满足平衡微分方程。

应力分量不仅需要满足平衡微分方程,而且还需要满足变形协调方程,将上述应力分量代入变形协调方程,可得

$$\nabla^2\nabla^2\phi=\frac{\partial^4\phi}{\partial x^4}+2\frac{\partial^4\phi}{\partial x^2\partial y^2}+\frac{\partial^4\phi}{\partial y^4}=0 \tag{4.19}$$

上式说明函数 $\phi(x,y)$ 应满足双调和方程。

根据应力函数计算的应力分量满足平衡微分方程,而双调和函数表达的应力函数自然满足变形协调方程。因此双调和方程就成为平面问题应力解法的基本方程。

综上所述,弹性力学平面问题的应力解法,包括平面应力和平面应变问题,归结为在给定的边界条件下求解双调和方程。

4.4.3　应力函数的物理意义及边界条件的表示

边界平衡条件要求弹性体趋近于边界的应力分量满足面力边界条件。应力分量可以通过应力函数表达,因此应力函数也应该满足对应的边界条件。将应力函数表达的边界条件积分,并且应用应力函数的性质,则可以得到应力函数的偏导数在边界的性质。考虑应力函数全微分的积分,可以确定应力函数在边界的性质。

1.应力函数与面力边界条件

在体力为常量的条件下,弹性力学平面问题应力解法由三个未知函数简化为一个应力

函数,从而将问题归结为在给定的边界条件下求解双调和方程。因此,应力函数的确定对于平面问题的求解是极为重要的。

现在将讨论应力函数表达的面力边界条件,并由此进一步分析应力函数及其一阶偏导数在平面物体内任意一点的的物理意义。

对于平面物体,如果应力分量满足面力边界条件,则应力函数在边界满足

$$
\begin{cases}
\overline{f}_x = \sigma_x l + \tau_{yx} m = \dfrac{\partial^2 \phi}{\partial y^2} l - \dfrac{\partial^2 \phi}{\partial x \partial y} m \\
\overline{f}_y = \tau_{xy} l + \sigma_y m = -\dfrac{\partial^2 \phi}{\partial x \partial y} l + \dfrac{\partial^2 \phi}{\partial x^2} m
\end{cases}
\tag{4.20a}
$$

设 A 为边界上任一定点,而 B 为边界上任一动点,边界上由 A 到 B 为正方向,也就是说物体在 ds 的左侧,ds 为边界上由 A 到 B 的微元弧长,ds 法线方向余弦为

$$
l = \cos\alpha = \frac{dy}{ds}, \qquad m = \sin\alpha = -\frac{dx}{ds}
$$

因此边界条件可以表示为

$$
\begin{cases}
\overline{f}_x = \dfrac{\partial^2 \phi}{\partial y^2} \dfrac{dy}{ds} + \dfrac{\partial^2 \phi}{\partial x \partial y} \dfrac{dx}{ds} = \dfrac{d}{ds}\left(\dfrac{\partial \phi}{\partial y}\right) \\
\overline{f}_y = -\dfrac{\partial^2 \phi}{\partial x \partial y} \dfrac{dy}{ds} - \dfrac{\partial^2 \phi}{\partial x^2} \dfrac{dx}{ds} = -\dfrac{d}{ds}\left(\dfrac{\partial \phi}{\partial x}\right)
\end{cases}
\tag{4.20b}
$$

2. 应力函数的偏导数与边界条件

对于上述应力函数表达式从定点 A 到动点 B 作积分,可得

$$
\left(\frac{\partial \phi}{\partial y}\right)_B = \left(\frac{\partial \phi}{\partial y}\right)_A + \int_A^B \overline{f}_x \, ds
$$
$$
\left(\frac{\partial \phi}{\partial x}\right)_B = \left(\frac{\partial \phi}{\partial x}\right)_A - \int_A^B \overline{f}_y \, ds
\tag{4.21a}
$$

由于在应力函数中增加或减少一个线性项 $ax + by + c$,对于所求应力是没有影响的。所以可以适当地选取 a、b、c,使得应力函数 $\phi(x,y)$ 的一阶偏导数 $\frac{\partial \phi}{\partial x}$,$\frac{\partial \phi}{\partial y}$ 在定点 A 的值为零,上述公式可以简化为

$$
\begin{cases}
\left(\dfrac{\partial \phi}{\partial y}\right)_B = \int_A^B \overline{f}_x \, ds \\
\left(\dfrac{\partial \phi}{\partial x}\right)_B = -\int_A^B \overline{f}_y \, ds
\end{cases}
\tag{4.21b}
$$

另外,应力函数的全微分

$$
d\phi = \frac{\partial \phi}{\partial x} dx + \frac{\partial \phi}{\partial y} dy
$$

对上式从定点 A 到动点 B 作分部积分,则

$$
[\phi]_A^B = x\left(\frac{\partial \phi}{\partial x}\right)_A^B - \int_A^B x \frac{d}{ds}\left(\frac{\partial \phi}{\partial x}\right) ds + y\left(\frac{\partial \phi}{\partial y}\right)_A^B - \int_A^B y \frac{d}{ds}\left(\frac{\partial \phi}{\partial y}\right) ds
$$

将式(4.20b)代入上式,则

$$
\phi_B - \phi_A = x_B \left(\frac{\partial \phi}{\partial x}\right)_B - x_A \left(\frac{\partial \phi}{\partial x}\right)_A + \int_A^B x \overline{f}_y \, ds + y_B \left(\frac{\partial \phi}{\partial y}\right)_B - y_A \left(\frac{\partial \phi}{\partial y}\right)_A - \int_A^B y \overline{f}_x \, ds
$$

将式(4.21a)代入整理,可得

$$\phi_B = \phi_A + (x_B - x_A)\left(\frac{\partial \phi}{\partial x}\right)_A + (y_B - y_A)\left(\frac{\partial \phi}{\partial y}\right)_A + \int_A^B (x - x_B)\overline{f_y}ds + \int_A^B (y_B - y)\overline{f_x}ds$$

由于在应力函数中增加或减少一个线性项 $ax+by+c$,对于所求应力是没有影响的。所以我们适当的选取 a、b、c,使应力函数 $\phi(x,y)$ 在定点的值为零。因此上式可以简化为

$$\phi_B = \int_A^B (x - x_B)\overline{f_y}ds + \int_A^B (y_B - y)\overline{f_x}ds \tag{4.22a}$$

另外

$$\left(\frac{\partial \phi}{\partial y}\right)_B = \int_A^B \overline{f_x}ds$$
$$\left(\frac{\partial \phi}{\partial x}\right)_B = -\int_A^B \overline{f_y}ds \tag{4.22b}$$

显然,上述公式的第一式表示由定点 A 到动点 B 边界上的面力对 B 点的合力矩,而第二和第三式分别表示由 A 到 B 边界面力的合力沿 x,y 轴的投影。

因此可以得出以下结论,边界上任意点的应力函数等于由任一定点到该点的作用面力对该点的力矩;而应力函数对 x,y 的一阶偏导数分别等于作用力合力在 x 轴和 y 轴负向的投影。这是一个非常有用的结论,将可帮助我们在逆解法中确定应力函数的基本形式。

上述公式也是应力函数表达的面力边界条件,和面力边界条件比较,三个公式中只有两个是独立的。

4.5 直角坐标解平面问题

弹性力学问题的求解归结为在给定边界条件下求解双调和方程。由于偏微分方程的求解是相当困难的,因此使用逆解法求解。逆解法一方面是避免偏微分方程求解的困难,更重要的是通过逆解法,探讨应力函数的基本性质。

4.5.1 逆解法与应力函数

逆解法的基本思想是:对于一些具有矩形边界并不计体力的平面问题,分别选用幂次不同的多项式,令其满足基本方程,求出应力分量,并由边界条件确定这些应力分量对应边界上的面力,从而确定该应力函数所能解决的问题。

1.一次多项式

$$\phi(x,y)=ax+by+c$$

不论系数取何值,都能满足双调和方程,其应力分量为

$$\sigma_x = \frac{\partial^2 \phi}{\partial y^2} = 0, \quad \sigma_y = \frac{\partial^2 \phi}{\partial x^2} = 0, \quad \tau_{xy} = -\frac{\partial^2 \phi}{\partial x \partial y} = 0 \tag{4.23}$$

因此,一次多项式应力函数对应无应力状态。这个结论说明在应力函数中增加或减少一个 x,y 的线性函数,将不影响应力分量的值。

2.二次多项式

$$\phi(x,y)=ax^2+bxy+cy^2$$

不论系数取何值,都能满足双调和方程,应力分量为

$$\sigma_x = \frac{\partial^2 \phi}{\partial y^2} = 2c, \quad \sigma_y = \frac{\partial^2 \phi}{\partial x^2} = 2a, \quad \tau_{xy} = -\frac{\partial^2 \phi}{\partial x \partial y} = -b \qquad (4.24)$$

二次多项式应力函数对应于均匀应力状态,如图 4.6 所示。如仅 a、b、$c \neq 0$,分别表示单向拉伸或者纯剪切应力状态。

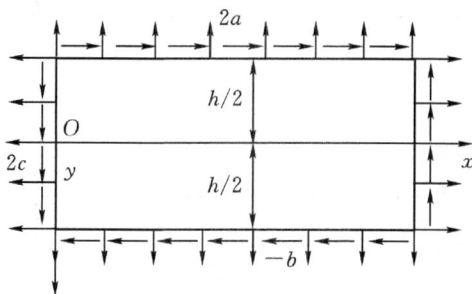

图 4.6

3. 三次多项式

$$\phi(x,y) = ax^3 + bx^2 y + cxy^2 + dy^3$$

不论系数取何值,都能满足双调和方程,对应的应力分量为

$$\left.\begin{array}{l} \sigma_x = \dfrac{\partial^2 \phi}{\partial y^2} = 2cx + 6dy \\[2mm] \sigma_y = \dfrac{\partial^2 \phi}{\partial x^2} = 6ax + 2by \\[2mm] \tau_{xy} = -\dfrac{\partial^2 \phi}{\partial x \partial y} = -2bx - 2cy \end{array}\right\} \qquad (4.25)$$

可见,三次多项式应力函数对应线性分布的边界面力。如果仅考虑 d 不为零的情况,即 $a = b = c = 0$,则

$$\sigma_x = 6dy, \quad \sigma_y = 0, \quad \tau_{xy} = 0$$

不难看出,对应于如图 4.7(a)所示矩形板和坐标系,应力函数 $\phi(x,y) = dy^3$ 可解决矩形梁的纯弯曲应力状态问题。当坐标位置改变时,同一应力函数对应的应力状态和面力将随之改变,如图 4.7(b)所示,$\phi(x,y) = dy^3$ 对应于偏心受拉或受压应力状态。

4. 四次多项式

$$\phi(x,y) = ax^4 + bx^3 y + cx^2 y^2 + dxy^3 + ey^4$$

若使四次多项式满足双调和方程,其系数需满足关系式

$$3a + c + 3e = 0$$

因此四次多项式应力函数只能有四个独立的系数,设应力函数为

$$\phi(x,y) = ax^4 + bx^3 y + cx^2 y^2 + dxy^3 - (a + \frac{c}{3})y^4$$

即其独立的系数仅为四个,对应的应力分量为

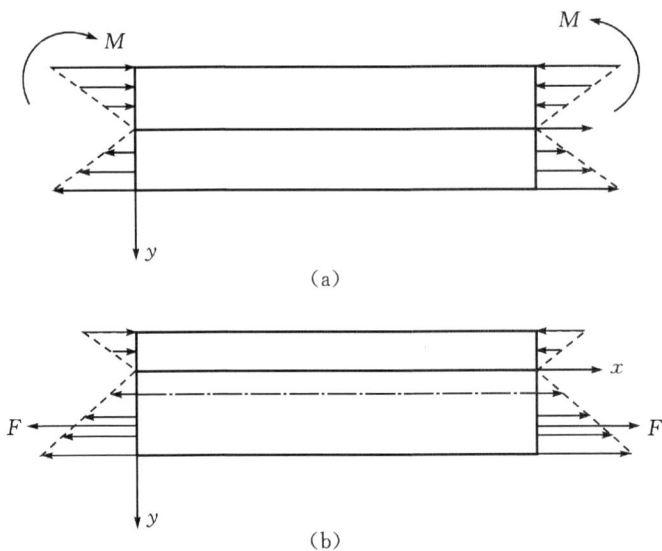

图 4.7

$$\left.\begin{array}{l}\sigma_x = \dfrac{\partial^2 \phi}{\partial y^2} = 2cx^2 + 6dxy - 12(a + \dfrac{c}{3})y^2 \\[2mm] \sigma_y = \dfrac{\partial^2 \phi}{\partial x^2} = 12ax^2 + 6bxy + 2cy^2 \\[2mm] \tau_{xy} = -\dfrac{\partial^2 \phi}{\partial x \partial y} = -3bx^2 - 4cxy - 3dy^2\end{array}\right\} \qquad (4.26)$$

四次多项式应力函数对应于二次应力分布状态,如果仅考虑 d 不为零的情况,即 $a=b=c=0$,该应力状态由矩形板边界上三部分面力产生。

(1)在边界 $y=\pm\dfrac{h}{2}$ 上,作用有均匀分布的切应力 $\tau_{xy} = \dfrac{3}{4}dh^2$;

(2)在 $x=0$ 的边界上,作用有按抛物线分布的切应力 $\tau_{xy} = -3dy^2$;

(3)在 $x=l$ 的边界上,作用有按抛物线分布的切应力 $\tau_{xy} = -3dy^2$ 和线性分布的正应力 $\sigma_x = 6dly$。

对四次多项式构成的应力函数,其边界上的应力分量的分布可以是均匀的、线性分布的或者是二次抛物线分布的。

4.5.2 受集中力作用的悬臂梁

本节应用平面问题的基本方程讨论悬臂梁的弯曲应力、变形和位移。作为一个典型的平面应力问题,问题求解的关键是确定应力函数。首先分析悬臂梁的边界条件,根据悬臂梁弯矩分布建立应力函数的基本表达式,然后应用变形协调方程确定应力函数,再通过面力边界条件确定待定常数。分析所得悬臂梁的弯曲应力解与材料力学解是一致的。

弯曲应力确定后,通过本构方程可以确定应变分量;利用几何方程可以得到位移偏导数。由于应力分量是协调的,积分可得位移基本表达式。至于表达式中的待定系数,需要通过位移边界条件确定。由于悬臂梁力学模型给定的位移边界条件太苛刻,因此分析中假设端面约束仅为排除刚体位移。

考察薄板梁,左端固定,右端受切向分布力作用,其合力为 $\boldsymbol{F}$,设梁的跨度为 l,高度为 h,厚度为一个单位,自重忽略不计。首先讨论梁的弯曲应力,建立坐标系如图 4.8 所示,则梁的边界条件为

$$y = \pm \frac{h}{2}, \qquad \sigma_y = 0, \qquad \tau_{xy} = 0$$

$$x = l, \qquad \sigma_x = 0, \qquad \int_{-\frac{h}{2}}^{\frac{h}{2}} \tau_{xy} \mathrm{d}y = F$$

$$x = 0, \qquad u = 0, \qquad v = 0$$

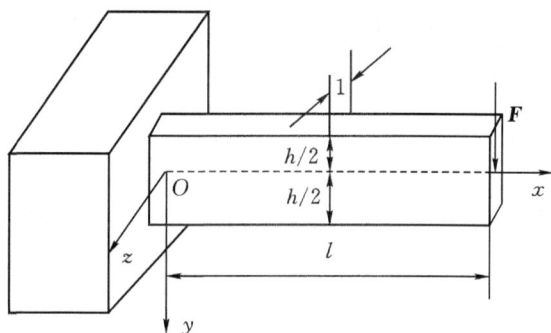

图 4.8

该边界条件要完全满足非常困难。但深入分析发现,只要梁是细长的,则其上下表面为主要边界,这是必须精确满足的;而左右端面的边界条件,属于次要边界。

根据圣维南原理,可以使用静力等效的应力分布来替代,这对于离端面稍远处的应力并无实质性的影响。因此两端面的边界条件可以放松为合力相等的条件。此外,由于梁是外力静定的,固定端的三个反力可以确定,因此在求应力函数时,只要三个面的面力边界条件就可以确定。

固定端的约束,即位移边界条件只是在求解位移时才使用。这样问题的关键就是选择适当的应力函数,使之满足面力边界条件。

1. 边界条件与应力函数

因为在梁的上下边界上,其弯矩为 $F(l-x)$,即力矩与 $(l-x)$ 成正比,根据应力函数

$$\phi_B = \int_A^B (x - x_B) \bar{f}_y \mathrm{d}s + \int_A^B (y_B - y) \bar{f}_x \mathrm{d}s$$

的性质,设应力函数为

$$\phi(x, y) = (l - x) f(y)$$

其中 $f(y)$ 为 y 的任意函数。将上述应力函数代入变形协调方程,可得

$$\nabla^2 \nabla^2 \phi = (l - x) \frac{\mathrm{d}^4 f(y)}{\mathrm{d}y^4} = 0$$

即 $\dfrac{\mathrm{d}^4 f(y)}{\mathrm{d}y^4} = 0$,积分可得

$$f(y) = ay^3 + by^2 + cy + d$$

由于待定系数 d 不影响应力计算，可令其为零。所以，应力函数为

$$\phi(x, y) = (l - x)f(y)(ay^3 + by^2 + cy)$$

将上述应力函数代入应力分量表达式，可得应力分量

$$\left.\begin{aligned} \sigma_x &= \frac{\partial^2 \phi}{\partial y^2} = (l - x)(6ay + 2b) \\ \sigma_y &= \frac{\partial^2 \phi}{\partial x^2} = 0 \\ \tau_{xy} &= -\frac{\partial^2 \phi}{\partial x \partial y} = 3ay^2 + 2by + c \end{aligned}\right\} \qquad (4.27)$$

2. 悬臂梁的应力

将上述应力分量代入面力边界条件

$$\bar{f}_x = l\sigma_x + m\tau_{xy}$$

$$\bar{f}_y = l\tau_{xy} + m\sigma_y$$

可以确定待定系数。

在上下边界，边界条件 $\sigma_y|_{y=\pm\frac{h}{2}} = 0$ 自动满足；而 $\tau_{xy}|_{y=\pm\frac{h}{2}} = 0$，则要求

$$\frac{3}{4}ah^2 + bh + c = 0$$

$$\frac{3}{4}ah^2 - bh + c = 0$$

在 $x = l$ 边界上，边界条件自动满足；而 $\int_{-\frac{h}{2}}^{\frac{h}{2}} \tau_{xy} \mathrm{d}y = F$，则要求

$$4ah^2 + ch = F$$

联立求解上述三式，可得

$$a = \frac{-2F}{h^3}, \qquad b = 0, \qquad c = \frac{3F}{2h}$$

注意到对于图示薄板梁，其惯性矩 $I = \frac{h^3}{12}$，所以应力分量为

$$\sigma_x = \frac{-F}{I}(l - x)y$$

$$\sigma_y = 0, \qquad \tau_{xy} = \frac{F}{2I}\left(\frac{h^2}{4} - y^2\right)$$

所得应力分量与材料力学解完全相同。

当然对于类似问题，也可以根据材料力学的解答作为基础，适当选择应力函数进行试解，如不满足边界条件，再根据实际情况进行修正。

3. 悬臂梁的变形

应力分量求解后，可以进一步求出应变和位移。将应力分量代入几何方程

$$\varepsilon_x = \frac{\partial u}{\partial x}, \quad \varepsilon_y = \frac{\partial v}{\partial y}, \quad \gamma_{xy} = \frac{\partial u}{\partial y} + \frac{\partial v}{\partial x}$$

和物理方程

$$\varepsilon_x = \frac{1-\nu^2}{E}\left(\sigma_x - \frac{\nu}{1-\nu}\sigma_y\right) = \frac{1}{E_1}(\sigma_x - \nu_1\sigma_y)$$

$$\varepsilon_y = \frac{1-\nu^2}{E}\left(\sigma_y - \frac{\nu}{1-\nu}\sigma_x\right) = \frac{1}{E_1}(\sigma_y - \nu_1\sigma_x)$$

$$\gamma_{xy} = \frac{\tau_{xy}}{G} = \frac{2(1+\nu)}{E}\tau_{xy} = \frac{2(1+\nu_1)}{E_1}\tau_{xy}$$

可得

$$\left.\begin{array}{l}
\varepsilon_x = \dfrac{\partial u}{\partial x} = \dfrac{1}{E_1}(\sigma_x - \nu_1\sigma_y) = \dfrac{-F}{EI}(l-x)y \\[2mm]
\varepsilon_y = \dfrac{\partial v}{\partial y} = \dfrac{1}{E_1}(\sigma_y - \nu_1\sigma_x) = \nu\dfrac{F}{EI}(l-x)y \\[2mm]
\gamma_{xy} = \dfrac{\partial v}{\partial x} + \dfrac{\partial u}{\partial y} = \dfrac{2(1+\nu_1)}{E_1}\tau_{xy} = \dfrac{(1+\nu)F}{EI}\left(\dfrac{h^2}{4} - y^2\right)
\end{array}\right\} \quad (4.28)$$

对于上述公式的前两式分别对 x,y 积分,可得

$$u = -\frac{F}{EI}\left(lxy - \frac{x^2 y}{2}\right) + \frac{F}{EI}f(y)$$

$$v = \nu\frac{F}{EI}\left(\frac{ly^2}{2} - \frac{x^2 y}{2}\right) + \frac{F}{EI}g(x)$$

其中 $f(y),g(x)$ 分别为 y,x 的待定函数。

4.悬臂梁的位移

将上式代入应变分量表达式的第三式,并作整理可得

$$\left[g'(x) - \left(lx - \frac{1}{2}x^2\right)\right] + \left[f'(y) - \frac{1}{2}\nu^2 + (1+\nu)y^2\right] = (1+\nu)\frac{h^2}{4}$$

由于上式左边的两个方括号内分别为 x,y 的函数,而右边却为常量,因此该式若成立,两个方括号内的量都必须为常量。所以

$$f'(y) - \frac{1}{2}\nu^2 + (1+\nu)y^2 = m$$

$$g'(x) - \left(lx - \frac{1}{2}x^2\right) = n$$

$$(1+\nu)\frac{h^2}{4} = m + n$$

对上式的前两式分别作积分,可得

$$f(y) = -\frac{2+\nu}{6}y^3 + my^2 + c$$

$$g(x) = \frac{l}{2}x^2 - \frac{1}{6}x^3 + nx + d$$

将上式回代位移表达式

$$u = -\frac{F}{EI}\left(lxy - \frac{1}{2}x^2 y\right) + \frac{F}{EI}f(y)$$

$$v = \frac{\nu F}{EI}\left(\frac{ly^2}{2} - \frac{1}{2}xy^2\right) + \frac{F}{EI}g(x)$$

则

$$u = \frac{F}{EI}\left(-lxy + \frac{1}{2}x^2y - \frac{2+\nu}{6}y^3 + my^2 + c\right)$$

$$v = \frac{F}{EI}\left(\frac{\nu l y^2}{2} - \frac{\nu}{2}xy^2 + \frac{l}{2}x^2 - \frac{1}{6}x^3 + nx + d\right)$$

其中 m,n,c,d 为待定常数,将由位移边界条件确定。

5. 悬臂梁端面位移边界条件

显然,上述位移不可能满足位移边界条件 $x=0,u=v=0$。悬臂梁左端完全固定的约束条件太强了,要严格满足非常困难。对于工程构件,端面完全固定仅仅是一种假设,真实的端面约束条件是非常复杂的。

在弹性力学讨论中,重要的是分析一般条件下,悬臂梁的弯曲变形。根据圣维南原理,真实约束条件对于悬臂梁位移分析的影响主要是端面附近的位移,对于远离端面处,这个影响主要是刚体位移。因此首先排除刚体位移,平面问题只要有三个约束条件就足够了。至于选用的约束条件与实际约束的差别,将在本节最后讨论。

为此首先假定左端截面的形心不能移动,即当 $x=y=0$ 时

$$u = v = 0$$

代入位移表达式,可得

$$c = d = 0$$

为了确定 m 和 n,除了利用位移边界条件,还必须补充一个限制刚体转动的条件。

分别考虑两种情况:一是左端面形心处的水平微分线段被固定;二是左端面形心处的垂直微分线段固定。

1)边界条件一

对于第一种情况,即增加约束条件

$$\left(\frac{\partial v}{\partial x}\right)_{x=y=0} = 0$$

由此条件,可得

$$n = 0$$

$$m = \frac{1}{2}(1+\nu)h^2$$

对应的位移为

$$\left. \begin{aligned} u &= \frac{F}{EI}\left(-lxy + \frac{1}{2}x^2y - \frac{2+\nu}{6}y^3 + \frac{1+\nu}{4}h^2y\right) \\ v &= \frac{F}{EI}\left(\frac{\nu l y^2}{2} - \frac{\nu}{2}xy^2 + \frac{l}{2}x^2 - \frac{1}{6}x^3\right) \end{aligned} \right\} \tag{4.29}$$

悬臂梁变形后的挠曲线方程为

$$v(x,0) = \frac{F}{6EI}(3l-x)x^2 \tag{4.30}$$

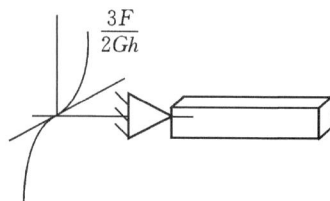

这一结果与材料力学的解答完全相同。这时梁的左端面变形为三次曲面,如图 4.9 所示,其表达式为

$$u(0,y) = \frac{-F}{EI}\left(\frac{2+\nu}{6}y^3 - \frac{1+\nu}{4}h^2y\right)$$

图 4.9

在左端面的形心,垂直微分线段将产生转动,转角

$$\left(\frac{\partial u}{\partial y}\right)_{x=y=0}=\frac{F(1+\nu)}{4EI}h^2=\frac{3F}{2Gh}>0$$

2)边界条件二

对于第二种情况,即增加约束条件

$$\left(\frac{\partial u}{\partial y}\right)_{x=y=0}=0$$

由此条件,可得

$$n=\frac{1}{4}(1+\nu)h^2,m=0$$

对应的位移为

$$u=\frac{F}{EI}\left(-lxy+\frac{1}{2}x^2y-\frac{2+\nu}{6}y^3\right)$$

$$v=\frac{F}{EI}\left(\frac{\nu ly^2}{2}-\frac{\nu}{2}xy^2+\frac{l}{2}x^2-\frac{1}{6}x^3+\frac{1+\nu}{4}h^2x\right)$$

梁变形后的挠曲线方程为

$$v(x,0)=\frac{F}{6EI}\left[(3l-x)x^2+\frac{1+\nu}{4}h^2x\right] \tag{4.31}$$

这时梁的左端面变形为三次曲面,如图 4.10 所示,其表达式为

$$u(0,y)=\frac{-F}{EI}\frac{2+\nu}{6}y^3$$

在左端面的形心水平微分线段将产生转动,转角为

$$\left(\frac{\partial v}{\partial x}\right)_{x=y=0}=\frac{F(1+\nu)}{4EI}h^2>0$$

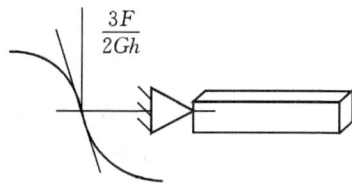

图 4.10

比较上述结果可见,假设的两种情况实际上仅相差一个刚体转动。如果让第一种情况顺时针转动一个 $\frac{F(1+\nu)}{4EI}h^2$ 角度,即为第二种情况。

4.5.3 受均布载荷作用的简支梁

简支梁作用均匀分布力问题是又一个经典弹性力学平面问题解。采用应力解法的关键是确定应力函数,首先根据边界条件,确定应力函数的基本形式。将待定的应力函数代入双调和方程得到多项式表达的函数形式。对于待定系数的确定,需要再次应用面力边界条件。

应该注意的是,简支梁是几何对称结构,对称载荷作用时应力分量也是对称的。对称条件的应用将简化问题的求解难度。

1.简支梁及其边界条件

试考察一个承受均匀分布载荷的简支梁 q,其跨度为 l,横截面高度为 $h(h\ll l)$,单位厚度,如图 4.11 所示,并且设其自重可以忽略不计。

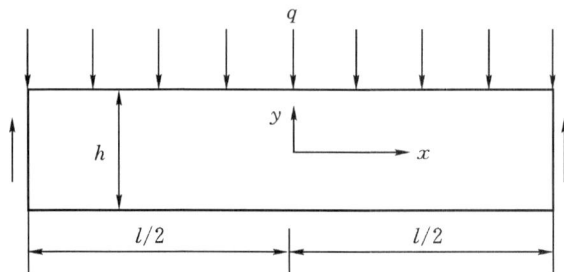

图 4.11

由于简支梁是外力静定的,两端的支座反力是已知的。因此在求解时,不妨将支座看作外力已知的边界,于是可写出下列边界条件

$$y = -\frac{h}{2}, \qquad \sigma_y = -q, \qquad \tau_{xy} = 0$$

$$y = \frac{h}{2}, \qquad \sigma_y = 0, \qquad \tau_{xy} = 0$$

$$x = \frac{l}{2}, \qquad \sigma_x = 0, \qquad \int_{-\frac{h}{2}}^{\frac{h}{2}} \tau_{xy} \, \mathrm{d}y = -\frac{ql}{2}$$

$$x = -\frac{l}{2}, \qquad \sigma_x = 0, \qquad \int_{-\frac{h}{2}}^{\frac{h}{2}} \tau_{xy} \, \mathrm{d}y = \frac{ql}{2}$$

上述条件中,上下表面的边界条件是主要的,必须精确满足。至于两端的边界条件,可以根据圣维南原理放松为合力满足。

采用半逆解法求解。首先对应力状态做一个基本分析,由材料力学分析可知:弯曲正应力主要是由弯矩引起的;弯曲切应力主要由剪力引起的;而挤压应力应由分布载荷引起的。

2. 应力函数分析

根据上述分析,因此假设挤压应力不随坐标 x 而改变,即 s_y 为坐标 y 的函数

$$\sigma_y = f(y)$$

因此根据应力函数与应力分量的关系式,可得

$$\frac{\partial^2 \phi}{\partial x^2} = f(y)$$

将上式对 x 积分,可得

$$\frac{\partial \phi}{\partial x} = x f(y) + g(y)$$

$$\phi = \frac{1}{2} x^2 f(y) + x g(y) + h(y)$$

其中 $f(y), g(y), h(y)$ 均为任意待定函数。

对于上述应力函数还需要考察其是否满足变形协调方程,代入变形协调方程,则

$$\nabla^2 \nabla^2 \phi = \frac{x^2}{2} \frac{\mathrm{d}^4 f}{\mathrm{d}y^4} + x \frac{\mathrm{d}^4 g}{\mathrm{d}y^4} + \frac{\mathrm{d}^4 h}{\mathrm{d}y^4} + 2 \frac{\mathrm{d}^2 f}{\mathrm{d}y^2} = 0$$

上式为关于 x 的二次方程。对于变形协调方程,要求在弹性体的任意点满足。因此要求所有的 x 均满足,所以这个二次方程的系数和自由项都必须为零,即

$$\frac{\mathrm{d}^4 f}{\mathrm{d}y^4}=0; \quad \frac{\mathrm{d}^4 g}{\mathrm{d}y^4}=0; \quad \frac{\mathrm{d}^4 h}{\mathrm{d}y^4}+2\frac{\mathrm{d}^2 f}{\mathrm{d}y^2}=0$$

上述公式的前两式要求

$$f(y)=Ay^3+By^2+Cy+D$$
$$g(y)=Ey^3+Fy^2+Gy$$

这里应力函数的线性项已经略去,而第三式则要求

$$\frac{\mathrm{d}^4 h(y)}{\mathrm{d}y^4}=-2\frac{\mathrm{d}^2 f}{\mathrm{d}y^2}=-12Ay-4B$$

即

$$h(y)=\frac{-A}{10}y^5-\frac{B}{6}y^4+Hy^3+Ky^2$$

其中线性项已被忽略不计。将上述各式代入应力函数公式,则

$$\phi(x,y)=\frac{1}{2}x^2(Ay^3+By^2+Cy+D)+x(Ey^3+Fy^2+Gy)-\frac{A}{10}y^5-\frac{B}{6}y^4+Hy^3+Ky^2$$

将上述应力函数代入应力分量表达式

$$\sigma_x=\frac{\partial^2 \phi}{\partial y^2}; \quad \sigma_y=\frac{\partial^2 \phi}{\partial x^2}; \quad \tau_{xy}=-\frac{\partial^2 \phi}{\partial x \partial y}$$

可得

$$\sigma_x=\frac{x^2}{2}(6Ay+2B)+x(6Ey+2F)-2Ay^3-2By^2+6Hy+2K$$
$$\sigma_y=Ay^3+By^2+Cy+D$$
$$\tau_{xy}=-x(3Ay^2+2By+C)-(3Ey^2+2Fy+G)$$

3. 待定系数确定

上述应力分量已经满足平衡微分方程和变形协调方程,现在的问题是根据面力边界条件

$$\begin{cases} l(\sigma_x)_s+m(\tau_{yx})_s=\overline{f_x} \\ m(\sigma_y)_s+l(\tau_{xy})_s=\overline{f_y} \end{cases}$$

确定待定系数。

在考虑边界条件之前,首先讨论一下问题的对称性,这样往往可以减少计算工作。由于 y 轴是结构和载荷的对称轴,所以应力分量也应该对称于 y 轴,因此 σ_x 和 σ_y 应该是 x 的偶函数,而 τ_{xy} 应为 x 的奇函数。因此

$$E=F=G=0$$

对于细长梁,由于梁的高度远小于跨度,所以上下边界为主要边界,其边界条件必须精确满足,我们首先考虑上下两边的边界条件,见表4.1。

表 4.1

$\sigma_y\big|_{y=\frac{h}{2}}=0$	$\dfrac{Ah^3}{8}+\dfrac{Bh^2}{4}+\dfrac{Ch}{2}+D=0$
$\sigma_y\big|_{y=-\frac{h}{2}}=-q$	$-\dfrac{Ah^3}{8}+\dfrac{Bh^2}{4}-\dfrac{Ch}{2}+D=-q$
$\tau_{xy}\big|_{y=\frac{h}{2}}=0$	$-x\left(\dfrac{3Ah^2}{4}+Bh+C\right)=0$ $\dfrac{3Ah^2}{4}+Bh+C=0$
$\tau_{xy}\big|_{y=-\frac{h}{2}}=0$	$-x\left(\dfrac{3Ah^2}{4}-Bh+C\right)=0$ $\dfrac{3Ah^2}{4}-Bh+C=0$

4. 端面边界条件简化

根据上述主要边界的面力边界条件,可得

$$A=-\frac{2q}{h^3},\quad B=0,\quad C=\frac{3q}{2h},\quad D=\frac{-q}{2}$$

将上述 7 个待定系数分别代入应力分量表达式,可得

$$\sigma_x=\frac{-6q}{h^3}x^2y+\frac{4q}{h^3}y^3+6Hy+2K$$

$$\sigma_y=\frac{-2q}{h^3}y^3+\frac{3q}{2h}y-\frac{q}{2}$$

$$\tau_{xy}=\frac{6q}{h^3}xy^2-\frac{3q}{2h}x$$

以下考虑简支梁左右两端面的面力边界条件,确定剩余的两个待定系数。由于对称性已经讨论,所以只需要考虑其中的一个端面,比如右端面。如果右端面的边界条件能满足,左端面的边界条件由对称性自然满足。

首先,在梁的右端面没有水平面力,这要求在 $x=\frac{l}{2}$ 处,$\sigma_x=0$,根据应力分量计算公式,如果该条件满足,只有 $q=0$。但是这与问题是矛盾的,因此这个边界条件只能利用圣维南原理,放松为合力边界条件:

$$\int_{-\frac{h}{2}}^{\frac{h}{2}}\sigma_x\big|_{x=\frac{l}{2}}\mathrm{d}y=0,\quad \int_{-\frac{h}{2}}^{\frac{h}{2}}\sigma_x\big|_{x=\frac{l}{2}}y\mathrm{d}y=0$$

将应力分量分别代入上述两式,则

$$K=0,\quad H=\frac{ql^2}{h^3}-\frac{q}{10h}$$

另外在梁的右边

$$x=\frac{l}{2},\quad \int_{-\frac{h}{2}}^{\frac{h}{2}}\tau_{xy}\big|_{x=\frac{l}{2}}\mathrm{d}y=-\frac{ql}{2}$$

切应力的合力应等于支反力,将切应力计算公式代入,积分可见这个条件已经满足。

综上所述,已经求出了所有的待定系数。将上述结论代入应力分量表达式,并作整理,可得

$$\left.\begin{aligned}
\sigma_x &= \frac{6q}{h^3}(l^2 - x^2)y + \frac{qy}{h}\left(4\frac{y^2}{h^2} - \frac{3}{5}\right) \\
\sigma_y &= \frac{-q}{2}\left(1 + \frac{y}{h}\right)\left(1 - \frac{2y}{h}\right)^2 \\
\tau_{xy} &= -\frac{6q}{h^3}x\left(\frac{h^2}{4} - y^2\right)
\end{aligned}\right\} \tag{4.32a}$$

5. 简支梁应力分析

下面讨论简支梁的应力分布。注意到梁的惯性矩为 $I = \frac{h^3}{12}$,静矩为 $S = \frac{h^2}{8} - \frac{y^2}{2}$,而梁的弯曲内力为

$$F_s = -qx, \qquad M = \frac{q}{2}(l^2 - x^2)$$

则应力分量表达式可以改写为

$$\left.\begin{aligned}
\sigma_x &= \frac{M}{I}y + \frac{qy}{h}\left(4\frac{y^2}{h^2} - \frac{3}{5}\right) \\
\sigma_y &= \frac{-q}{2}\left(1 + \frac{y}{h}\right)\left(1 - \frac{2y}{h}\right)^2 \\
\tau_{xy} &= -\frac{F_s S}{bI}
\end{aligned}\right\} \tag{4.32b}$$

我们将上述应力分量,即弹性力学解答结果与材料力学的结果作一比较。首先考虑横截面,即沿铅垂方向的应力分布,如图 4.12 所示。

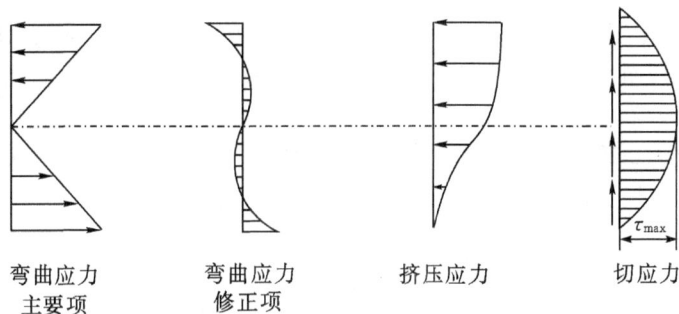

弯曲应力主要项　　弯曲应力修正项　　挤压应力　　切应力

图 4.12

在弯曲正应力 σ_x 的表达式中,第一项是主要项,与材料力学的解完全相同,而第二项是弹性力学提出的修正项。对于细长梁,这个修正项很小,可以忽略不计。

应力分量 σ_y 是梁的各纤维之间的挤压应力,在材料力学中一般是不考虑这个应力分量的;而弯曲切应力 τ_{xy} 的表达式则和材料力学解答里完全相同。

对于圆形或部分圆形（扇形，楔形等）的物体，用极坐标求解比较方便。在极坐标系中，平面内任一点的位置，用径向坐标 ρ 及周向坐标 φ 来表示（如图 5.1 所示）。极坐标系 (ρ, φ) 与直角坐标系 (x, y) 之间的关系为

$$\left. \begin{array}{l} x = \rho\cos\varphi \\ y = \rho\sin\varphi \end{array} \right\} \qquad (5.1a)$$

$$\left. \begin{array}{l} \rho^2 = x^2 + y^2 \\ \varphi = \arctan \dfrac{y}{x} \end{array} \right\} \qquad (5.1b)$$

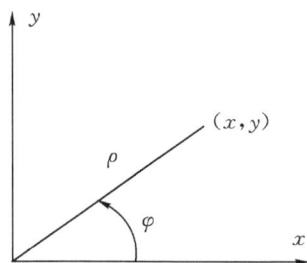

图 5.1

下面推导极坐标平面问题的基本微分方程。

5.1 极坐标下的基本方程与应力分量

5.1.1 平衡微分方程

在变形物体中，用两个同心柱面和两个径向平面截割出一微小单元体 $PABC$（如图5.2所示）。设单元体厚度为 1 个单位。沿 ρ 方向的正应力称为径向正应力，用 σ_ρ 表示；沿 φ 方向的正应力称为周向正应力或环向正应力，用 σ_φ 表示；剪应力用 $\tau_{\rho\varphi}$ 及 $\tau_{\varphi\rho}$ 表示。根据剪应力互等定律，$\tau_{\rho\varphi} = \tau_{\varphi\rho}$。

各应力分量的正负号规定和直角坐标系中相同，只是 ρ 方向对应 x 方向、φ 方向对应 y

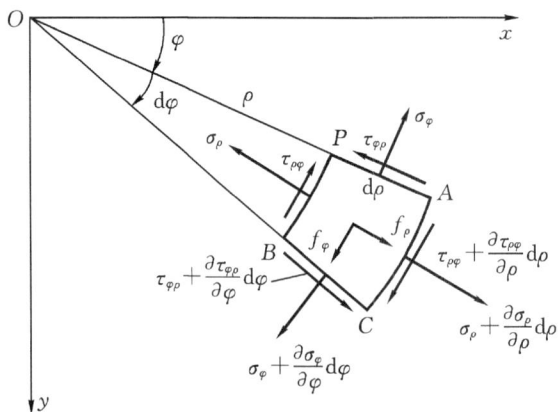

图 5.2

方向。图中的应力分量都是正值。径向和周向的体力分量分别用 f_ρ 及 f_φ 表示。

将单元体所受的力投影到通过其中心的径向轴上，

$$\sum F_\rho = 0$$

可建立出单元体径向平衡方程为

$$(\sigma_\rho+\frac{\partial\sigma_\rho}{\partial\rho}\mathrm{d}\rho)(\rho+\mathrm{d}\rho)\mathrm{d}\varphi-\sigma_\rho\rho\mathrm{d}\varphi-(\sigma_\varphi+\frac{\partial\sigma_\varphi}{\partial\varphi}\mathrm{d}\varphi)\mathrm{d}\rho\sin\frac{\mathrm{d}\varphi}{2}-\sigma_\varphi\mathrm{d}\rho\sin\frac{\mathrm{d}\varphi}{2}$$

$$+(\tau_{\rho\varphi}+\frac{\partial\tau_{\rho\varphi}}{\partial\varphi})\mathrm{d}\rho\cos\frac{\mathrm{d}\varphi}{2}-\tau_{\rho\varphi}\mathrm{d}\rho\cos\frac{\mathrm{d}\varphi}{2}+f_\rho\rho\mathrm{d}\varphi\mathrm{d}\rho=0$$

在上式中，因为 $\mathrm{d}\varphi$ 是小量，因此可取 $\sin\frac{\mathrm{d}\varphi}{2}\approx\frac{\mathrm{d}\varphi}{2}$，$\cos\frac{\mathrm{d}\varphi}{2}\approx1$，并略去高阶微量后可得

$$\frac{\partial\sigma_\rho}{\partial\rho}+\frac{\partial\tau_{\varphi\rho}}{\rho\partial\varphi}+\frac{\sigma_\rho-\sigma_\varphi}{\rho}+f_\rho=0$$

采用同样的方法，可以列出单元体在周向的平衡方程，则可得极坐标系下的平衡方程为

$$\left.\begin{array}{l}\frac{\partial\sigma_\rho}{\partial\rho}+\frac{\partial\tau_{\varphi\rho}}{\rho\partial\varphi}+\frac{\sigma_\rho-\sigma_\varphi}{\rho}+f_\rho=0\\[2mm]\frac{\partial\tau_{\rho\varphi}}{\partial\rho}+\frac{\partial\sigma_\varphi}{\rho\partial\varphi}+\frac{2\tau_{\rho\varphi}}{\rho}+f_\varphi=0\end{array}\right\}\tag{5.2}$$

类似的还可写出柱坐标系 (ρ,φ,z) 下和球坐标系 (ρ,θ,φ) 下的平衡微分方程。

(1) 柱坐标系下的平衡微分方方程

$$\left.\begin{array}{l}\frac{\partial\sigma_\rho}{\partial\rho}+\frac{\partial\tau_{\varphi\rho}}{\rho\partial\varphi}+\frac{\partial\tau_{z\rho}}{\partial z}+\frac{\sigma_\rho-\sigma_\varphi}{\rho}+f_\rho=0\\[2mm]\frac{\partial\tau_{\rho\varphi}}{\partial\rho}+\frac{\partial\sigma_\varphi}{\rho\partial\varphi}+\frac{\partial\tau_{z\varphi}}{\partial z}+\frac{2\tau_{\rho\varphi}}{\rho}+f_\varphi=0\\[2mm]\frac{\partial\tau_{\rho z}}{\partial z}+\frac{\partial\tau_{\varphi z}}{\rho\partial\varphi}+\frac{\partial\sigma_z}{\partial z}+\frac{\tau_{\rho z}}{\rho}+f_z=0\end{array}\right\}\tag{5.3}$$

(2) 球坐标系下的平衡微分方方程

$$\left.\begin{array}{l}\frac{\partial\sigma_\rho}{\partial\rho}+\frac{\partial\tau_{\varphi\rho}}{\rho\partial\varphi}+\frac{1}{\sin\varphi}\frac{\partial\tau_{\theta\rho}}{\rho\partial\theta}+\frac{2\sigma_\rho-\sigma_\theta-\sigma_\varphi}{\rho}+\cot\varphi\frac{\tau_{\varphi\rho}}{\rho}+f_\rho=0\\[2mm]\frac{\partial\tau_{\rho\varphi}}{\partial\rho}+\frac{\partial\sigma_\varphi}{\rho\partial\varphi}+\frac{1}{\sin\varphi}\frac{\partial\tau_{\theta\varphi}}{\rho\partial\theta}+\frac{3\tau_{\rho\varphi}}{\rho}+\cot\varphi\frac{\sigma_\varphi-\sigma_\theta}{\rho}+f_\varphi=0\\[2mm]\frac{\partial\tau_{\rho\theta}}{\partial\rho}+\frac{\partial\tau_{\varphi\theta}}{\rho\partial\varphi}+\frac{1}{\sin\varphi}\frac{\partial\sigma_\theta}{\rho\partial\theta}+\frac{3\tau_{\rho\theta}}{\rho}+2\cot\varphi\frac{\tau_{\varphi\theta}}{\rho}+f_\theta=0\end{array}\right\}\tag{5.4}$$

5.1.2 几何方程

以上我们导出了极坐标下三个应力分量应该满足的平衡微分方程。但是仅仅通过两个方程求解三个未知函数是不够的，必须找到一个补充方程，也就是说要考虑变形几何关系。首先定义在极坐标中的应变分量与位移分量。

对照在直角坐标中的应变分量的定义办法，我们定义与应力相对应的应变，ε_ρ 表示径向线段的线应变(径向正应变)，ε_φ 表示环向线段的线应变(环向正应变)，$\gamma_{\rho\varphi}$ 表示径向线段和环向线段之间的直角改变量(剪应变)。

位移分量是按照位移的方向定义的，u_ρ 表示径向位移，u_φ 表示环向位移。变形几何方程是描述位移和应变之间关系的一组方程。欲研究平面弹性体在极坐标下的变形，可选取相互正交的径向线段和环向线段。径向线段 $PA = \mathrm{d}\rho$，环向弧线所含的弧度为 $\mathrm{d}\varphi$，弧长 $PB = \rho\mathrm{d}\varphi$。线段端点及其坐标分别为 $P(\rho,\varphi)$，$A(\rho+\mathrm{d}\rho,\varphi)$ 和 $B(\rho,\varphi+\mathrm{d}\varphi)$。

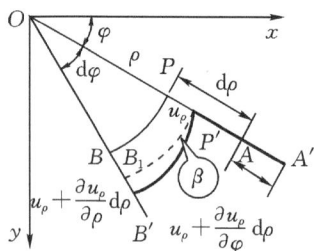

图 5.3

由于极坐标中正交线段的位移可以看作沿径向的位移和沿环向位移的合成。在分析位移与应变关系时我们分两步完成。

第一步先考察正交线段仅发生径向移动（不考虑环向位移）所产生的位移与应变分量间的关系（见图 5.3）。

正交线段的径向移动使 P 点移动到 P' 点，位移为 u_ρ，A 点移动到 A' 点，由于 A、P 两点极角相同，A 点极径比 P 点的极径增加了 $\mathrm{d}\rho$，所以其径向位移产生一个由于 ρ 变化带来的函数增量 $\dfrac{\partial u_\rho}{\partial \rho}\mathrm{d}\rho$，$A$ 点的位移为 $u_\rho + \dfrac{\partial u_\rho}{\partial \rho}\mathrm{d}\rho$，这两点的环向位移 $u_\varphi = 0$，PA 的转角为零。

线段 PA 的伸长量可以通过两个端部 A、P 两点的位移差计算，产生的径向线应变为

$$\varepsilon'_\rho = \frac{P'A' - PA}{PA} = \frac{AA' - PP'}{PA}$$

即

$$\varepsilon'_\rho = \frac{u_\rho + \dfrac{\partial u_\rho}{\partial \rho}\mathrm{d}\rho - u_\rho}{\mathrm{d}\rho} = \frac{\partial u_\rho}{\partial \rho} \tag{5.5a}$$

正交线段的径向移动，同时使 B 点移动到 B' 点，由于 B、P 两点极径相同，B 点极角比 P 点的极角增加了 $\mathrm{d}\varphi$，所以其径向位移产生一个由于 φ 变化带来的函数增量 $\dfrac{\partial u_\rho}{\partial \varphi}\mathrm{d}\varphi$，$B$ 点的径向位移为 $u_\rho + \dfrac{\partial u_\rho}{\partial \varphi}\mathrm{d}\varphi$，这两点的环向位移也有 $u_\varphi = 0$。同理，PB 弧所产生的环向线应变为

$$\varepsilon'_\varphi = \frac{P'B' - PB}{PB} \approx \frac{P'B_1 - PB}{PB}$$

即

$$\varepsilon'_\varphi = \frac{(\rho + u_\rho)\mathrm{d}\varphi - \rho\mathrm{d}\varphi}{\rho\mathrm{d}\varphi} = \frac{u_\rho}{\rho} \tag{5.5b}$$

由于 B、P 两点径向位移不同，就使得 PB 产生了一个转角 $\beta = \dfrac{BB' - PP'}{PB}$

$$\beta = \frac{\left(u_\rho + \dfrac{\partial u_\rho}{\partial \varphi}\mathrm{d}\varphi\right) - u_\rho}{\rho\mathrm{d}\varphi} = \frac{\partial u_\rho}{\rho\partial \varphi} \tag{5.5c}$$

故剪应变为

$$\gamma'_{\rho\varphi} = \beta = \frac{\partial u_\rho}{\rho\partial \varphi} \tag{5.5d}$$

第二步是在第一步的基础上，研究径向位移后的两条线段端点 P'、A' 和 B' 只发生环向

位移而不发生径向位移(见图 5.4)。正交线段的环向移动
使 P' 点移动到 P'' 点,位移为 u_φ,A' 点移动到 A'' 点。A' 点
极径比 P' 点的极径增加了 $\mathrm{d}\rho$,所以其环向位移产生一个
由于 ρ 变化带来的函数增量 $\dfrac{\partial u_\varphi}{\partial \rho}\mathrm{d}\rho$,$A'$ 点的环向位移为
$A'A''$,

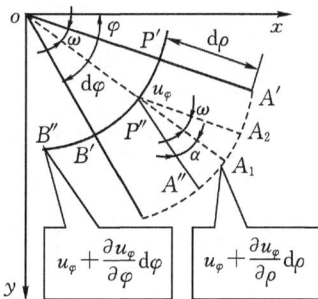

$$A'A'' = u_\varphi + \frac{\partial u_\varphi}{\partial \rho}\mathrm{d}\rho \qquad (5.5e)$$

这两点的环向位移 $u_\rho = 0$。线段 $P'A'$ 位移到 $P''A''$ 后,
其伸长量可以视为零,所以其径向线应变

$$\varepsilon''_\rho = 0 \qquad (5.5f)$$

图 5.4

正交线段的环向移动使 B' 点移动到 B'' 点,由于 B' 点极角比 P' 点的极角增加了 $\mathrm{d}\varphi$,其环
向位移产生一个由于 φ 变化带来的增量 $\dfrac{\partial u_\varphi}{\partial \varphi}\mathrm{d}\varphi$,$B'$ 点的环向位移为 $B'B''$

$$B'B'' = u_\varphi + \frac{\partial u_\varphi}{\partial \varphi}\mathrm{d}\varphi$$

$P'B'$ 弧所产生的环向线应变为 $\varepsilon''_\varphi = \dfrac{P''B'' - P'B'}{PB}$,也就是

$$\varepsilon''_\varphi = \frac{P''B'' - P'B'}{P'B'} = \frac{B'B'' - P'P''}{P'B'} = \frac{\left(u_\varphi + \dfrac{\partial u_\varphi}{\partial \varphi}\mathrm{d}\varphi\right) - u_\varphi}{\rho\,\mathrm{d}\varphi}$$

即

$$\varepsilon''_\varphi = \frac{\partial u_\varphi}{\rho\,\partial \varphi} \qquad (5.5g)$$

由图 5.4 可以看出,线段 $P'A'$ 位移到 $P''A''$ 所转过的角度包含两部分,一部分是径线
OA' 转动到 OA_1 的位置时刚体转动角 ω

$$\omega = \frac{u_\varphi}{\rho} \qquad (5.5h)$$

另一部分是环向位移使线段 $P''A_1$ 转动到 $P''A''$ 位置时转过的角度,只有这一部分转角才是
正交线段的直角改变量 α,α 可以这样计算

$$\angle A_2 P'' A'' = \frac{\overline{A'A''} - \overline{A'A_2}}{P'A'} = \frac{u_\varphi + \dfrac{\partial u_\varphi}{\partial \rho}\mathrm{d}\rho - u_\varphi}{\mathrm{d}\rho} = \frac{\partial u_\varphi}{\partial \rho} \qquad (5.5i)$$

$$\gamma''_{\rho\varphi} = \alpha = \angle A_2 P'' A'' - \omega = \frac{\partial u_\varphi}{\partial \rho} - \frac{u_\varphi}{\rho} \qquad (5.5j)$$

把两种位移产生的径向应变、环向应变和剪应变叠加,得到

$$\begin{cases} \varepsilon_\rho = \varepsilon'_\rho + \varepsilon''_\rho \\ \varepsilon'_\varphi = \varepsilon'_\varphi + \varepsilon''_\varphi \\ \gamma_{\rho\varphi} = \gamma'_{\rho\varphi} + \gamma''_{\rho\varphi} = \beta + \alpha \end{cases} \qquad (5.5k)$$

把式(5.5a、b、d、f、g)和式(5.5j)代入式(5.5k)后得到总的径向应变、环向应变和剪应变
与位移之间的关系,即几何方程如下

$$\begin{cases} \varepsilon_\rho = \dfrac{\partial u_\rho}{\partial \rho} \\[2mm] \varepsilon_\varphi = \dfrac{\partial u_\varphi}{\rho \partial \varphi} + \dfrac{u_\rho}{\rho} \\[2mm] \gamma_{\rho\varphi} = \gamma_{\varphi\rho} = \dfrac{\partial u_\varphi}{\partial \rho} + \dfrac{\partial u_\rho}{\rho \partial \varphi} - \dfrac{u_\varphi}{\rho} \end{cases} \tag{5.6}$$

式中 $\dfrac{u_\rho}{\rho}$ 是由径向位移产生的环向应变，$\dfrac{u_\varphi}{\rho}$ 是由环向位移产生的刚体转动角度。

5.1.3　物理方程

极坐标系和直角坐标系都是正交坐标系，因此，在弹性状态下，极坐标下的本构方程与直角坐标具有同样的形式。只要将下标 x,y 分别改写为 ρ,φ 即可。于是对于平面应力问题

$$\left.\begin{array}{l} \varepsilon_\rho = \dfrac{1}{E}(\sigma_\rho - \nu\,\sigma_\varphi) \\[2mm] \varepsilon_\varphi = \dfrac{1}{E}(\sigma_\varphi - \nu\,\sigma_\rho) \\[2mm] \gamma_{\rho\varphi} = \dfrac{1}{G}\tau_{\rho\varphi} \end{array}\right\} \tag{5.7a}$$

或以矩阵形式表示为

$$\begin{Bmatrix} \varepsilon_\rho \\ \varepsilon_\varphi \\ \gamma_{\rho\varphi} \end{Bmatrix} = \frac{1}{E} \begin{bmatrix} 1 & -\nu & 0 \\ -\nu & 1 & 0 \\ 0 & 0 & 2(1+\nu) \end{bmatrix} \begin{Bmatrix} \sigma_\rho \\ \sigma_\varphi \\ \tau_{\rho\varphi} \end{Bmatrix} \tag{5.7b}$$

按照与 4.2 节相同的做法，可以得到用应变表示应力的平面应力状态下物理方程的极坐标形式

$$\begin{cases} \sigma_\rho = \dfrac{E}{1-\nu^2}(\varepsilon_\rho + \mu\,\varepsilon_\varphi) \\[2mm] \sigma_\varphi = \dfrac{E}{1-\nu^2}(\varepsilon_\varphi + \mu\,\varepsilon_\rho) \\[2mm] \tau_{\rho\varphi} = G\gamma_{\rho\varphi} = \dfrac{E}{2(1+\nu)}\gamma_{\rho\varphi} \end{cases} \tag{5.7c}$$

其矩阵形式为

$$\begin{Bmatrix} \sigma_\rho \\ \sigma_\varphi \\ \tau_{\rho\varphi} \end{Bmatrix} = \frac{E}{1-\nu^2} \begin{bmatrix} 1 & \nu & 0 \\ \nu & 1 & 0 \\ 0 & 0 & \dfrac{1-\nu}{2} \end{bmatrix} \begin{Bmatrix} \varepsilon_\rho \\ \varepsilon_\varphi \\ \gamma_{\rho\varphi} \end{Bmatrix} \tag{5.7d}$$

对于平面应变问题

$$\left.\begin{array}{l} \varepsilon_\rho = \dfrac{1-\nu^2}{E}\left(\sigma_\rho - \dfrac{\nu}{1-\nu}\sigma_\varphi\right) \\[2mm] \varepsilon_\varphi = \dfrac{1-\nu^2}{E}\left(\sigma_\varphi - \dfrac{\nu}{1-\nu}\sigma_\rho\right) \\[2mm] \gamma_{\rho\varphi} = \dfrac{1}{G}\tau_{\rho\varphi} = \dfrac{2(1+\nu)}{E}\tau_{\rho\varphi} \end{array}\right\} \tag{5.8}$$

5.1.4 相容方程

采用类似推导直角坐标系中应变协调方程的方法,不难从式(5.6)消除位移分量 u_ρ, u_φ,得出以应变分量表示的极坐标中的应变协调方程,即

$$\left(\frac{\partial^2}{\partial\rho^2}+\frac{2}{\rho}\frac{\partial}{\partial\rho}\right)\varepsilon_\varphi+\left(\frac{\partial^2}{\rho^2\partial\varphi^2}-\frac{1}{\rho}\frac{\partial}{\partial\rho}\right)\varepsilon_\rho=\left(\frac{1}{\rho^2}\frac{\partial}{\partial\varphi}+\frac{1}{\rho}\frac{\partial^2}{\partial\rho\partial\varphi}\right)\gamma_{\rho\varphi} \tag{5.9}$$

在直角坐标系中,当体力为常量或不计体力时,平面问题的协调方程式为

$$\nabla^2(\sigma_x+\sigma_y)=0$$

注意到 $\sigma_x+\sigma_y=\sigma_\varphi+\sigma_\rho$(为不变量),这样在极坐标系中,平面问题应力形式的协调方程式为

$$\nabla^2(\sigma_\rho+\sigma_\varphi)=0 \tag{5.10}$$

式中 ∇^2 为极坐标下的拉普拉斯算子,即

$$\nabla^2=\frac{\partial^2}{\partial\rho^2}+\frac{1}{\rho}\frac{\partial}{\partial\rho}+\frac{1}{\rho^2}\frac{\partial^2}{\partial\varphi^2} \tag{5.11}$$

极坐标系中,用应力函数 $\phi(\rho,\varphi)$ 表示的应变协调方程,可直接由直角坐标系应变协调方程

$$\left(\frac{\partial^2}{\partial x^2}+\frac{\partial^2}{\partial y^2}\right)\left(\frac{\partial^2}{\partial x^2}+\frac{\partial^2}{\partial y^2}\right)\phi(x,y)=0$$

经坐标变换得到。由式(5.1a、b),可得

$$\left.\begin{array}{ll}\dfrac{\partial\rho}{\partial x}=\dfrac{x}{\rho}=\cos\varphi, & \dfrac{\partial\varphi}{\partial x}=-\dfrac{y}{x^2+y^2}=-\dfrac{\sin\varphi}{\rho}\\[3mm]\dfrac{\partial\rho}{\partial y}=\dfrac{y}{\rho}=\sin\varphi, & \dfrac{\partial\varphi}{\partial y}=\dfrac{x}{x^2+y^2}=\dfrac{\cos\varphi}{\rho}\end{array}\right\}$$

注意,此处的应力函数 ϕ 既是 x 和 y 的函数,通过坐标变换,也是 ρ 和 φ 的函数,它对 x 和 y 的一阶及二阶偏导数分别为

$$\left.\begin{array}{l}\dfrac{\partial\phi}{\partial x}=\dfrac{\partial\phi}{\partial\rho}\dfrac{\partial\rho}{\partial x}+\dfrac{\partial\phi}{\partial\varphi}\dfrac{\partial\varphi}{\partial x}=\cos\varphi\dfrac{\partial\phi}{\partial\rho}-\dfrac{\sin\phi}{\rho}\dfrac{\partial\phi}{\partial\varphi}\\[3mm]\dfrac{\partial\phi}{\partial y}=\dfrac{\partial\phi}{\partial\rho}\dfrac{\partial\rho}{\partial y}+\dfrac{\partial\phi}{\partial\varphi}\dfrac{\partial\varphi}{\partial y}=\sin\varphi\dfrac{\partial\phi}{\partial\rho}+\dfrac{\cos\varphi}{\rho}\dfrac{\partial\phi}{\partial\varphi}\\[3mm]\dfrac{\partial^2\phi}{\partial x^2}=\left(\cos\varphi\dfrac{\partial}{\partial\rho}-\dfrac{\sin\varphi}{\rho}\dfrac{\partial}{\partial\varphi}\right)\left(\cos\varphi\dfrac{\partial\phi}{\partial\rho}-\dfrac{\sin\varphi}{\rho}\dfrac{\partial\phi}{\partial\varphi}\right)\\[3mm]\quad=\cos^2\varphi\dfrac{\partial^2\phi}{\partial\rho^2}-\dfrac{\sin2\varphi}{\rho}\dfrac{\partial^2\phi}{\partial\rho\partial\varphi}+\dfrac{\sin^2\varphi}{\rho}\dfrac{\partial\phi}{\partial\rho}+\dfrac{\sin2\varphi}{\rho^2}\dfrac{\partial\phi}{\partial\varphi}+\dfrac{\sin^2\varphi}{\rho^2}\dfrac{\partial^2\phi}{\partial\varphi^2}\\[3mm]\dfrac{\partial^2\phi}{\partial y^2}=\left(\sin\varphi\dfrac{\partial}{\partial\rho}+\dfrac{\cos\theta}{\rho}\dfrac{\partial}{\partial\varphi}\right)\left(\sin\varphi\dfrac{\partial\phi}{\partial\rho}+\dfrac{\cos\varphi}{\rho}\dfrac{\partial\phi}{\partial\varphi}\right)\\[3mm]\quad=\sin^2\varphi\dfrac{\partial^2\phi}{\partial\rho^2}+\dfrac{\sin2\varphi}{\rho}\dfrac{\partial^2\phi}{\partial\rho\partial\varphi}+\dfrac{\cos^2\varphi}{\rho}\dfrac{\partial\phi}{\partial\rho}-\dfrac{\sin2\varphi}{\rho^2}\dfrac{\partial\phi}{\partial\varphi}+\dfrac{\cos^2\varphi}{\rho^2}\dfrac{\partial^2\phi}{\partial\varphi^2}\\[3mm]\dfrac{\partial^2\phi}{\partial x\partial y}=\left(\cos\dfrac{\partial}{\partial\rho}-\dfrac{\sin\varphi}{\rho}\dfrac{\partial}{\partial\varphi}\right)\left(\sin\varphi\dfrac{\partial\phi}{\partial\rho}+\dfrac{\cos\varphi}{\rho}\dfrac{\partial\phi}{\partial\varphi}\right)\\[3mm]\quad=\sin\varphi\cos\varphi\dfrac{\partial^2\phi}{\partial\rho^2}+\dfrac{\cos^2\varphi-\sin^2\varphi}{\rho}\dfrac{\partial^2\phi}{\partial\rho\partial\varphi}-\dfrac{\sin\varphi\cos\varphi}{\rho}\dfrac{\partial\phi}{\partial\rho}\\[3mm]\quad-\dfrac{\cos^2\varphi-\sin^2\varphi}{\rho^2}\dfrac{\partial\phi}{\partial\varphi}-\dfrac{\sin\varphi\cos\varphi}{\rho^2}\dfrac{\partial^2\phi}{\partial\varphi^2}\end{array}\right\} \tag{5.12}$$

将式(5.12)相加后得

$$\left(\frac{\partial^2}{\partial x^2}+\frac{\partial^2}{\partial y^2}\right)\phi(\rho,\varphi)=\left(\frac{\partial^2}{\partial \rho^2}+\frac{1}{\rho}\frac{\partial}{\partial \rho}+\frac{1}{\rho^2}\frac{\partial^2}{\partial \varphi^2}\right)\phi(\rho,\varphi)$$

于是得极坐标系下的应变协调方程为

$$\left(\frac{\partial^2}{\partial \rho^2}+\frac{1}{\rho}\frac{\partial}{\partial \rho}+\frac{1}{\rho^2}\frac{\partial^2}{\partial \varphi^2}\right)\left(\frac{\partial^2 \phi}{\partial \rho^2}+\frac{1}{\rho}\frac{\partial \phi}{\partial \rho}+\frac{1}{\rho^2}\frac{\partial^2 \phi}{\partial \varphi^2}\right)=0 \qquad (5.13)$$

5.1.5　极坐标中的应力分量

极坐标系下的应力分量的表达式,也可由坐标转换的方法求得。由图 5.2 可见,当把 Ox 轴和 Oy 轴分别转到 ρ 和 φ 的方向,此时,$\varphi=0$,则应力分量 $\sigma_x,\sigma_y,\tau_{xy}$ 分别成为 $\sigma_\rho,\sigma_\varphi$ 和 $\tau_{\rho\varphi}$。于是,不计体力时,可由式(5.12)得到极坐标系中的应力分量表达式为

$$\left.\begin{aligned}
\sigma_\rho &= (\sigma_x)_{\varphi=0} = \left(\frac{\partial^2 \phi}{\partial y^2}\right)_{\varphi=0} = \frac{1}{\rho}\frac{\partial \phi}{\partial \rho}+\frac{1}{\rho^2}\frac{\partial^2 \phi}{\partial \varphi^2} \\
\sigma_\varphi &= (\sigma_y)_{\varphi=0} = \left(\frac{\partial^2 \phi}{\partial x^2}\right)_{\varphi=0} = \frac{\partial^2 \phi}{\partial \rho^2} \\
\tau_{\rho\varphi} &= (\tau_{xy})_{\varphi=0} = \left(-\frac{\partial^2 \phi}{\partial x \partial y}\right)_{\varphi=0} = -\frac{1}{\rho}\frac{\partial^2 \phi}{\partial \rho \partial \varphi}+\frac{1}{\rho^2}\frac{\partial \phi}{\partial \varphi} = -\frac{\partial}{\partial \rho}\left(\frac{1}{\rho}\frac{\partial \phi}{\partial \varphi}\right)
\end{aligned}\right\} \qquad (5.14)$$

容易证明,当体力不计时,这些应力分量满足平衡微分方程(5.2)式。

由以上可知,当体力可以不计时,用极坐标求解平面问题,只须从应变方程(5.13)解出应力函数 $\phi(\rho,\varphi)$,然后由式(5.14)求出应力分量,并使其满足位移边界条件和应力边界条件。

5.1.6　应力分量的坐标变换

在一定的应力状态下,由已知的直角坐标中的应力分量,就需要建立两个坐标系中应力分量的关系式,即应力分量的坐标变换式。由于应力不仅具有方向性,而且与所在的作用面有关。为了建立应力分量的坐标变换式,应取出包含两种坐标面的微分体,然后考虑其平衡条件,才能得出这种变换式。

首先,设已知直角坐标中的应力分量 $\sigma_x,\sigma_y,\tau_{xy}$,试求极坐标中的应力分量 $\sigma_\rho,\sigma_\varphi,\tau_{\rho\varphi}$。为此,在弹性体中取出一个包含 x 面、y 面和 ρ 面且厚度为 1 的微小三角板 A,如图 5.5 所示,它的 ab 边为 x 面,ac 边为 y 面,而 bc 边为 ρ 面。各面上的应力如图所示。命 bc 边的长度为 ds,则 ab 边及 ac 边的长度分别为 $ds\cos\varphi$ 及 $ds\sin\varphi$。

根据三角板 A 的平衡条件 $\sum F_\rho=0$,可以写出平衡方程

$$\sigma_\rho ds-\sigma_x ds\cos\varphi\times\cos\varphi-\sigma_y ds\sin\varphi\times\sin\varphi-\tau_{xy}ds\cos\varphi\times\sin\varphi-\tau_{yx}ds\sin\varphi\times\cos\varphi=0$$

$$(5.15a)$$

用 τ_{xy} 代替 τ_{yx},进行简化,就得到

$$\sigma_\rho = \sigma_x\cos^2\varphi+\sigma_y\sin^2\varphi+2\tau_{xy}\sin\varphi\cos\varphi \qquad (5.15b)$$

同样可由三角板 A 的平衡条件 $\sum F_\varphi=0$,得到

$$\tau_{\rho\varphi} = (\sigma_y-\sigma_x)\sin\varphi\cos\varphi+\tau_{xy}(\cos^2\varphi-\sin^2\varphi) \qquad (5.15c)$$

类似地取出一个包含 x 面、y 面和 φ 面且厚度为 1 的微小三角板 B,如图 5.5 所示,根据

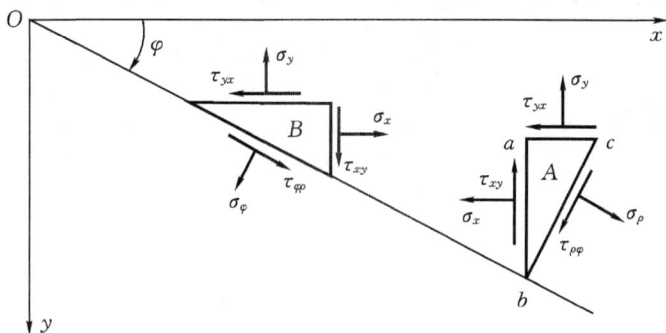

图 5.5

它的平衡条件 $\sum F_\varphi = 0$，可以得到

$$\sigma_\varphi = \sigma_x \sin^2\varphi + \sigma_y \cos^2\varphi - 2\tau_{xy} \sin\varphi\cos\varphi \tag{5.15d}$$

并同样由平衡条件 $\sum F_\varphi = 0$，可以得到 $\tau_{\rho\varphi}$，且 $\tau_{\rho\varphi} = \tau_{\varphi\rho}$。

综合以上结果，就得出应力分量由直角坐标向极坐标的变换式

$$\left.\begin{array}{l} \sigma_\rho = \sigma_x \cos^2\varphi + \sigma_y \sin^2\varphi + 2\tau_{xy} \sin\varphi\cos\varphi \\[4pt] \sigma_\varphi = \sigma_x \sin^2\varphi + \sigma_y \cos^2\varphi - 2\tau_{xy} \sin\varphi\cos\varphi \\[4pt] \tau_{\rho\varphi} = (\sigma_y - \sigma_x)\sin\varphi\cos\varphi + \tau_{xy}(\cos^2\varphi - \sin^2\varphi) \end{array}\right\} \tag{5.16}$$

读者可以试着导出应力分量由极坐标向直角坐标的变换式

$$\left.\begin{array}{l} \sigma_x = \sigma_\rho \cos^2\varphi + \sigma_\varphi \sin^2\varphi - 2\tau_{\rho\varphi} \sin\varphi\cos\varphi \\[4pt] \sigma_y = \sigma_\rho \sin^2\varphi + \sigma_\varphi \cos^2\varphi + 2\tau_{\rho\varphi} \sin\varphi\cos\varphi \\[4pt] \tau_{xy} = (\sigma_\rho - \sigma_\varphi)\sin\varphi\cos\varphi + \tau_{\rho\varphi}(\cos^2\varphi - \sin^2\varphi) \end{array}\right\} \tag{5.17}$$

5.2 轴对称问题

在工程上有一些结构是旋转体，而且他们所承受的荷载及约束又是关于轴截面对称的，如架空的或埋置较深的地下管道（图 5.6）、隧道以及机械上紧配合的轴套等。像这类构件的几何形状、受力及约束关于通过 z 轴的平面对称而且无体积力作用的弹性力学问题，物体和外载荷均对称于经过物体中心，且垂直于 Oxy 平面的轴线，此时，应力和位移均与 φ 无关，仅与 ρ 有关，这类问题称为轴对称问题。因此，轴对称问题只有正应力 σ_ρ 和 σ_φ，而剪应力因对称性均为零。

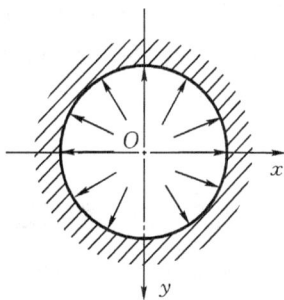

图 5.6

5.2.1 应力函数与应力分量

根据轴对称问题的情况，应力函数也应与 φ 无关，所以式（5.13）可简化为

$$\left(\frac{\partial^2}{\partial\rho^2} + \frac{1}{\rho}\frac{\partial}{\partial\rho}\right)\left(\frac{\partial^2\phi}{\partial\rho^2} + \frac{1}{\rho}\frac{\partial\phi}{\partial\rho}\right) = 0$$

将上式展开,并注意到 ϕ 仅是 ρ 的函数,因此偏导数可用常导数代替,得

$$\frac{\mathrm{d}^4\phi}{\mathrm{d}\rho^4} + \frac{2}{\rho}\frac{\mathrm{d}^3\phi}{\mathrm{d}\rho^3} - \frac{1}{\rho^2}\frac{\mathrm{d}^2\phi}{\mathrm{d}\rho^2} + \frac{1}{\rho^3}\frac{\mathrm{d}\phi}{\mathrm{d}\rho} = 0 \tag{5.18}$$

应力表达式(5.14)成为

$$\left.\begin{array}{l} \sigma_\rho = \dfrac{1}{\rho}\dfrac{\partial\phi}{\partial\rho} \\[3mm] \sigma_\varphi = \dfrac{\partial^2\phi}{\partial\rho^2} \\[3mm] \tau_{\rho\varphi} = \tau_{\varphi\rho} = 0 \end{array}\right\} \tag{5.19}$$

方程式(5.18)是变系数常微分方程,如令 $\rho = \mathrm{e}^t$,则 $t = \ln\rho, \dfrac{\mathrm{d}t}{\mathrm{d}\rho} = \dfrac{1}{\rho}$,根据复合求导法则,则该方程可简化为常系数常微分方程,即

$$\frac{\mathrm{d}^4\phi}{\mathrm{d}t^4} - 4\frac{\mathrm{d}^3\phi}{\mathrm{d}t^3} + 4\frac{\mathrm{d}^2\phi}{\mathrm{d}t^2} = 0$$

上述方程的解为

$$\phi = A_1 + A_2 t + A_3 \mathrm{e}^{2t} + A_4 t\mathrm{e}^{2t}$$

将 $t = \ln\rho$ 代入上式可得

$$\phi(\rho) = A_2\ln\rho + A_4\rho^2\ln\rho + A_3\rho^2 + A_1$$

由式(5.19),得应力分量的表达式

$$\left.\begin{array}{l} \sigma_\rho = \dfrac{1}{\rho}\dfrac{\mathrm{d}\phi}{\mathrm{d}\rho} = \dfrac{A_1}{\rho^2} + A_2(2\ln\rho + 1) + 2A_3 \\[3mm] \sigma_\varphi = \dfrac{\mathrm{d}^2\phi}{\mathrm{d}\rho^2} = -\dfrac{A_1}{\rho^2} + A_2(2\ln\rho + 3) + 2A_3 \\[3mm] \tau_{\rho\varphi} = \tau_{\varphi\rho} = 0 \end{array}\right\} \tag{5.20}$$

式中 A_1, A_2, A_3 由具体边界条件确定。由上式可知,如在坐标原点没有孔,常数 A_1 和 A_2 必须等于零,否则当 $\rho = 0$ 时应力将变为无限大。因此,如在坐标原点没有孔,而且没有体积力,唯一可能的应力对称分布是 σ_ρ 和 σ_φ 均为常数。对于平面物体,则在平面内必为各方向均匀受拉或均匀受压状态。如果原点处有孔,则问题有各种解答,这将在下一节中予以讨论。

5.2.2 轴对称问题的位移

当沿 z 方向没有约束时,则属平面应力问题。此时,将式(5.17)代入式(5.7),并利用式(5.6),得

$$\left.\begin{array}{l} \dfrac{\partial u_\rho}{\partial\rho} = \dfrac{1}{E}\left[\dfrac{1+\nu}{\rho^2}A_1 + (1-3\nu)A_2 + 2(1-\nu)A_2\ln\rho + 2(1-\nu)A_3\right] \\[3mm] \dfrac{u}{\rho} + \dfrac{\partial u_\varphi}{\rho\partial\varphi} = \dfrac{1}{E}\left[-\dfrac{1+\nu}{\rho^2}A_1 + (3-\nu)A_2 + 2(1-\nu)A_2\ln\rho + 2(1-\nu)A_3\right] \\[3mm] \dfrac{\partial u_\rho}{\rho\partial\varphi} + \dfrac{\partial u_\varphi}{\partial\rho} - \dfrac{u_\varphi}{\rho} = 0 \end{array}\right\} \tag{5.21a}$$

对上式中的第一式直接积分,可得

$$u_\rho = \frac{1}{E}\left[-\frac{1+\nu}{\rho}A_1 + (1-3\nu)A_2\rho + 2(1-\nu)A_2\rho(\ln\rho - 1) + 2(1-\nu)A_3\rho\right] + f(\varphi)$$

$$(5.21\text{b})$$

再由式(5.21a)的第二式解出 $\dfrac{\partial u_\varphi}{\partial \varphi}$，并将式(5.21b)代入后，有

$$\frac{\partial u_\varphi}{\partial \varphi} = \frac{4A_2\rho}{E} - f(\varphi)$$

积分上式，得

$$u_\varphi = \frac{4A_2\rho\varphi}{E} - \int f(\varphi)\,\mathrm{d}\varphi + f_1(\rho) \qquad (5.21\text{c})$$

将式(5.21b)和式(5.21c)代入式(5.21a)中的第三式，并分离变量，则可得

$$f_1(\rho) - \rho\frac{\mathrm{d}f_1(\rho)}{\mathrm{d}\rho} = \frac{\mathrm{d}f(\varphi)}{\mathrm{d}\varphi} + \int f(\varphi)\,\mathrm{d}\varphi$$

此方程左边为 ρ 的函数，而右边为 φ 的函数，因此两边必为同一常数 F，于是有

$$\left.\begin{array}{l} f_1(\rho) - \rho\dfrac{\mathrm{d}f_1(\rho)}{\mathrm{d}\rho} = F \\[3mm] \dfrac{\mathrm{d}f(\varphi)}{\mathrm{d}\varphi} + \int f(\varphi)\,\mathrm{d}\varphi = F \end{array}\right\} \qquad (5.21\text{d})$$

经简单分析式(5.21d)中的第一式，可得其通解为

$$f_1(\rho) = A_4\rho + F \qquad (5.21\text{e})$$

将式(5.21d)中的第二式先对 φ 求导一次，然后再积分求得 $f(\varphi)$

$$f(\varphi) = A_5\sin\varphi + A_6\cos\varphi \qquad (5.21\text{f})$$

于是由式(5.21d)的第二式和式(5.21f)，可得

$$\int f(\varphi)\,\mathrm{d}\varphi = F - A_5\cos\varphi + A_6\sin\varphi \qquad (5.21\text{g})$$

将式(5.21e)、式(5.21f)、式(5.21g)均代入 u_ρ 和 u_φ 的表达式(5.21c)和(5.21b)中，则

$$\left.\begin{array}{l} u_\rho = \dfrac{1}{E}\left[-\dfrac{1+\nu}{\rho}A_1 + (1-3\nu)A_2\rho + 2(1-\nu)A_2\rho(\ln\rho - 1) + 2(1-\nu)A_3\rho\right] \\[3mm] \qquad + A_5\sin\varphi + A_6\cos\varphi \\[3mm] u_\varphi = \dfrac{4A_2\rho\varphi}{E} + A_4\rho + A_5\cos\varphi - A_6\sin\varphi \end{array}\right\} \qquad (5.22)$$

式中 $A_i(i=1,2,\cdots,6)$ 可由应力边界条件和位移边界条件确定。在应力轴对称时，如果约束条件也是轴对称的，则位移也应该是轴对称的。即各点无环向位移($u_\varphi = 0$)，即 $A_2 = A_4 = A_5 = A_6 = 0$，仅有径向位移

$$u_\rho = \frac{1}{E}\left[-\frac{1+\nu}{\rho}A_1 + 2(1-\nu)A_3\right] \qquad (5.23)$$

对于平面应变问题，以上公式(5.22)和(5.23)也适用，仅需将式中的 E 和 ν 分别用 $E/(1-\nu^2)$ 和 $\nu/(1-\nu)$ 代替即可。

5.3 圆筒或圆环受均布压力

设有圆环或圆筒，内半径为 r，外半径为 R，受内压力 q_1 及外压力 q_2，如图 5.7(a)所示。

显然,应力分布应当是轴对称的。因此,取应力分量表达式(5.20),应当可以求出其中的任意常数 A_1,A_2,A_3。

内外的应力边界条件要求

$$(\tau_{\rho\varphi})_{\rho=r}=0,\ (\tau_{\rho\varphi})_{\rho=R}=0 \atop (\sigma_\rho)_{\rho=r}=-q_1,\ (\sigma_\rho)_{\rho=R}=-q_2 \right\} \tag{5.24a}$$

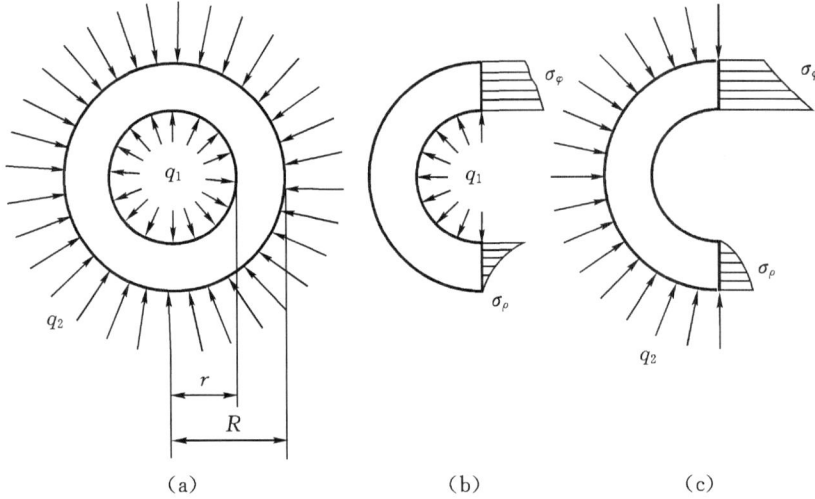

图 5.7

由表达式(5.24a)可见,前两个关于 $\tau_{\rho\varphi}$ 的条件是满足的,而后两个条件结合(5.16)式,要求

$$\frac{A_1}{r^2}+A_2(1+2\ln r)+2A_3=-q_1 \atop \frac{A_1}{R^2}+A_2(1+2\ln R)+2A_3=-q_2 \right\} \tag{5.24b}$$

现在,边界条件都已满足,但上面 2 个方程不能决定 3 个常数 A_1,A_2,A_3。因为这里讨论的是多连体,所以我们来考察位移单值条件。

由式(5.22)可见,在环向位移 u_φ 的表达式中,$\dfrac{4A_2\rho\varphi}{E}$ 一项是多值的:对于同一个 ρ 值,例如 $\rho=\rho_1$ 在 $\varphi=\varphi_1$ 时与 $\varphi=\varphi_1+2\pi$ 时,环向位移相差 $\dfrac{8\pi A_2\rho_1}{E}$。在圆环或圆筒中,这是不可能的,因为 (ρ_1,φ_1) 与 $(\rho_1,\varphi_1+2\pi)$ 是同一点,不可能有不同的位移。于是由位移单值条件可见必须 $A_2=0$。

对于单连体和多连体,位移单值条件都是必须满足的。在按应力求解时,首先求出应力分量,自然取为单值函数;再求形变分量,并由几何方程通过积分求出位移分量。在多连体中,积分时常常会出现多值函数,因此,须要校核位移单值条件,以排除其中的多值项。

令 $A_2=0$,即可由式(5.24b)求得 A_1 和 A_3

$$A_1=\frac{r^2R^2(q_2-q_1)}{R^2-r^2},\qquad A_3=\frac{q_1r^2-q_2R^2}{2(R^2-r^2)}$$

代入式(5.20),稍加整理,即得圆筒受均布压力的拉梅解答如下:

$$\left. \begin{array}{l} \sigma_\rho = -\dfrac{\dfrac{R^2}{\rho^2}-1}{\dfrac{R^2}{r^2}-1}q_1 - \dfrac{1-\dfrac{r^2}{\rho^2}}{1-\dfrac{r^2}{R^2}}q_2 \\[4mm] \sigma_\varphi = \dfrac{\dfrac{R^2}{\rho^2}+1}{\dfrac{R^2}{r^2}-1}q_1 - \dfrac{1+\dfrac{r^2}{\rho^2}}{1-\dfrac{r^2}{R^2}}q_2 \end{array} \right\} \tag{5.25}$$

为明了起见,试分别考察内压力或外压力单独作用时的情况。如果只有内压力 q_1 作用,则 $q_2=0$,解答(5.25)简化为

$$\sigma_\rho = -\frac{\dfrac{R^2}{\rho^2}-1}{\dfrac{R^2}{r^2}-1}q_1 \qquad \sigma_\varphi = \frac{\dfrac{R^2}{\rho^2}+1}{\dfrac{R^2}{r^2}-1}q_1$$

显然,σ_ρ 总是压应力,σ_φ 总是拉应力。应力分布大致如图 5.7(b) 所示。当圆环或圆筒的外半径趋于无限大时($R \to \infty$),得到具有圆孔的无限大薄板,或具有圆形孔道的无限大弹性体,而上列解答成为

$$\sigma_\rho = -\frac{r^2}{\rho^2}q_1 \qquad \sigma_\varphi = \frac{r^2}{\rho^2}q_1$$

可见应力和 $\dfrac{r^2}{\rho^2}$ 成正比。在 $\rho \gg r$ 之处(即距圆孔或圆形孔道较远之处),应力是很小的,可以忽略。这个实例也证实了圣维南原理,因为圆孔或圆形孔道中的内压力是平衡力系。

如果只有外压力 q_2 作用,则 $q_1=0$,式(5.25)简化为

$$\sigma_\rho = -\frac{1-\dfrac{r^2}{\rho^2}}{1-\dfrac{r^2}{R^2}}q_2, \quad \sigma_\varphi = -\frac{1+\dfrac{r^2}{\rho^2}}{1-\dfrac{r^2}{R^2}}q_2 \tag{5.26}$$

显然,σ_ρ 和 σ_φ 都总是压应力。应力分布大致如图 5.6(c) 所示。

5.4 压力隧洞

设有圆筒,埋在无限大弹性体中,受有均布压力 q,例如压力隧洞,如图 5.8 所示。设圆筒和无限大弹性体的弹性常数分别为 E, ν 和 E', ν'。由于两者的材料性质不同,不符合均匀性假定,因此,不能用同一个函数表示其解答。本题属于接触问题,即两个弹性体在边界上互相接触的问题,必须考虑交界面上的接触条件。

无限大弹性体,可以看成是内半径为 R 而外半径为无限大的圆筒。显然,圆筒和无限大弹性体的应力分布都是轴对称的,可以分别引用轴对称应力解答(5.20)和相应的位移解答(5.22),并注意这里是平面应变的情

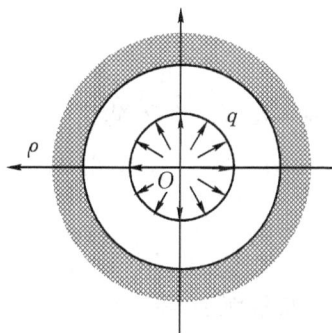

图 5.8

况,若取圆筒解答中的系数 A_1,A_2,A_3 为 A,B,C,无限大弹性体解答中的系数为 A',B',C',由多连体中的位移单值条件,有

$$B = 0 \tag{5.27a}$$

$$B' = 0 \tag{5.27b}$$

现在,取圆筒的应力表达式为

$$\sigma_\rho = \frac{A}{\rho^2} + 2C, \quad \sigma_\varphi = -\frac{A}{\rho^2} + 2C \tag{5.27c}$$

取无限大弹性体的应力表达式为

$$\sigma_\rho' = \frac{A'}{\rho^2} + 2C', \quad \sigma_\varphi' = -\frac{A'}{\rho^2} + 2C' \tag{5.27d}$$

考虑边界条件和接触条件来求解常数 A,C,A',C'。

首先,在圆筒的内面,有边界条件 $(\sigma_\rho)_{\rho=r} = -q$,由此得

$$\frac{A}{r^2} + 2C = -q \tag{5.27e}$$

其次,在远离圆筒处,按照圣维南原理,应当几乎没有应力,于是有

$$(\sigma_\rho')_{\rho\to\infty} = 0, \quad (\sigma_\varphi')_{\rho\to\infty} = 0$$

由此得

$$2C' = 0 \tag{5.27f}$$

再其次,在圆筒和无限大弹性体的接触面上,应当有

$$(\sigma_\rho)_{\rho=R} = (\sigma_\rho')_{\rho=R}$$

于是由式(5.27c)及式(5.27d)得

$$\frac{A}{R^2} + 2C = \frac{A'}{R^2} + 2C' \tag{5.27g}$$

上述条件仍然不足以确定 4 个常数,下面来考虑位移。

应用式(5.22)中的第一式,并注意这里是平面应变问题,而且 $B=0$,可以写出圆筒和无限大弹性体的径向位移的表达式

$$u_\rho = \frac{1-\nu^2}{E}\left[-\left(1+\frac{\nu}{1-\nu}\right)\frac{A}{\rho} + 2\left(1-\frac{\nu}{1-\nu}\right)C\rho\right] + I\cos\varphi + K\sin\varphi$$

$$u_\rho' = \frac{1-\nu'^2}{E'}\left[-\left(1+\frac{\nu'}{1-\nu'}\right)\frac{A'}{\rho} + 2\left(1-\frac{\nu'}{1-\nu'}\right)C'\rho\right] + I'\cos\varphi + K'\sin\varphi$$

将上列二式稍加简化,得

$$\left. \begin{array}{l} u_\rho = \frac{1+\nu}{E}\left[2(1-2\nu)C\rho - \frac{A}{\rho}\right] + I\cos\varphi + K\sin\varphi \\ u_\rho' = \frac{1+\nu'}{E}\left[2(1-2\nu')C'\rho - \frac{A'}{\rho}\right] + I'\cos\varphi + K'\sin\varphi \end{array} \right\} \tag{5.27h}$$

在接触面上,圆筒和无限大弹性体应当具有相同的位移,即

$$(u_\rho)_{\rho=R} = (u_\rho')_{\rho=R}$$

将式(5.27h)代入,得

$$\frac{1+\nu}{E}\Big[2(1-2\nu)CR-\frac{A}{R}\Big]+I\cos\varphi+K\sin\varphi$$

$$=\frac{1+\mu'}{E'}\Big[2(1-2\nu')C'R-\frac{A'}{R}\Big]+I'\cos\varphi+K'\sin\varphi$$

因为这一方程在接触面上的任意一点都应当成立,也就是在 φ 取任何数值时都应当成立,所以方程两边的自由项必须相等(当然,两边 $\cos\varphi$ 的系数及 $\sin\varphi$ 的系数也必须相等)。于是得

$$n\Big[2C(1-2\nu)-\frac{A}{R^2}\Big]-\frac{A'}{R^2}=0 \tag{5.27i}$$

其中

$$n=\frac{E'(1+\nu)}{E(1+\nu')} \tag{5.28}$$

由方程(5.27e、f、g、i)求出 A,C,A',C',然后代入式(5.27c)及式(5.27d),得圆筒及无限大弹性体的应力分量表达式:

$$\left.\begin{array}{l}\sigma_\rho=-q\dfrac{\Big[1+(1-2\nu)n\Big]\dfrac{R^2}{\rho^2}-(1-n)}{\Big[1+(1-2\nu)n\Big]\dfrac{R^2}{r^2}-(1-n)}\\[24pt]\sigma_\varphi=q\dfrac{\Big[1+(1-2\nu)n\Big]\dfrac{R^2}{\rho^2}+(1-n)}{\Big[1+(1-2\nu)n\Big]\dfrac{R^2}{r^2}-(1-n)}\\[24pt]\sigma_\rho'=-\sigma_\varphi'=-q\dfrac{2(1-\nu)n\dfrac{R^2}{\rho^2}}{\Big[1+(1-2\nu)n\Big]\dfrac{R^2}{r^2}-(1-n)}\end{array}\right\} \tag{5.29}$$

当 $n<1$ 时,应力分布大致如图 5.9 所示。

读者可以检查,由于本题是轴对称问题,因此,关于 $\rho=r$ 面上切应力等于零的边界条

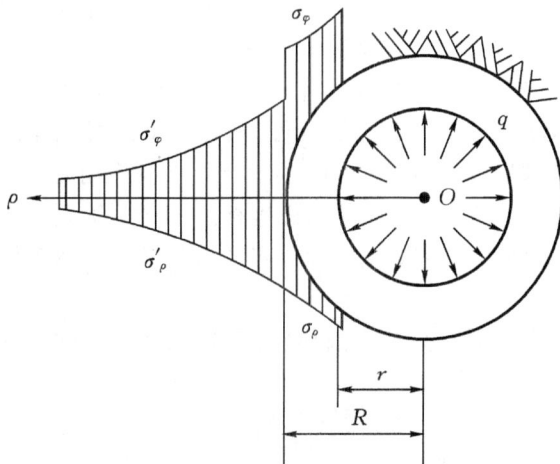

图 5.9

件、$\rho=R$ 边界上环向的应力和位移的接触条件都是自然满足的。

这个问题是最简单的一个接触问题。在一般的接触问题中,通常都假定各弹性体在接触面上保持"完全接触",即,既不互相脱离也不互相滑动。这样,在接触面上,应力方面的接触条件是:两弹性体在接触面上的正应力相等,切应力也相等。位移方面的接触条件是:两弹性体在接触面上的法向位移相等,切向位移也相等。以前已经看到,对平面问题说来,在通常的边界面上,有两个边界条件。现在看到,在接触面上,有四个接触条件,条件并没有增多或减少,因为接触面是两个弹性体的共同的边界。

"光滑接触"是"非完全接触"。在光滑接触面上,也有四个接触条件:两个弹性体的切应力都等于零;两个弹性体的正应力相等;法向位移也相等(由于有滑动,切向位移并不相等);此外,还有"摩擦滑移接触"。即在接触面上,法向仍保持接触,两弹性体的正应力相等,法向位移也相等;而在环向,则达到极限滑移状态而产生移动,这时,两弹性体的切应力都等于极限摩擦力。

接触问题中若有"局部脱离接触",则在此局部接触面上,由于两弹性体互相脱离,各自的两个正应力和两个切应力都等于零。

5.5　圆孔的孔口应力集中

在本节我们研究所谓"小孔口问题",即孔口的尺寸远小于弹性体的尺寸,并且孔边距距离弹性体的边界比较远(约大于 1.5 倍孔口尺寸,否则孔口应力分布将受边界条件的影响)。

在许多工程结构中,常常根据需要设置一些孔口。由于开孔,孔口附近的应力将远大于无孔时的应力,也远大于距孔口较远处的应力。这种现象称为孔口应力集中。孔口应力集中,不是简单地由于减少了截面尺寸(由于开孔而减少的截面尺寸一般是很小的),而是由于开孔后发生的应力扰动所引起的。因为孔口应力集中的程度比较高,所以在结构设计中应充分注意。孔口应力集中中还具有局部性,一般孔口的应力集中区域约在距孔边 1.5 倍孔口尺寸(例如圆孔的直径)的范围内。下面介绍圆孔口的一些解答。

首先,设有矩形薄板(或长柱)在离开边界较远处有半径为 r 的小圆孔,在四边受均布拉力,集度为 q,如图 5.10(a)所示。坐标原点取在圆孔的中心,坐标轴平行于边界。

就直边的边界条件而论,宜用直角坐标;就圆孔的边界条件而论,宜用极坐标。因为这里主要是考察圆孔附近的应力,所以用极坐标求解,需要首先将直边变换为圆边。为此,以远大于 r 的某一长度 R 为半径,以坐标原点为圆心,作一个大圆,如图中虚线所示。由应力集中的局部性可见,在大圆周处,例如在 A 点,应力情况与无孔时相同,也就是 $\sigma_x=q, \sigma_y=q$, $\tau_{xy}=0$。代入坐标变换式(5.16),得到该处的极坐标应力分量为 $\sigma_\rho=q, \tau_{\rho\varphi}=0$。于是,原来的问题变换为这样一个新问题:内半径为 r 而外半径为 R 的圆环或圆筒,在外边界上受均布拉力 q。

为了得出这个新问题的解答,只需在圆环(或圆筒)受均布外压力时的解答(5.20)中令 $-q_2=q$。于是得

$$\sigma_\rho=q\,\frac{1-\dfrac{r^2}{\rho^2}}{1-\dfrac{r^2}{R^2}}, \quad \sigma_\varphi=q\,\frac{1+\dfrac{r^2}{\rho^2}}{1-\dfrac{r^2}{R^2}}, \quad \tau_{\rho\varphi}=\tau_{\varphi\rho}=0$$

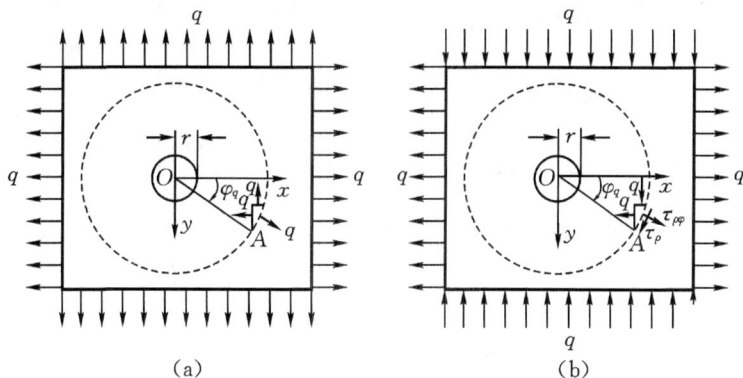

图 5.10

既然 R 远大于 r，可以取 $\dfrac{r}{R}=0$，从而得到解答

$$\sigma_\rho = q\left(1-\frac{r^2}{\rho^2}\right), \quad \sigma_\varphi = q\left(1+\frac{r^2}{\rho^2}\right), \quad \tau_{\rho\varphi}=\tau_{\varphi\rho}=0 \tag{5.30}$$

其次，设该矩形薄板（或长柱）在左右两边受有均布拉力 q 而在上下两边受有均布压力 q，如图 5.10(b)所示。进行与上面相同的处理和分析，可见在大圆周处，例如在点 A，应力情况与无孔时相同，也就是 $\sigma_x=q,\sigma_y=-q,\tau_{xy}=0$。利用坐标变换式(5.16)，可得

$$\left.\begin{array}{l}(\sigma_\rho)_{\rho=R}=q\cos^2\varphi-q\sin^2\varphi=q\cos2\varphi\\(\sigma_\varphi)_{\rho=R}=-2\sin\varphi\cos\varphi=-q\sin2\varphi\end{array}\right\}$$

而这也就是外边界上的边界条件。在孔边，边界条件是

$$(\sigma_\rho)_{\rho=r}=0, \qquad (\tau_{\rho\varphi})_{\rho=r}=0 \tag{5.31a}$$

由边界条件(5.24a)和(5.24b)可见，用半逆解法时，可以假设 σ_ρ 为 ρ 的某一函数乘以 $\cos2\varphi$，而 $\tau_{\rho\varphi}$ 为 ρ 的另一函数乘以 $\sin2\varphi$。但

$$\sigma_\rho=\frac{1}{\rho}\frac{\partial\phi}{\partial\rho}+\frac{1}{\rho^2}\frac{\partial^2\phi}{\partial\varphi^2}, \qquad \tau_{\rho\varphi}=\frac{\partial\phi}{\partial\rho}\left(\frac{1}{\rho}\frac{\partial\phi}{\partial\varphi}\right)$$

因此可以假设

$$\phi=f(\rho)\cos2\varphi \tag{5.31b}$$

将式(5.31b)代入相容方程(5.13)，得

$$\cos2\varphi\left[\frac{\mathrm{d}^4f(\rho)}{\mathrm{d}\rho^4}+\frac{2}{\rho}\frac{\mathrm{d}^3f(\rho)}{\mathrm{d}\rho^3}-\frac{9}{\rho^2}\frac{\mathrm{d}^2f(\rho)}{\mathrm{d}\rho^2}+\frac{9}{\rho^3}\frac{\mathrm{d}f(\rho)}{\mathrm{d}\rho}\right]=0$$

删去因子 $\cos2\varphi$ 以后，求解这个常微分方程，得

$$f(\rho)=A\rho^4+B\rho^2+C+\frac{D}{\rho^2}$$

其中 A,B,C,D 为待定常数。代入式(5.31b)，得应力函数

$$\phi=\cos2\varphi\left(A\rho^4+B\rho^2+C+\frac{D}{\rho^2}\right)$$

从而由式(5.14)得应力分量

$$\left.\begin{aligned}
\sigma_\rho &= -\cos2\varphi\left(2B + \frac{4C}{\rho^2} + \frac{6D}{\rho^4}\right) \\
\sigma_\varphi &= \cos2\varphi\left(12A\rho^2 + 2B + \frac{6D}{\rho^4}\right) \\
\tau_{\rho\varphi} &= \sin2\varphi\left(6A\rho^2 + 2B - \frac{2C}{\rho^2} - \frac{6D}{\rho^4}\right)
\end{aligned}\right\} \tag{5.31c}$$

将式(5.31c)代入边界条件式(5.27a)和(5.27b),得

$$2B + \frac{4C}{R^2} + \frac{6D}{R^4} = -q$$

$$6AR^2 + 2B - \frac{2C}{R^2} - \frac{6D}{R^4} = -q$$

$$2B + \frac{4C}{r^2} + \frac{6D}{r^4} = 0$$

$$6Ar^2 + 2B - \frac{2C}{r^2} - \frac{6D}{r^4} = 0$$

求解 A, B, C, D,然后命 $\dfrac{r}{R} \rightarrow 0$,得

$$A = 0, \quad B = -\frac{q}{2}, \quad C = qr^2, \quad D = -\frac{qr^4}{2}$$

再将各已知值代入式(5.27d),得应力分量的最后表达式

$$\left.\begin{aligned}
\sigma_\rho &= q\cos2\varphi\left(1 - \frac{r^2}{\rho^2}\right)\left(1 - 3\frac{r^2}{\rho^2}\right) \\
\sigma_\varphi &= -q\cos2\varphi\left(1 + 3\frac{r^4}{\rho^4}\right) \\
\tau_{\rho\varphi} &= \tau_{\varphi\rho} = -q\sin2\varphi\left(1 - \frac{r^2}{\rho^2}\right)\left(1 + 3\frac{r^2}{\rho^2}\right)
\end{aligned}\right\} \tag{5.32}$$

如果该矩形薄板(或长柱)在左右两边受有均布拉力 q_1,在上下两边受有均布拉力 q_2,如图 5.11(a)所示,可以将荷载分解为两部分,第一部分是四边的均布拉力 $\dfrac{q_1 + q_2}{2}$,如图 5.11(b)所示,第二部分是左右两边的均布拉力 $\dfrac{q_1 - q_2}{2}$ 和上下两边的均布压力 $\dfrac{q_2 - q_1}{2}$,如图 5.11

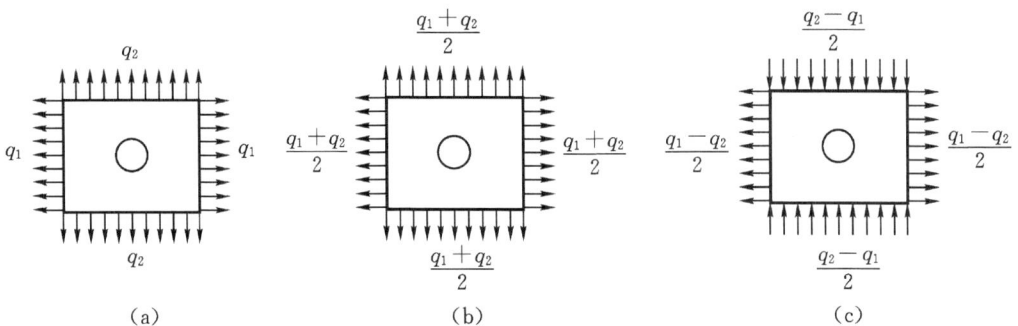

图 5.11

(c)所示。对于第一部分荷载,可应用解答式(5.30)而令 $q=\dfrac{q_1+q_2}{2}$;对于第二部分荷载,可应用解答式(5.32)而令 $q=\dfrac{q_1-q_2}{2}$。将两部分解答叠加,即得原荷载作用下的应力分量。

例如,设该矩形薄板(或长柱)只在左右两边受有均布拉力 q,如图 5.12 所示,则由上述叠加法得出基尔斯的解答

$$
\left.
\begin{aligned}
\sigma_\rho &= \frac{q}{2}\left(1-\frac{r^2}{\rho^2}\right)+\frac{q}{2}\cos2\varphi\left(1-\frac{r^2}{\rho^2}\right)\left(1-3\frac{r^2}{\rho^2}\right) \\
\sigma_\varphi &= \frac{q}{2}\left(1+\frac{r^2}{\rho^2}\right)-\frac{q}{2}\cos2\varphi\left(1+3\frac{r^4}{\rho^4}\right) \\
\tau_{\rho\varphi} &= \tau_{\varphi\rho} = -\frac{q}{2}\sin2\varphi\left(1-\frac{r^2}{\rho^2}\right)\left(1+3\frac{r^2}{\rho^2}\right)
\end{aligned}
\right\}
\tag{5.33}
$$

沿着孔边,$\rho=r$,环向正应力是

$$
\sigma_\varphi = q(1-2\cos2\varphi)
$$

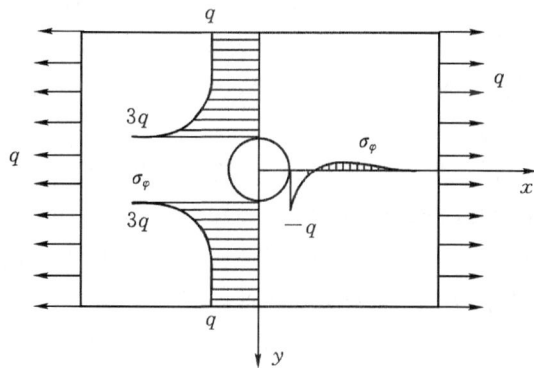

图 5.12

它的几个重要数值如表 5.1 所示。

表 5.1

φ	0°	30°	45°	60°	90°	0°
σ_φ	$-q$	0	q	$2q$	$3q$	$-q$

沿着 y 轴,$\varphi=90°$,环向正应力是

$$
\sigma_\varphi = q\left(1+\frac{1}{2}\frac{r^2}{\rho^2}+\frac{3}{2}\frac{r4}{\rho^4}\right)
$$

它的几个重要数值如表 5.2 所示。

表 5.2

ρ	r	$2r$	$3r$	$4r$
σ_φ	$3q$	$1.22q$	$1.07q$	$1.04q$

可见应力在孔边达到均匀拉力的 3 倍,但随着远离孔边而急剧趋近于 q,如图 5.12 所示。

沿着 x 轴,$\varphi=0°$,环向正应力是

$$\sigma_\varphi=-\frac{q}{2}\frac{r^2}{\rho^2}\left(3\,\frac{r^2}{\rho^2}-1\right)$$

在 $\rho=r$ 处,$\sigma_\varphi=-q$;在 $\rho=\sqrt{3}\,r$ 处,$\sigma_\varphi=0$,如图 5.11 所示。在 $\rho=r$ 处与 $\rho=\sqrt{3}\,r$ 之间,压应力的合力为

$$P=\int_r^{\sqrt{3}\,r}(\sigma_\varphi)_{\varphi=0}\mathrm{d}\rho=-0.192qr$$

显然,当 q 为均布压力时,在 $\rho=r$ 与 $\rho=\sqrt{3}\,r$ 之间将发生拉应力,其合力为 $0.192qr$。

对于其他各种形状的孔口,大多是应用弹性理论中的复变函数解法求解的。由圆孔和其他孔口的解答可见,这些小孔口问题的应力集中现象具有共同的特点:一是集中性,孔附近的应力远大于较远处的应力,且最大和最小的应力一般都发生在孔边上。二是局部性,由于开孔引起的应力扰动,主要发生在距孔边 1.5 倍孔口尺寸(例如圆孔的直径)的范围内。在此区域外,由于开孔引起的应力扰动值一般小于 5%,可以忽略不计。

孔口应力集中与孔口的形状有关,圆孔的应力集中程度较低,应尽可能采用圆孔型式。此外,对于具有凹尖角的孔口,在尖角处会发生高度的应力集中,因此,在孔口中应尽量避免出现凹尖角。

根据以上所述,如果有任意形状的薄板(或长柱),受有任意面力,而在距边界较远处有一小圆孔,那么,只要有了无孔时的应力解答,也就可以计算孔边的应力。为此,只须先求出无孔时相应于圆孔中心处的应力分量,从而求出相应的两个应力主向以及主应力 σ_1 和 σ_2。如果圆孔确实很小,圆孔的附近部分就可以当做是沿两个主向分别受均布拉力 $q_1=\sigma_1$ 及 $q_2=\sigma_2$,也就可以应用前面所说的叠加法。这样求得的孔边应力,当然会有一定的误差,但在工程实际上却很有参考价值。

5.6　半平面体在边界上受集中力

设有半平面体,在其直边界上受有集中力,与边界法线成 β 角,如图 5.13 所示,取单位厚度的部分来考虑,并设单位厚度上所受的力为 $\boldsymbol{F}$,它的量纲是 MT^{-2}。取坐标轴如图 5.13 所示。

用半逆解法求解。首先按量纲分析法来假设应力分量的函数形式。在这里,半平面体内任意一点的应力分量决定于 $\beta,E',\nu',\rho,\varphi$,因而各应力分量的表达式中只会包含这几个量。但是,应力分量的量纲是 $L^{-1}MT^{-2}$,$\boldsymbol{F}$ 的量纲是 MT^{-2},而 β 和 φ 是无量纲的量。因此,各应力分量的表达式只可能取 $\dfrac{F}{\rho}N$ 的形式,其中 N 是由无量纲的量 β 和 φ 组成的无量纲的量。这就是说,在各应力分量的表达式中,ρ 只可能以负一次幂出现。由式(5.14)又可看出,应力函数 ϕ 中的 ρ 的幂次应当比各应力分量中 ρ 的幂次高出两次。因此,可以假设应力函数 ϕ 是 φ 的某一函数乘以 ρ 的一次幂,即

$$\phi=\rho f(\varphi)\tag{5.34}$$

将式(5.34)代入相容方程(5.13),得

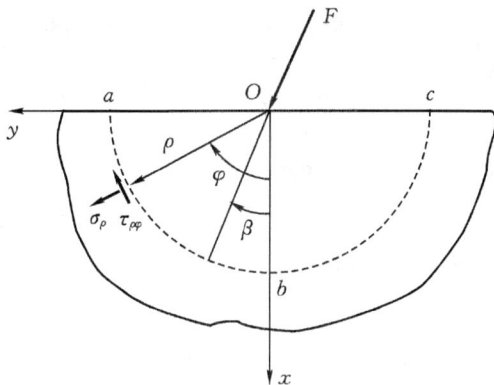

图 5.13

$$\frac{1}{\rho^3}\left[\frac{\mathrm{d}^4 f(\varphi)}{\mathrm{d}\phi^4}+2\frac{\mathrm{d}^2 f(\varphi)}{\mathrm{d}\phi^2}+f(\varphi)\right]=0$$

删去因子 $\frac{1}{\rho^3}$，求解这一常微分方程，得

$$f(\varphi)=A\cos\varphi+B\sin\varphi+\varphi(C\cos\varphi+D\sin\varphi)$$

其中 A,B,C,D 是待定常数。代入式(5.34)，得

$$\phi=A\rho\cos\varphi+B\rho\sin\varphi+\rho\varphi(C\cos\varphi+D\sin\varphi)$$

由前章知识已知，式中的前两项 $A\rho\cos\varphi+B\rho\sin\varphi=Ax+By$，不影响应力，可以删去。因此，只须取

$$\phi=\rho\varphi(C\cos\varphi+D\sin\varphi) \tag{5.35}$$

于是由式(5.14)得

$$\left.\begin{aligned}\sigma_\rho&=\frac{1}{\rho}\frac{\partial\phi}{\partial\rho}+\frac{1}{\rho^2}\frac{\partial^2\phi}{\partial\varphi^2}=\frac{2}{\rho}(D\cos\varphi-C\sin\varphi)\\ \sigma_\varphi&=\frac{\partial^2\phi}{\partial\rho^2}=0\\ \tau_{\rho\varphi}&=\tau_{\varphi\rho}=\frac{\partial}{\partial\rho}\left(\frac{1}{\rho}\frac{\partial\phi}{\partial\rho}\right)=0\end{aligned}\right\} \tag{5.36}$$

下面利用应力边界条件，求解上式中的待定系数。除了原点之外，在 $\varphi=\pm\frac{\pi}{2}$ 的边界面上，没有任何法向和切向面力，因而应力边界条件要求

$$(\sigma_\varphi)_{\varphi=\pm\frac{\pi}{2},\rho\neq0}=0,\quad(\tau_{\varphi\rho})_{\varphi=\pm\frac{\pi}{2},\rho\neq0}=0$$

由式(5.36)可见，这两个边界条件是满足的。

此外，还须考虑在点 O 有集中力 $\boldsymbol{F}$ 的作用。集中力 $\boldsymbol{F}$，可以看成是下列荷载的抽象化：在点 O 附近的一小部分边界面上，受有一组面力。这组面力向点 O 简化后，成为主矢量 $\boldsymbol{F}$，而主矩为零。为了考虑点 O 附近小边界上的应力边界条件，按照圣维南原理，以点 O 为中心，以 ρ 为半径作圆弧线$\overset{\frown}{abc}$，在点 O 附近割出一小部分隔离体 $Oabc$，如图 5.13 所示，然后考虑此隔离体的平衡条件，列出三个平衡方程

$$\sum F_x = 0, \quad \int_{-\pi/2}^{\pi/2} \left[(\sigma_\rho)_{\rho=\rho} \cos\varphi \, \rho \mathrm{d}\varphi - (\tau_{\rho\varphi})_{\rho=\rho} \cos\varphi \, \rho \mathrm{d}\varphi \right] + F\cos\beta = 0$$

$$\sum F_y = 0, \quad \int_{-\pi/2}^{\pi/2} \left[(\sigma_\rho)_{\rho=\rho} \sin\varphi \, \rho \mathrm{d}\varphi + (\tau_{\rho\varphi})_{\rho=\rho} \cos\varphi \, \rho \mathrm{d}\varphi \right] + F\sin\beta = 0 \tag{5.37}$$

$$\sum M_O = 0, \quad \int_{-\pi/2}^{\pi/2} (\tau_{\rho\varphi})_{\rho=\rho} \, \rho \mathrm{d}\varphi \, \rho = 0$$

将应力分量式(5.36)代入,由于 $\tau_{\rho\varphi}=0$,式(5.37)中的第三式自然,自然而第一、二式得出

$$\pi D + F\cos\beta = 0, \qquad -\pi C + F\sin\beta = 0$$

由此得

$$D = -\frac{F}{\pi}\cos\beta, \qquad C = \frac{F}{\pi}\sin\beta$$

代入式(5.36),即得应力分量的最后解答

$$\sigma_\rho = -\frac{F}{\pi\rho}(\cos\beta\cos\varphi + \sin\beta\sin\varphi), \quad \sigma_\varphi = 0, \quad \tau_{\rho\varphi} = \tau_{\varphi\rho} = 0 \tag{5.38}$$

由上式可见,当 ρ 趋于无限小时,σ_ρ 无限增大。实际上,当最大的 σ_ρ 超过半平面体材料的比例极限时,弹性力学的基本方程就不再适用,以上的解答也就不适用。因此,我们必须这样来理解:半平面体在 O 点附近受有一定的面力,这个面力以及所引起应力的最大集度不超过比例极限,而面力的合成是图中所示的力 $\boldsymbol{F}$。当然,面力如何分布,在离开面力稍远的处所,应力分布都相同,也就和式(5.38)所示的分布相同。

当力 $\boldsymbol{F}$ 垂直于直线边界时,如图 5.14 所示,解答最为有用。为了得出这一情况下的应力分量,只需在式(5.38)中取 $\beta=0$,于是得

$$\sigma_\rho = -\frac{2F}{\pi\rho}\frac{\cos\varphi}{\rho}, \quad \sigma_\varphi = 0, \quad \tau_{\rho\varphi} = \tau_{\varphi\rho} = 0 \tag{5.39}$$

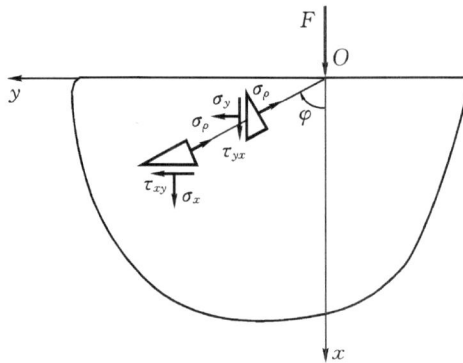

图 5.14

应用坐标变换式(5.16),可由上式求得直角坐标中的应力分量:

$$\sigma_x = \sigma_\rho \cos^2\varphi = -\frac{2F}{\pi}\frac{\cos^3\varphi}{\rho}$$

$$\sigma_y = \sigma_\rho \sin^2\varphi = -\frac{2F}{\pi}\frac{\sin^2\varphi\cos\varphi}{\rho} \tag{5.40}$$

$$\tau_{xy} = \sigma_\rho \sin\varphi\cos\varphi = -\frac{2F}{\pi}\frac{\sin\varphi\cos^2\varphi}{\rho}$$

这是把直角坐标中的应力分量用极坐标表示,也可以把式(5.40)中的极坐标变换为直角坐标得

$$
\left.
\begin{aligned}
\sigma_x &= -\frac{2F}{\pi} \frac{x^3}{(x^2+y^2)^2} \\
\sigma_y &= -\frac{2F}{\pi} \frac{xy^2}{(x^2+y^2)^2} \\
\tau_{xy} = \tau_{yx} &= -\frac{2F}{\pi} \frac{x^2 y}{(x^2+y^2)^2}
\end{aligned}
\right\}
\tag{5.41}
$$

现在来求出位移,先假定这里是平面应力情况。将应力分量(5.39)代入物理方程(5.7a),可得形变分量

$$
\varepsilon_\rho = -\frac{2F}{\pi E}\frac{\cos\varphi}{\rho}, \quad \varepsilon_\varphi = \frac{2\nu F}{\pi E}\frac{\cos\varphi}{\rho}, \quad \gamma_{\rho\varphi} = 0
$$

再将该形变分量代入几何方程(5.6),得

$$
\frac{\partial u_\rho}{\partial \rho} = -\frac{2F}{\pi E}\frac{\cos\varphi}{\rho}
$$

$$
\frac{u_\rho}{\rho} + \frac{1}{\rho}\frac{\partial u_\varphi}{\partial \varphi} = \frac{2\nu F}{\pi E}\frac{\cos\varphi}{\rho}
$$

$$
\frac{1}{\rho}\frac{\partial u_\rho}{\partial \varphi} + \frac{\partial u_\varphi}{\partial \rho} - \frac{u_\varphi}{\rho} = 0
$$

进行和第二节中相同的运算,可以得出位移分量

$$
\left.
\begin{aligned}
u_\rho &= -\frac{2F}{\pi E}\cos\varphi\ln\rho - \frac{(1-\nu)F}{\pi E}\varphi\sin\varphi + I\cos\varphi + K\sin\varphi \\
u_\varphi &= \frac{2F}{\pi E}\sin\varphi\ln\rho + \frac{(1+\nu)F}{\pi E}\sin\varphi - \frac{(1-\nu)F}{\pi E}\varphi\cos\varphi + H\rho - I\sin\varphi + K\cos\varphi
\end{aligned}
\right\}
\tag{5.42a}
$$

其中的 H, I, K 都是待定常数。

由问题的对称条件有

$$
(u_\varphi)_{\varphi=0} = 0
$$

将式(5.42a)中的 u_φ 代入,得 $H=K=0$,于是式(5.42a)成为

$$
\left.
\begin{aligned}
u_\rho &= -\frac{2F}{\pi E}\cos\varphi\ln\rho - \frac{(1-\nu)F}{\pi E}\varphi\sin\varphi + I\cos\varphi \\
u_\varphi &= \frac{2F}{\pi E}\sin\varphi\ln\rho - \frac{(1-\nu)F}{\pi E}\varphi\cos\varphi + \frac{(1+\nu)F}{\pi E}\sin\varphi - I\sin\varphi
\end{aligned}
\right\}
\tag{5.42b}
$$

如果半平面体不受沿铅直方向的约束,则常数 I 不能确定,因为常数 I 就代表铅直方向(x 方向)的刚体平移。如果半平面体受有铅直方向的约束,就可以根据这个约束条件来确定常数 I。

为了求得边界上任意一点 M 向下的铅直位移,即所谓沉陷,可应用式(5.42b)中的第二式。注意,位移分量 u_φ 是以沿 φ 正方向的为正,因此,M 点的沉陷是

$$
-(u_\varphi)_{\varphi=\frac{\pi}{2}} = -\frac{2F}{\pi E}\ln\rho - \frac{(1+\nu)F}{\pi E} + I
\tag{5.42c}
$$

如果常数 I 未能确定,则沉陷式(5.42c)也不能确定。这时,只能求得相对沉陷。试在边界上取一个基点 B,如图 5.15 所示,它距荷载作用点 O 的水平距离为 s。边界上任意一点

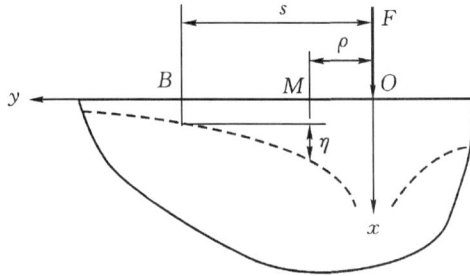

图 5.15

M 对于基点 B 的相对沉陷,等于 M 点的沉陷减去 B 点的沉陷,即

$$\eta = \left[-\frac{2F}{\pi E}\ln\rho - \frac{(1+\nu)F}{\pi E} + I \right] - \left[-\frac{2F}{\pi E}\ln s - \frac{(1+\nu)F}{\pi E} + I \right]$$

简化以后,得

$$\eta = \frac{2F}{\pi E}\ln\frac{s}{\rho} \tag{5.43}$$

对于平面应变情况下的半平面体,在以上关于形变或位移的公式中,须将 E 换为 $\frac{E}{1-\nu^2}$,将 ν 换为 $\frac{\nu}{1-\nu}$。

本节中的解答,是由符拉芒首先得出的,故称符拉芒解答。

5.7　半平面体在边界上受分布力

有了上一节中关于半平面体在边界上受集中力作用时的应力公式和沉陷公式,即可通过叠加而得出分布力作用时的应力和沉陷。设半平面体在其边界的 AB 一段上受有铅直分布力,它在各点的集度为 q,如图 5.16 所示。

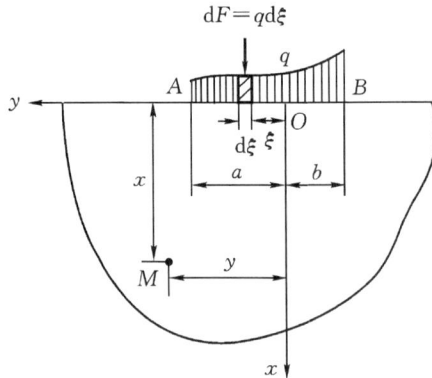

图 5.16

为了求出半平面体内某一点 M 处的应力,取坐标轴如图 5.16 所示,命 M 点的坐标为

(x,y)。在 AB 一段上距坐标原点 O 为 ξ 处取微小长度 $d\xi$,将其上所受的力 $dF=qd\xi$ 看作一个微小集中力。对于这个微小集中力引起的应力,即可应用式(5.41)。注意,在式(5.41)中,x 和 y 分别为欲求应力之点与集中力 $\boldsymbol{F}$ 作用点的铅直和水平距离,而在图 5.16 中,M 点与微小集中力 dF 的铅直及水平距离分别为 x 及 $y-\xi$。因此,微小集中力 $dF=qd\xi$ 在 M 点引起的应力为

$$d\sigma_x = -\frac{2qd\xi}{\pi}\frac{x^3}{[x^2+(y-\xi)^2]^2}$$

$$d\sigma_y = -\frac{2qd\xi}{\pi}\frac{x(y-\xi)^2}{[x^2+(y-\xi)^2]^2}$$

$$d\tau_{xy} = -\frac{2qd\xi}{\pi}\frac{x^2(y-\xi)}{[x^2+(y-\xi)^2]^2}$$

为了求出全部分布力引起的应力,只需将所有各个微小集中力引起的应力相叠加,也就是求上列三式的积分,从 $\xi=-b$ 到 $\xi=a$

$$\left.\begin{array}{l}
\sigma_x = -\dfrac{2}{\pi}\displaystyle\int_{-b}^{a}\dfrac{qx^3d\xi}{[x^2+(y-\xi)^2]^2} \\[4mm]
\sigma_y = -\dfrac{2}{\pi}\displaystyle\int_{-b}^{a}\dfrac{qx(y-\xi)^2d\xi}{[x^2+(y-\xi)^2]^2} \\[4mm]
\tau_{xy} = -\dfrac{2}{\pi}\displaystyle\int_{-b}^{a}\dfrac{qx^2(y-\xi)d\xi}{[x^2+(y-\xi)^2]^2}
\end{array}\right\} \tag{5.44}$$

在应用上述公式时,须将分布力的集度 q 表示成为 ξ 的函数,然后再进行积分。

对于均布荷载,q 是常量,应用式(5.44),得

$$\left.\begin{array}{l}
\sigma_x = -\dfrac{2q}{\pi}\displaystyle\int_{-b}^{a}\dfrac{x^3d\xi}{[x^2+(y-\xi)^2]^2} \\[4mm]
\quad = -\dfrac{q}{\pi}\left[\arctan\dfrac{y+b}{x}-\arctan\dfrac{y-a}{x}+\dfrac{x(y+b)}{x^2+(y+b)^2}-\dfrac{x(y-a)}{x^2+(y-a)^2}\right] \\[4mm]
\sigma_y = -\dfrac{2q}{\pi}\displaystyle\int_{-b}^{a}\dfrac{x(y-\xi)^2d\xi}{[x^2+(y-\xi)^2]^2} \\[4mm]
\quad = -\dfrac{q}{\pi}\left[\arctan\dfrac{y+b}{x}-\arctan\dfrac{y-a}{x}+\dfrac{x(y+b)}{x^2+(y+b)^2}+\dfrac{x(y-a)}{x^2+(y-a)^2}\right] \\[4mm]
\tau_{xy} = -\dfrac{2q}{\pi}\displaystyle\int_{-b}^{a}\dfrac{x^2(y-\xi)d\xi}{[x^2+(y-\xi)^2]^2} \\[4mm]
\quad = \dfrac{q}{\pi}\left[\dfrac{x^2}{x^2+(y+b)^2}-\dfrac{x^2}{x^2+(y-a)^2}\right]
\end{array}\right\} \tag{5.45}$$

下面再来导出半平面体在边界上受有均布单位力作用时的沉陷公式。

设有单位力均匀分布在半平面体边界的长度 c 上面(分布集度为 $\frac{1}{c}$),如图 5.17 所示。

为了求得距均布力中点 I 为 x 的一点 K 的沉陷,将这均布力分为微分为 $dF=\frac{1}{c}dr$,其中 r 为该微分力至 K 点的距离。应用半平面体的沉陷公式(5.43),得出 K 点由于 dF 作用引起的微分沉陷

$$d\eta_{ki} = \frac{2dF}{\pi E}\ln\frac{s}{r} = \frac{2}{\pi Ec}\ln\frac{s}{r}dr \tag{5.46}$$

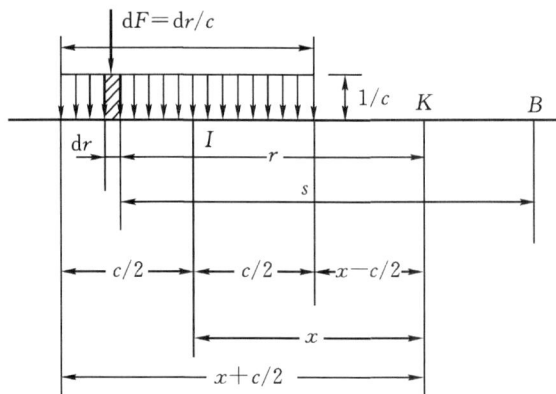

图 5.17

其中 s 是微分力与基点 B 之间的距离。将式(5.46)对 r 进行积分,即可求得沉陷 η_{ki}。

如果 K 点在均布力之外,则沉陷为

$$\eta_{ki} = \int_{x-c/2}^{x+c/2} \mathrm{d}\eta_{ki} = \int_{x-c/2}^{x+c/2} \frac{2}{\pi Ec} \ln \frac{s}{r} \mathrm{d}r$$

显然,上式中的 s 也是随 r 而变化的。为简单起见,我们假定沉陷的基点取得很远($s \gg r$),积分时可以把 s 当做常量。积分的结果可以写成

$$\eta_{ki} = \frac{1}{\pi E}(F_{ki} + C) \tag{5.47}$$

其中

$$F_{ki} = -2 \frac{x}{c} \ln \left(\frac{2\frac{x}{c}+1}{2\frac{x}{c}-1} \right) - \ln \left(4 \frac{x^2}{c^2} - 1 \right) \tag{5.48}$$

$$C = 2 \left(\ln \frac{s}{c} + 1 + \ln 2 \right) \tag{5.49}$$

如果 K 点在均布力的中点 $I(x=0)$,则沉陷为

$$\eta_{ki} = \frac{2}{\pi Ec} 2 \int_0^{c/2} \ln \frac{s}{r} \mathrm{d}r$$

积分的结果仍然可以写成公式(5.47)的形式,而且常数 C 仍然如式(5.49)所示,但 $F_{ki}=0$。

对于平面应变情况下的半平面体,沉陷公式(5.47)仍然适用,但式中的 E 应当换为 $\dfrac{E}{1-\nu^2}$。

第6章 弹性力学空间问题

实际上,大多数的的弹性力学问题都为空间问题。弹性力学空间问题有 3 个位移分量、6 个应力分量和 6 个应变分量,共计 15 个;基本方程有 3 个平衡微分方程、6 个几何方程和 6 个本构方程,也是 15 个。面对这样一个庞大的方程组,直接求解显然是困难的,所以必须讨论问题的求解方法。

6.1 空间问题的基本方程及其边界条件

通过应力状态、应变状态和本构关系的讨论,已经建立了一系列的弹性力学基本方程和边界条件。弹性力学问题具有 15 个基本未知量,基本方程也是 15 个,因此问题求解归结为在给定的边界条件下求解偏微分方程组。

由于基本方程与 15 个未知量的内在联系,例如已知位移分量,通过几何方程可以得到应变分量,然后通过物理方程可以得到应力分量;反之,如果已知应力分量,也可通过物理方程得到应变分量,再由几何方程的积分求出位移分量,不过这时的应变分量必须满足一组补充方程,即变形协调方程。基于上述的理由,为简化求解的难度,可以选取部分未知量作为基本未知量求解。根据基本未知量选取的不同,弹性力学问题可以分为:以位移函数作为基本未知量求解,称为位移解法;以应力函数作为基本未知量求解,称为应力解法;以部分位移分量和部分应力分量作为基本未知量求解,称为混合解法。

上述三种求解方法对应于偏微分方程的三种边值问题。

6.1.1 空间问题基本方程

将弹性力学基本方程综合如下:

1.平衡微分方程

$$\left.\begin{aligned}
\frac{\partial \sigma_x}{\partial x} + \frac{\partial \tau_{yx}}{\partial y} + \frac{\partial \tau_{zx}}{\partial z} + f_x &= 0 \\[2mm]
\frac{\partial \tau_{xy}}{\partial x} + \frac{\partial \sigma_y}{\partial y} + \frac{\partial \tau_{zy}}{\partial z} + f_y &= 0 \\[2mm]
\frac{\partial \tau_{xz}}{\partial x} + \frac{\partial \tau_{yz}}{\partial y} + \frac{\partial \sigma_z}{\partial z} + f_z &= 0
\end{aligned}\right\} \tag{6.1}$$

2.几何方程

$$\left.\begin{aligned}
\varepsilon_x = \frac{\partial u}{\partial x}, \quad \varepsilon_y = \frac{\partial v}{\partial y}, \quad \varepsilon_z = \frac{\partial w}{\partial y} \\[2mm]
\gamma_{xy} = \frac{\partial u}{\partial y} + \frac{\partial v}{\partial x}, \quad \gamma_{yz} = \frac{\partial v}{\partial z} + \frac{\partial w}{\partial y}, \quad \gamma_{zx} = \frac{\partial w}{\partial x} + \frac{\partial u}{\partial z}
\end{aligned}\right\} \tag{6.2}$$

3. 变形协调方程

$$\frac{\partial^2 \varepsilon_y}{\partial x^2} + \frac{\partial^2 \varepsilon_x}{\partial y^2} = \frac{\partial^2 \gamma_{xy}}{\partial x \partial y}, \quad \frac{\partial^2 \varepsilon_z}{\partial y^2} + \frac{\partial^2 \varepsilon_y}{\partial z^2} = \frac{\partial^2 \gamma_{yz}}{\partial y \partial z}, \quad \frac{\partial^2 \varepsilon_x}{\partial z^2} + \frac{\partial^2 \varepsilon_z}{\partial x^2} = \frac{\partial^2 \gamma_{zx}}{\partial x \partial z}$$

$$\frac{\partial}{\partial x}\left(-\frac{\partial \gamma_{yz}}{\partial x} + \frac{\partial \gamma_{zx}}{\partial y} + \frac{\partial \gamma_{xy}}{\partial z}\right) = 2\frac{\partial^2 \varepsilon_x}{\partial y \partial z}, \quad \frac{\partial}{\partial y}\left(\frac{\partial \gamma_{yz}}{\partial x} - \frac{\partial \gamma_{zx}}{\partial y} + \frac{\partial \gamma_{xy}}{\partial z}\right) = 2\frac{\partial^2 \varepsilon_y}{\partial x \partial z} \qquad (6.3)$$

$$\frac{\partial}{\partial z}\left(\frac{\partial \gamma_{yz}}{\partial x} + \frac{\partial \gamma_{zx}}{\partial y} - \frac{\partial \gamma_{xy}}{\partial z}\right) = 2\frac{\partial^2 \varepsilon_z}{\partial x \partial y}$$

4. 本构方程

(1) 用应力表示的本构方程。

$$\varepsilon_x = \frac{1}{E}\big[\sigma_x - \nu(\sigma_y + \sigma_z)\big] = \frac{1}{E}\big[(1+\nu)\sigma_x - \nu\Theta\big]$$

$$\varepsilon_y = \frac{1}{E}\big[\sigma_y - \nu(\sigma_z + \sigma_x)\big] = \frac{1}{E}\big[(1+\nu)\sigma_y - \nu\Theta\big]$$

$$\varepsilon_z = \frac{1}{E}\big[\sigma_x - \nu(\sigma_x + \sigma_y)\big] = \frac{1}{E}\big[(1+\nu)\sigma_z - \nu\Theta\big] \qquad (6.4\mathrm{a})$$

$$\gamma_{xy} = \frac{\tau_{xy}}{G}, \quad \gamma_{yz} = \frac{\tau_{yz}}{G}, \quad \gamma_{zx} = \frac{\tau_{zx}}{G}$$

(2) 用应变表示的本构方程。

$$\sigma_x = \lambda\theta + 2\mu\varepsilon_x, \quad \tau_{xy} = \mu\gamma_{xy}$$

$$\sigma_y = \lambda\theta + 2\mu\varepsilon_y, \quad \tau_{yz} = \mu\gamma_{yz} \qquad (6.4\mathrm{b})$$

$$\sigma_z = \lambda\theta + 2\mu\varepsilon_z, \quad \tau_{zx} = \mu\gamma_{zx}$$

6.1.2 边界条件

如果物体表面的面力 f_x, f_y, f_z 为已知,则边界条件应为

$$l(\sigma_x)_s + m(\tau_{yx})_s + n(\tau_{zx})_s = \overline{f}_x$$

$$l(\tau_{xy})_s + m(\sigma_y)_s + n(\tau_{zy})_s = \overline{f}_y \qquad (6.5)$$

$$l(\tau_{xz} + m(\tau_{yz} + n(\sigma_z)_s = \overline{f}_z$$

称为面力边界条件,用张量符号表示为

$$\sigma_{ij} n_i = f_j \qquad (6.6)$$

如果物体表面的位移 $\overline{u}, \quad \overline{v}, \quad \overline{w}$ 已知,则边界条件应为

$$u = \overline{u}, \quad v = \overline{v}, \quad w = \overline{w}$$

称为位移边界条件。除了面力边界条件和位移边界条件,还有混合边界条件。

这里没有考虑变形协调方程,原因是位移已经作为基本未知量。对于任意的单值连续的位移函数,如果设其有三阶的连续导数,则变形协调方程仅仅是几何方程微分的结果,自然满足,所以位移作为基本未知量时,不需要考虑变形协调方程。

要使基本方程有确定的解,还要有对应的面力或位移边界条件。弹性力学的任务就是在给定的边界条件下,就 15 个未知量求解 15 个基本方程。

当然,具体求解弹性力学问题时,并不需要同时求解 15 个基本未知量,可以而且必须做出必要的简化。根据几何方程和本构方程可见,位移、应力和应变分量之间不是相互独立的。

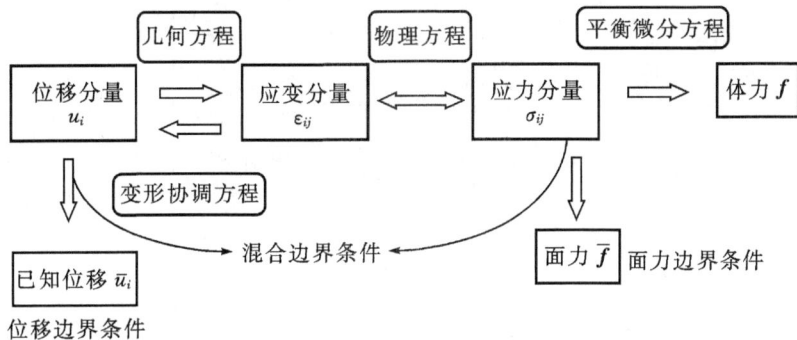

图 6.1

在给定的边界条件下，求解偏微分方程组的问题，数学上称为偏微分方程的边值问题。按照不同的边界条件，弹性力学有三类边值问题。

第一类边值问题：已知弹性体内的体力 f_x, f_y, f_z 和其表面的面力 $\bar{f}_x, \bar{f}_y, \bar{f}_z$，求平衡状态的弹性体内各点的应力分量和位移分量，这时的边界条件为面力边界条件。

第二类边值问题：已知弹性体内的体力分量 f_x, f_y, f_z，以及表面的位移分量 $\bar{u}, \bar{v}, \bar{w}$，求平衡状态的弹性体内各点的应力分量和位移分量，这时的边界条件为位移边界条件。

第三类边值问题：已知弹性体内的体力分量 f_x, f_y, f_z，以及物体表面的部分位移分量和部分面力分量，求平衡状态的弹性体内各点的应力分量和位移分量。这时的边界条件在面力已知的部分，用面力边界条件，位移已知的部分用位移边界条件，称为混合边值问题。

以上三类边值问题，代表了一些简化的实际工程问题。若不考虑物体的刚体位移，则三类边值问题的解是唯一的。

6.2 位移解法

以位移函数作为基本未知量求解弹性力学问题的方法称为位移解法。位移解法的基本方程是位移表示的平衡微分方程。位移分量求解后，可以通过几何方程和物理方程求出相应的应变分量和应力分量。如果问题的边界条件为位移边界条件，边界条件描述比较简单。如果问题为面力边界条件，由于边界条件是通过位移函数的导数描述的，因此应用困难。

总之，若以位移为基本未知函数求解时，归结为在给定的边界条件下求解位移表示的平衡微分方程，即拉梅（Lamé）方程。

6.2.1 位移表示的应力分量

位移解法是以位移函数作为基本未知函数求解的，所以需要通过几何方程将位移函数表达为应变分量，再通过物理方程将其表达为应力分量，代入平衡微分方程即可得到位移解法的基本方程。

首先，根据物理方程和几何方程，可以得到由位移分量表达的应力分量，即

$$\left. \begin{aligned} \sigma_x &= \lambda\theta + 2\mu\,\frac{\partial u}{\partial x}, & \tau_{xy} &= \mu\Big(\frac{\partial u}{\partial y} + \frac{\partial v}{\partial x}\Big) \\ \sigma_y &= \lambda\theta + 2\mu\,\frac{\partial v}{\partial y}, & \tau_{yz} &= \mu\Big(\frac{\partial v}{\partial z} + \frac{\partial w}{\partial y}\Big) \\ \sigma_z &= \lambda\theta + 2\mu\,\frac{\partial w}{\partial z}, & \tau_{zx} &= \mu\Big(\frac{\partial w}{\partial x} + \frac{\partial u}{\partial z}\Big) \end{aligned} \right\} \tag{6.7}$$

其中

$$\theta = \varepsilon_x + \varepsilon_y + \varepsilon_z \tag{6.8}$$

6.2.2 位移表示的平衡微分方程

将上述位移表示的应力分量代入平衡微分方程,整理后可得

$$\left. \begin{aligned} (\lambda+\mu)\,\frac{\partial\theta}{\partial x} + \mu\,\nabla^2 u + f_x &= 0 \\ (\lambda+\mu)\,\frac{\partial\theta}{\partial y} + \mu\,\nabla^2 v + f_y &= 0 \\ (\lambda+\mu)\,\frac{\partial\theta}{\partial z} + \mu\,\nabla^2 w + f_z &= 0 \end{aligned} \right\} \tag{6.9}$$

这里∇^2是拉普拉斯运算符号,即

$$\nabla^2 = \frac{\partial^2}{\partial x^2} + \frac{\partial^2}{\partial y^2} + \frac{\partial^2}{\partial z^2} \tag{6.10}$$

上述方程是以位移表示的平衡微分方程,称为拉梅方程,它可以表示为张量形式

$$(\lambda+u)\varepsilon_{kk,i} + \mu\,\nabla^2 u_i + f_i = 0 \tag{6.11}$$

或表达为矢量形式

$$(\lambda+u)\,\nabla\theta + \mu\,\nabla^2 \boldsymbol{u} + \boldsymbol{f} = 0 \tag{6.12}$$

上式中∇为 Hamilton 算子,$\nabla = \boldsymbol{i}\,\dfrac{\partial}{\partial x} + \boldsymbol{j}\,\dfrac{\partial}{\partial y} + \boldsymbol{k}\,\dfrac{\partial}{\partial z}$。

6.2.3 位移边界条件

对于边界条件,如果物体表面的位移已知,则直接由位移形式给定,即使用位移边界条件 $u = \bar{u}, v = \bar{v}, w = \bar{w}$。

如果给定的边界条件是物体表面的面力,则面力边界条件式需用位移分量表示,将应力分量代入物理方程,整理可得位移分量表示的面力边界条件

$$\left. \begin{aligned} \overline{f}_x &= \lambda\theta l + \mu\Big(\frac{\partial u}{\partial x}l + \frac{\partial u}{\partial y}m + \frac{\partial u}{\partial z}n\Big) + \mu\Big(\frac{\partial u}{\partial x}l + \frac{\partial v}{\partial x}m + \frac{\partial w}{\partial x}n\Big) \\ \overline{f}_y &= \lambda\theta m + \mu\Big(\frac{\partial v}{\partial x}l + \frac{\partial v}{\partial y}m + \frac{\partial v}{\partial z}n\Big) + \mu\Big(\frac{\partial u}{\partial y}l + \frac{\partial v}{\partial y}m + \frac{\partial w}{\partial y}n\Big) \\ \overline{f}_z &= \lambda\theta n + \mu\Big(\frac{\partial w}{\partial x}l + \frac{\partial w}{\partial y}m + \frac{\partial w}{\partial z}n\Big) + \mu\Big(\frac{\partial u}{\partial z}l + \frac{\partial v}{\partial z}m + \frac{\partial w}{\partial z}n\Big) \end{aligned} \right\} \tag{6.13}$$

或表达为张量形式

$$f_i = \lambda\varepsilon_{kk}n_i + \mu u_{i,j}n_j + \mu u_{j,i}n_i \tag{6.14}$$

显然,如果给定的边界条件是面力边界条件,那么位移解法的边界条件表达式十分复

杂,因此求解的难度将是比较大的。

总之,如果以位移函数作为基本未知函数求解弹性力学问题,归结为在给定的边界条件下求解位移表示的平衡微分方程,即拉梅方程。

位移分量求解后,则可通过几何方程和物理方程求出相应的应变分量和应力分量。

6.3 应力解法

如果选用应力分量或者应力函数作为基本未知量求解弹性力学问题称为应力解法。应力解法的基本方程不仅有平衡微分方程,而且有变形协调方程。由于变形协调方程是应变表示的,在应力解法中,需要转化为基本未知量应力分量表示。

利用平衡微分方程的求导形式简化变形协调方程,可以得到应力分量表示的变形协调方程。总之,在以应力函数作为基本未知量求解时,归结为在给定的边界条件下,求解平衡微分方程和应力表达的变形协调方程所组成的偏微分方程。

6.3.1 应力解法的基本方程

以应力作为基本未知函数求解弹性力学问题时,应力分量必须满足平衡微分方程和面力边界条件。

但是仅此还不够,仅仅满足上述条件的应力分量并不是真正的应力。因为这组应力分量求出的应变分量代入几何方程,将可能得到一组矛盾方程,不可能求出单值连续的位移分量。要使这组方程不矛盾,则要求应力分量不仅要满足平衡微分方程和面力边界条件,而且其对应的应变分量必须满足变形协调方程。

这个问题也可以从物理上解释,应力分量满足平衡微分方程和面力边界条件,只能保证物体的平衡,但是不能保证物体的连续。只有这组应力分量求出的应变分量满足变形协调方程时,才能保证变形后的物体是连续的。

当位移分量作为基本未知函数求解时,变形协调方程是自然满足的。如果位移表示基本未知量,只有应力作为基本未知函数求解时,变形协调方程作为一组补充方程是必须的。因此,对于应力解法,应力分量必须满足平衡微分方程和变形协调方程。

由于变形协调方程是由应变分量表达的,在应力解法中,需要将其转换为由应力分量表达。

将物理方程改写为

$$
\begin{aligned}
\varepsilon_x &= \frac{1}{E}\big[(1+\nu)\sigma_x - \nu\Theta\big], & \gamma_{xy} &= \frac{2(1+\nu)\tau_{xy}}{E} \\
\varepsilon_y &= \frac{1}{E}\big[(1+\nu)\sigma_y - \nu\Theta\big], & \gamma_{yz} &= \frac{2(1+\nu)\tau_{yz}}{E} \\
\varepsilon_z &= \frac{1}{E}\big[(1+\nu)\sigma_z - \nu\Theta\big], & \gamma_{zx} &= \frac{2(1+\nu)\tau_{zx}}{E}
\end{aligned}
\tag{6.15}
$$

其中

$$
\Theta = \sigma_x + \sigma_y + \sigma_z \tag{6.16}
$$

将上式代入变形协调方程(6.3)的第一,四两式,可得

$$\frac{\partial^2 \sigma_x}{\partial y^2} + \frac{\partial^2 \sigma_y}{\partial x^2} - \frac{\nu}{1+\nu}\left(\frac{\partial^2 \Theta}{\partial x^2} + \frac{\partial^2 \Theta}{\partial y^2}\right) = 2\frac{\partial^2 \tau_{xy}}{\partial x \partial y} \Bigg\}$$

$$\frac{\partial^2 \sigma_x}{\partial x \partial y} - \frac{\nu}{1+\nu}\frac{\partial^2 \Theta}{\partial y \partial z} = \frac{\partial}{\partial x}\left(-\frac{\partial \tau_{yz}}{\partial x} + \frac{\partial \tau_{zx}}{\partial y} + \frac{\partial \tau_{xy}}{\partial z}\right) \Bigg\}$$

(6.17)

轮换 x,y,z 可得其余四个方程,由此可得应力表达的变形协调方程。

为了使问题进一步简化,就是使上式有更简单的形式,利用平衡微分方程再次对变形协调方程作进一步的简化。

将平衡微分方程(6.1)的第一和第二两式分别对 x,y 求偏导数后再相加,则

$$2\frac{\partial^2 \tau_{xy}}{\partial x \partial y} = -\frac{\partial}{\partial z}\left(\frac{\partial \tau_{zx}}{\partial x} + \frac{\partial \tau_{yz}}{\partial y}\right) - \frac{\partial^2 \sigma_x}{\partial x^2} - \frac{\partial^2 \sigma_y}{\partial y^2} - \frac{\partial f_x}{\partial x} - \frac{\partial f_y}{\partial y}$$

$$= \frac{\partial^2 \sigma_z}{\partial z^2} + \frac{\partial f_z}{\partial z} - \frac{\partial^2 \sigma_x}{\partial x^2} - \frac{\partial^2 \sigma_y}{\partial y^2} - \frac{\partial f_x}{\partial x} - \frac{\partial f_y}{\partial y}$$

$$= \frac{\partial^2 \sigma_z}{\partial z^2} - \frac{\partial^2 \sigma_x}{\partial x^2} - \frac{\partial^2 \sigma_y}{\partial y^2} - \left(\frac{\partial f_x}{\partial x} + \frac{\partial f_y}{\partial y} + \frac{\partial f_z}{\partial z}\right) + 2\frac{\partial f_z}{\partial z}$$

将上式代入应力分量表示的变形协调方程(6.17)第一式

$$\frac{\partial^2 \sigma_x}{\partial x^2} + \frac{\partial^2 \sigma_y}{\partial x^2} - \frac{\nu}{1+\nu}\left(\frac{\partial^2 \Theta}{\partial x^2} + \frac{\partial^2 \Theta}{\partial y^2}\right) = 2\frac{\partial^2 \tau_{xy}}{\partial x \partial y}$$

且注意到 $\sigma_x + \sigma_y = \Theta - \sigma_z$,可得

$$\frac{1}{1+\nu}\nabla^2\Theta - \nabla^2\sigma_z - \frac{1}{1+\nu}\frac{\partial^2 \Theta}{\partial z^2} = -\left(\frac{\partial f_x}{\partial x} + \frac{\partial f_y}{\partial y} + \frac{\partial f_z}{\partial z}\right) + 2\frac{\partial f_z}{\partial z} \qquad (6.18)$$

轮换 x,y,z 以后,可得另外两个类似的公式。将轮换后得到的三个公式相加,可得

$$\nabla^2\Theta = -\frac{1+\nu}{1-\nu}\left(\frac{\partial f_x}{\partial x} + \frac{\partial f_y}{\partial y} + \frac{\partial f_z}{\partial z}\right) \qquad (6.19)$$

将上式回代到式(6.18)并简化方程可得

$$\nabla^2\sigma_z - \frac{1}{1+\nu}\frac{\partial^2 \Theta}{\partial z^2} = -\frac{\nu}{1-\nu}\left(\frac{\partial f_x}{\partial x} + \frac{\partial f_y}{\partial y} + \frac{\partial f_z}{\partial z}\right) - 2\frac{\partial f_z}{\partial z} \qquad (6.20)$$

轮换 x,y,z 以后,可得另外两个类似的公式。

6.3.2 应力分量表示的相容方程

下面我们对应力分量表示的变形协调方程(6.17)的第二式作简化

$$\frac{\partial^2 \sigma_x}{\partial y^2} + \frac{\partial^2 \sigma_y}{\partial x^2} - \frac{\nu}{1+\nu}\left(\frac{\partial^2 \Theta}{\partial x^2} + \frac{\partial^2 \Theta}{\partial y^2}\right) = 2\frac{\partial^2 \tau_{xy}}{\partial x \partial y}$$

$$\frac{\partial^2 \sigma_x}{\partial x \partial y} - \frac{\nu}{1+\nu}\frac{\partial^2 \Theta}{\partial y \partial z} = \frac{\partial}{\partial x}\left(-\frac{\partial \tau_{yz}}{\partial x} + \frac{\partial \tau_{zx}}{\partial y} + \frac{\partial \tau_{xy}}{\partial z}\right)$$

首先对平衡微分方程(6.1)的第二和第三两式分别对 z,y 求偏导数,然后相加可以得到

$$\frac{\partial^2 \tau_{xy}}{\partial x \partial z} + \frac{\partial^2 \sigma_y}{\partial y \partial z} + \frac{\partial^2 \tau_{yz}}{\partial z^2} + \frac{\partial^2 \tau_{zx}}{\partial x \partial y} + \frac{\partial^2 \tau_{yz}}{\partial y^2} + \frac{\partial^2 \sigma_z}{\partial y \partial z} = -\left(\frac{\partial f_z}{\partial y} + \frac{\partial f_y}{\partial z}\right)$$

将上式与变形协调方程(6.17)的第二式相加后并整理,可得

$$\nabla^2\tau_{yz} + \frac{1}{1+\nu}\frac{\partial^2 \Theta}{\partial y \partial z} = -\left(\frac{\partial f_z}{\partial y} + \frac{\partial f_y}{\partial z}\right) \qquad (6.21)$$

上式为简化后的方程,轮换 x,y,z 以后,可得另外两个类似的公式。

综上所述,我们一共得到以下六个关系式

$$
\left.
\begin{aligned}
\nabla^2 \sigma_x - \frac{1}{1+\nu} \frac{\partial^2 \Theta}{\partial x^2} &= -\frac{\nu}{1-\nu}\left(\frac{\partial f_x}{\partial x} + \frac{\partial f_y}{\partial y} + \frac{\partial f_z}{\partial z}\right) - 2\frac{\partial f_x}{\partial x} \\
\nabla^2 \sigma_y - \frac{1}{1+\nu} \frac{\partial^2 \Theta}{\partial y^2} &= -\frac{\nu}{1-\nu}\left(\frac{\partial f_x}{\partial x} + \frac{\partial f_y}{\partial y} + \frac{\partial f_z}{\partial z}\right) - 2\frac{\partial f_y}{\partial y} \\
\nabla^2 \sigma_z - \frac{1}{1+\nu} \frac{\partial^2 \Theta}{\partial z^2} &= -\frac{\nu}{1-\nu}\left(\frac{\partial f_x}{\partial x} + \frac{\partial f_y}{\partial y} + \frac{\partial f_z}{\partial z}\right) - 2\frac{\partial f_z}{\partial z} \\
\nabla^2 \tau_{xy} + \frac{1}{1+\nu} \frac{\partial^2 \Theta}{\partial x \partial y} &= -\left(\frac{\partial f_x}{\partial y} + \frac{\partial f_y}{\partial x}\right) \\
\nabla^2 \tau_{yz} + \frac{1}{1+\nu} \frac{\partial^2 \Theta}{\partial y \partial z} &= -\left(\frac{\partial f_y}{\partial y} + \frac{\partial f_y}{\partial z}\right) \\
\nabla^2 \tau_{zx} + \frac{1}{1+\nu} \frac{\partial^2 \Theta}{\partial x \partial z} &= -\left(\frac{\partial f_z}{\partial x} + \frac{\partial f_x}{\partial z}\right)
\end{aligned}
\right\}
\tag{6.22}
$$

上述方程即为应力分量表达的变形协调方程,通常称为贝尔特拉米-米切尔方程。

6.3.3 体力为常量时的简化

1. 协调方程

如果弹性体体力为常量,则应力分量表达的变形协调方程可以简化为

$$
\left.
\begin{aligned}
&\nabla^2 \sigma_x - \frac{1}{1+\nu} \frac{\partial^2 \Theta}{\partial x^2} = 0, \quad \nabla^2 \sigma_y - \frac{1}{1+\nu} \frac{\partial^2 \Theta}{\partial y^2} = 0, \quad \nabla^2 \sigma_z - \frac{1}{1+\nu} \frac{\partial^2 \Theta}{\partial z^2} = 0 \\
&\nabla^2 \tau_{xy} + \frac{1}{1+\nu} \frac{\partial^2 \Theta}{\partial x \partial y} = 0, \quad \nabla^2 \tau_{yz} + \frac{1}{1+\nu} \frac{\partial^2 \Theta}{\partial y \partial z} = 0, \quad \nabla^2 \tau_{zx} + \frac{1}{1+\nu} \frac{\partial^2 \Theta}{\partial x \partial z} = 0
\end{aligned}
\right\}
$$

$$\tag{6.23}$$

上述方程为应力分量表达的变形协调方程,通常简称为应力协调方程。但是应该注意:应力是不需要协调的,其实质仍为应变分量所满足的变形协调关系。

如果用张量形式表达,则上述公式可写作

$$
\sigma_{ij,kk} + \frac{1}{1+\nu}\sigma_{kk,ii} = 0
\tag{6.24}
$$

总而言之,在以应力函数作为基本未知量求解时,归结为在给定的边界条件下,求解平衡微分方程和应力表达的变形协调方程所组成的偏微分方程组。

还有一种解法称为混合解法,混合解法以六个应力分量和三个位移分量作为基本未知量求解弹性力学问题。通过物理方程中消去应变分量,其基本方程为平衡微分方程和由应力分量表达的几何方程,即

$$
\left.
\begin{aligned}
\frac{\partial u}{\partial x} &= \frac{1}{E}\left[(1+\nu)\sigma_x - \nu\Theta\right], \quad & \frac{\partial v}{\partial x} + \frac{\partial u}{\partial y} &= \frac{2(1+\nu)\tau_{xy}}{E} \\
\frac{\partial v}{\partial y} &= \frac{1}{E}\left[(1+\nu)\sigma_y - \nu\Theta\right], \quad & \frac{\partial w}{\partial y} + \frac{\partial v}{\partial z} &= \frac{2(1+\nu)\tau_{yz}}{E} \\
\frac{\partial w}{\partial z} &= \frac{1}{E}\left[(1+\nu)\sigma_z - \nu\Theta\right], \quad & \frac{\partial u}{\partial z} + \frac{\partial w}{\partial x} &= \frac{2(1+\nu)\tau_{zx}}{E}
\end{aligned}
\right\}
\tag{6.25}
$$

这里有三个平衡微分方程和六个几何方程,共计九个方程对应九个未知函数,加上给定的边界条件,则可得到唯一的解。弹性力学的基本求解方法的应用要根据问题性质,主要是

根据边界条件选择使用。

对于面力边界条件问题,使用应力解法;位移边界条件应用位移解法;混合解法主要应用于混合边界条件,即弹性体的部分边界位移已知,部分边界面力已知的问题。

2.体积应力和体积应变

本节将从位移表达的平衡微分方程和应力表达的变形协调方程入手,推导体力为常量时的应力分量、应变分量、位移分量,以及体积应力和体积应变所遵循的规律,为进一步分析和理解弹性力学问题作必要的准备。

将位移分量表示的平衡微分方程的三个公式分别对 x,y,z 求偏导数,然后相加可得

$$(\lambda + \mu)\left(\frac{\partial^2 \theta}{\partial x^2} + \frac{\partial^2 \theta}{\partial y^2} + \frac{\partial^2 \theta}{\partial z^2}\right) + \mu \nabla^2 \left(\frac{\partial u}{\partial x} + \frac{\partial v}{\partial y} + \frac{\partial w}{\partial z}\right) = 0$$

由于

$$\theta = \frac{\partial u}{\partial x} + \frac{\partial v}{\partial y} + \frac{\partial w}{\partial z}$$

所以

$$(\lambda + \mu) \nabla^2 \theta + \mu \nabla^2 \theta = 0$$

即

$$\nabla^2 \theta = 0$$

由体积应力和体积应变的关系,可得

$$\nabla^2 \Theta = 0 \tag{6.26}$$

由上述公式可知,如果体力为常量,体积应力和体积应变均满足拉普拉斯(Laplace)方程,即体积应力函数和体积应变函数均为调和函数。

3.位移分量

如果对位移表示的平衡微分方程作拉普拉斯算符运算,并注意到

$$\frac{\partial}{\partial x} \nabla^2 u = \nabla^2 \frac{\partial u}{\partial x}$$

则

$$\left.\begin{array}{l}(\lambda + \mu)\frac{\partial}{\partial x} \nabla^2 \theta + \mu \nabla^2 \nabla^2 u = 0 \\ (\lambda + \mu)\frac{\partial}{\partial y} \nabla^2 \theta + \mu \nabla^2 \nabla^2 v = 0 \\ (\lambda + \mu)\frac{\partial}{\partial z} \nabla^2 \theta + \mu \nabla^2 \nabla^2 w = 0\end{array}\right\} \tag{6.27}$$

由于体积应变均满足拉普拉斯方程,所以

$$\left.\begin{array}{l}\nabla^2 \nabla^2 u = 0 \\ \nabla^2 \nabla^2 v = 0 \\ \nabla^2 \nabla^2 w = 0\end{array}\right\} \tag{6.28a}$$

以张量指标形式记为

$$\nabla^2 \nabla^2 u_i = 0 \tag{6.28b}$$

4.应力和应变分量

同理,对应力表示的变形协调方程作拉普拉斯算符运算,则有

$$\nabla^2 \nabla^2 \sigma_x = 0, \qquad \nabla^2 \nabla^2 \sigma_y = 0, \qquad \nabla^2 \nabla^2 \sigma_z = 0 \atop \nabla^2 \nabla^2 \tau_{xy} = 0, \qquad \nabla^2 \nabla^2 \tau_{yz} = 0, \qquad \nabla^2 \nabla^2 \tau_{zx} = 0 \right\} \tag{6.29}$$

根据胡克定律,可得

$$\nabla^2 \nabla^2 \varepsilon_x = 0, \qquad \nabla^2 \nabla^2 \varepsilon_y = 0, \qquad \nabla^2 \nabla^2 \varepsilon_z = 0 \atop \nabla^2 \nabla^2 \gamma_{xy} = 0, \qquad \nabla^2 \nabla^2 \gamma_{yz} = 0, \qquad \nabla^2 \nabla^2 \gamma_{zx} = 0 \right\} \tag{6.30}$$

写作张量形式

$$\nabla^2 \nabla^2 \sigma_{ij} = 0, \qquad \nabla^2 \nabla^2 \varepsilon_{ij} = 0 \tag{6.31}$$

根据上述公式可以看出,如果体力为常量,位移分量、应变分量和应力分量均满足双调和方程。也就是说,它们均为双调和函数。

6.4 弹性力学解的唯一性与叠加原理

6.4.1 解的唯一性原理

假如弹性体内受已知体力的作用,物体表面面力已知,或者表面位移已知;或者部分表面面力已知,部分表面位移已知,则弹性体处于平衡状态时,弹性体内任一点的应力分量和应变分量都是唯一的。对于表面有部分或全部位移已知的,则位移分量也是唯一的。这就是弹性力学解的唯一性定理。

解的唯一性定理为弹性力学问题的求解提供了重要的理论依据。由于偏微分方程边值问题求解的困难,因此在弹性力学问题分析中,经常需要使用逆解法或半逆解法。而解的唯一性定理为这些方法奠定了基础。

为了证明弹性力学解的唯一性定理,首先证明一个重要的定理,即应变能定理:

弹性体在外力作用下处于平衡状态时,物体内存储的弹性势能即应变能,等于外力由原始位置到平衡位置所做的功。假如外力是由零连续变化到其最终数值的,则在加载的过程中,物体始终是处于平衡状态的。证明如下:

设弹性体处于体力 f_x, f_y, f_z 和面力 $\bar{f}_x$, $\bar{f}_y$, $\bar{f}_z$ 的作用下,弹性体内产生位移 u, v, w。则外力在位移过程中作功为

$$W = \frac{1}{2} \iiint_V (f_x u + f_y v + f_z w) \mathrm{d}V + \frac{1}{2} \iint_S (\bar{f}_x u + \bar{f}_y v + \bar{f}_z w) \mathrm{d}S \tag{6.32}$$

将面力边界条件代入上式的第二个积分,并利用高斯积分公式,可得

$$\begin{aligned}
W &= \frac{1}{2} \iiint_V \left[\left(\frac{\partial \sigma_x}{\partial x} + \frac{\partial \tau_{yx}}{\partial y} + \frac{\partial \tau_{zx}}{\partial z} + f_x \right) u + \left(\frac{\partial \tau_{xy}}{\partial x} + \frac{\partial \sigma_y}{\partial y} + \frac{\partial \tau_{zy}}{\partial z} + f_y \right) v \right. \\
&\quad \left. + \left(\frac{\partial \tau_{xz}}{\partial x} + \frac{\partial \tau_{yz}}{\partial y} + \frac{\partial \sigma_z}{\partial z} + f_z \right) \right] \mathrm{d}V + \frac{1}{2} \iiint_V \left[\left(\sigma_x \frac{\partial u}{\partial x} + \sigma_y \frac{\partial v}{\partial y} + \sigma_z \frac{\partial w}{\partial z} \right) \right. \\
&\quad \left. + \tau_{xy} \left(\frac{\partial v}{\partial x} + \frac{\partial u}{\partial y} \right) + \tau_{yz} \left(\frac{\partial w}{\partial y} + \frac{\partial v}{\partial z} \right) + \tau_{zx} \left(\frac{\partial u}{\partial z} + \frac{\partial w}{\partial x} \right) \right] \mathrm{d}V \\
&= \frac{1}{2} \iiint_V (\sigma_x \varepsilon_x + \sigma_y \varepsilon_x + \sigma_z \varepsilon_x + \tau_{xy} \gamma_{xy} + \tau_{yz} \gamma_{xy} + \tau_{zx} \gamma_{xy}) \mathrm{d}V
\end{aligned}$$

因此

$$W = \iiint_V U_0 \, dV \qquad (6.33)$$

由此可以证明,外力所做的功等于弹性体存储的弹性势能。

下面我们证明解的唯一性定理。

假设在同一体力 f_x,f_y,f_z 的作用下,并在同一边界条件下有两组不同的弹性力学解,有两组不同的位移分量,应变分量和应力分量,即

第一组	$u_i^{(1)}$	$\varepsilon_{ij}^{(1)}$	$\sigma_{ij}^{(1)}$
第二组	$u_i^{(2)}$	$\varepsilon_{ij}^{(2)}$	$\sigma_{ij}^{(2)}$

为了证明这两组解相同,假设这两组解的差为一组新的解答,有

$$u_i = u_i^{(1)} - u_i^{(2)}$$
$$\varepsilon_{ij} = \varepsilon_{ij}^{(1)} - \varepsilon_{ij}^{(2)}$$
$$\sigma_{ij} = \sigma_{ij}^{(1)} - \sigma_{ij}^{(2)}$$

由于第一组应力和第二组应力均为弹性力学的解,其应力应满足平衡微分方程。因此,两组平衡微分方程相减可得

$$\sigma_{ij,j} = 0$$

因此,第三组应力满足体力为零的平衡微分方程。

由于两组应力同时满足相同的边界条件,其对应三种情况:

(1)第一种边界条件:前两组应力满足相同的面力边界条件,则第三组应力将满足面力为零的边界条件,有

$$\overline{f}_i = \sigma_{ij} n_j = 0$$

(2)第二种边值问题:前两组位移满足相同的位移边界条件,则第三组位移将满足边界零位移的边界条件,即

$$u_i = \overline{u}_i = 0$$

(3)第三种边值问题:在表面面力已知的部分,将满足面力为零的边界条件,在表面位移已知的部分,将满足零位移的边界条件。

上述分析表明,第三组应力在弹性体内满足无体力的平衡微分方程,在弹性体的表面,或者是面力为零,或者是位移为零,或者是部分面力为零而部分位移为零。根据应变能公式,可以得到

$$W = \iiint_V U_0 \, dV = 0$$

由于 $U_0 \geqslant 0$,所以上式成立的条件为:$U_0 = 0$。所以

$$\sigma_x = \sigma_y = \sigma_z = \tau_{xy} = \tau_{yz} = \tau_{zx} = 0$$
$$\varepsilon_x = \varepsilon_y = \varepsilon_z = \gamma_{xy} = \gamma_{yz} = \gamma_{zx} = 0$$

由此可以证明 $\varepsilon_{ij}^{(1)} = \varepsilon_{ij}^{(2)}$,$\sigma_{ij}^{(1)} = \sigma_{ij}^{(2)}$。

这就证明了在弹性力学问题中,应力分量和应变分量是唯一的。

对于位移分量,在第一类边值问题中,对于完全确定的应变分量,在对几何方程积分求

解位移时,求解的位移分量将允许有一个刚体位移,即可以相差

$$u^* = az - by + c$$
$$v^* = bx - dz + e$$
$$w^* = dy - ax + f$$

容易理解,上述公式表示的刚体位移在第二类和第三类边值问题中,由于弹性体的表面全部或者部分位移为已知,此时刚体位移将为零。因此在第二类和第三类边值问题中,位移分量也是唯一的。

6.4.2 解的叠加原理

由于偏微分方程边值问题求解困难,因此直接由给定的边界条件求解弹性力学的基本方程几乎是不可能的。所以对于弹性力学问题的求解,经常采用的方法是逆解法和半逆解法。

逆解法就是根据问题的性质,确定基本未知量,写出相应的基本方程并且假设一组满足全部基本方程的应力函数或位移函数。然后在确定的坐标系下,考察具有确定的几何尺寸和形状的物体,其表面将受什么样的面力作用或者将有什么样的位移,然后确定假设的函数。

半逆解法就是对于给定的弹性力学问题,根据弹性体的几何形状,受力特征和变形的特点或已知的一些简单结论,如材料力学得到的初等结论,假设部分应力分量或者部分位移分量的函数形式为已知,由基本方程确定其他的未知量,然后根据边界条件确定未知函数中的待定系数。

逆解法和半逆解法,其求解过程带有"试算"的性质,显然弹性力学解的唯一性定理是逆解法和半逆解法的理论依据。

1. 逆解法和半逆解法

对于一般的工程构件,即弹性体,由于偏微分方程边值问题在数学上求解的困难,因此直接根据给定的边界条件求解弹性力学的基本方程是十分困难的。

为了避开偏微分方程边值问题直接求解的困难,在弹性力学问题的求解中,经常采用的方法是逆解法和半逆解法。

逆解法就是根据研究问题的性质和研究对象特点,确定基本未知量,写出相应的基本方程并且假设一组满足全部基本方程的应力函数或位移函数。然后在确定的坐标系下,考察具有确定的几何尺寸和形状的物体,根据边界条件确定表面作用面力或者已知位移。由此确定假设函数可以求解的弹性力学问题。

半逆解法就是对于给定的弹性力学问题,根据弹性体的几何形状、受力特征和变形的特点或者已知的一些简单结论,如材料力学得到的初等结论,假设部分应力分量或者部分位移分量的函数形式为已知,由基本方程确定其他的未知量,然后根据边界条件确定未知函数中的待定系数。

逆解法和半逆解法的求解过程带有"试算"的性质,显然弹性力学解的唯一性定理是逆解法和半逆解法的理论依据。

2. 解的叠加原理

弹性力学解的叠加原理是指在线弹性条件下，对于满足小变形条件的弹性体，在两组不同的外力作用下所得到的弹性力学解相加等于这两组外力共同作用于弹性体的解答。

以下我们简单证明解的叠加原理。

设弹性体在第一组外力，体力 f_x,f_y,f_z 和面力 $\overline{f}_x,\overline{f}_y,\overline{f}_z$ 作用下，产生的应力分量为 s_{ij}；同一弹性体在第二组外力，体力 f'_x,f'_y,f'_z 和面力 $\overline{f}'_x,\overline{f}'_y,\overline{f}'_z$ 作用下，产生的应力为 s'_{ij}。

显然上述两组外力所产生的两组应力均应满足平衡微分方程和应力表示的变形协调方程，以及对应的边界条件。由于基本方程和边界条件都是线性的，因此迭加后的应力显然满足两组外力共同作用时的平衡微分方程和边界条件。即叠加后的应力满足全部基本方程和边界条件，是两组外力共同作用时的弹性力学解答。因此可以证明弹性力学解满足叠加原理。

应该注意的是，由于全部基本方程和边界条件是由变形前的坐标描述的，因此只有在小变形的条件下才可以使用叠加原理，即变形对外力作用点位置的改变可以忽略不计。

3. 圣维南局部影响原理

求解弹性力学问题就是在给定的边界条件下求解基本方程。一般来讲，对于弹性力学解，物体表面的外力是按一定的规律分布的，而实际问题中表面力很难与它一致。这样，弹性力学问题的求解和应用将受到极大的限制。为了扩大解的适用范围，放宽这种限制，圣维南提出了局部影响原理。

圣维南原理的主要内容为：物体表面某一小面积上作用的外力，如果为一静力等效的力系所替代，只能产生局部应力的改变，而在离这一面积稍远处，其影响可以忽略不计。

圣维南原理是一个被实验和理论计算多方面证明的原理，这一原理在弹性力学的分析中被广泛应用。可以说，没有局部影响原理，弹性力学问题的分析寸步难行。

弹性力学问题的求解是在给定的边界条件下求解基本方程。由于偏微分方程边值问题的性质，弹性力学的解必然要求物体表面的外力或者位移是按一定的规律分布的。对于工程实际问题，构件表面面力或者位移是很难满足这个要求的。这使得弹性力学解的应用将受到极大的限制。

根据圣维南局部影响原理，假如我们用一静力等效力系取代弹性体上作用的原外力，则其影响仅在力的作用区域附近。离此区域较远处，几乎不受影响。圣维南局部影响原理也可以表述为：如果物体的任一部分作用一个平衡力系，则此平衡力系在物体内产生的应力分布，仅局限于该力系作用的局部区域，在离该区域比较远处，这种影响便急剧减少。

局部影响原理是在实验中被多方证明的。例如用一个钳子夹住铁杆，钳子对铁杆的作用相当于一组平衡力系。实验证明，无论作用力多大，在距离力的作用区域比较远处，几乎没有应力产生。

这一结论也可以通过有限元程序计算分析得到。对于矩形板，在等效力系一个集中力 F；两个集中力 $F/2$ 和分布载荷 F/l 的作用，计算数据表明：静力等效的力系只能导致弹性体局部应力的改变，而在距离力的作用点较远处，其影响可以忽略不计。

6.5 等截面直杆的扭转

当柱体受外力矩作用发生扭转时，对于非圆截面杆件，其横截面将产生翘曲。如果横截面翘曲变形不受限制,称为自由扭转;如果横截面翘曲变形受到限制,就是约束扭转。以下讨论柱体自由扭转问题。

对于柱体的自由扭转,假设柱体的位移约束为固定左端面任意一点和相应的两个微分线元,使得柱体不产生刚体位移。柱体右端面作用一力偶 T,侧面不受力。

设柱体左端面形心为坐标原点,柱体轴线为 z 轴建立坐标系,如图 6.2 所示。柱体扭转时发生变形,设坐标为 z 的横截面的扭转角为 α,则柱体单位长的相对扭转角为

$$\varphi = \alpha / z$$

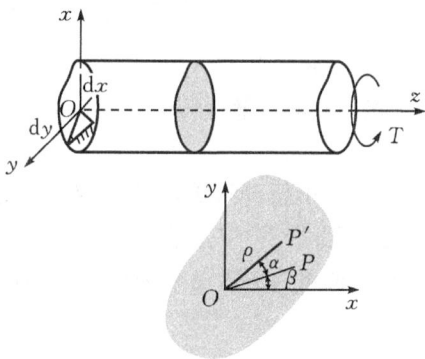

图 6.2

对于柱体的自由扭转,首先考察柱体的表面变形。观察可以发现,柱体表面横向线虽然翘曲,但是各个横向线的翘曲是基本相同的,而且横向线的轮廓线形状基本不变。根据上述观察结论,对柱体内部位移作以下的假设:

(1)刚截面假设。柱体扭转当横截面翘曲时,它在 Oxy 平面上的投影形状保持不变,横截面作为整体绕 z 轴转动,如图 6.2 所示。

当扭转角 α 很小时,设 $OP=\rho$,则 P 点的位移为

$$\left.\begin{array}{l} u = \rho\cos(\alpha+\beta) - \rho\cos\beta = -\rho\sin\alpha\sin\beta = -y\alpha = -\varphi yz \\ v = \rho\sin(\alpha+\beta) - \rho\sin\beta = \rho\sin\alpha\cos\beta = x\alpha = \varphi xz \end{array}\right\} \tag{6.34}$$

(2)横截面的翘曲位移与单位长度的相对扭转角 φ 成正比,而且各个截面的翘曲相同,即

$$w = \varphi\phi(x,y)$$

$\phi(x,y)$ 称为圣维南(Saint Venant)扭转函数,或者称为翘曲函数。

6.5.1 扭转问题的位移解法

1.几何方程

对于位移法求解,需要将平衡微分方程用位移分量表示。因为

$$u = \varphi yz, \quad v = \varphi xz, \quad w = \varphi\phi(x,y)$$

根据几何方程,应变分量为

$$\left.\begin{array}{l} \varepsilon_x = \varepsilon_y = \varepsilon_z = 0, \quad \gamma_{xy} = 0 \\ \gamma_{xz} = \dfrac{\partial w}{\partial x} + \dfrac{\partial u}{\partial z} = \varphi\left(\dfrac{\partial\phi}{\partial x} - y\right), \gamma_{yz} = \dfrac{\partial w}{\partial y} + \dfrac{\partial v}{\partial z} = \varphi\left(\dfrac{\partial\phi}{\partial y} + x\right) \end{array}\right\} \tag{6.35}$$

根据物理方程,应力分量为

$$\left.\begin{array}{l} \sigma_x = \sigma_y = \sigma_z = 0, \quad \tau_{xy} = 0 \\ \tau_{xz} = G\varphi\left(\dfrac{\partial\phi}{\partial x} - y\right), \quad \tau_{yz} = G\varphi\left(\dfrac{\partial\phi}{\partial y} + x\right) \end{array}\right\} \tag{6.36}$$

对于平衡微分方程(6.1),在不计体力的条件下,前两个方程自然满足,只有最后一个方

程,为

$$\frac{\partial \tau_{zx}}{\partial x} + \frac{\partial \tau_{yz}}{\partial y} = 0 \qquad (6.37)$$

将位移表达式 $u = \varphi yz, v = \varphi xz, w = \varphi \phi(x,y)$ 代入上式,则

$$\frac{\partial^2 \phi}{\partial x^2} + \frac{\partial^2 \phi}{\partial y^2} = \nabla^2 \phi \qquad (6.38)$$

上式为拉普拉斯方程,它表示位移分量如果满足位移表示的平衡微分方程,即拉梅方程时,则扭转翘曲函数 $\phi(x,y)$ 为调和函数。

2.边界条件

对于自由扭转问题,在侧边界没有载荷作用。由于 $\sigma_x = \sigma_y = \sigma_z = \tau_{xy} = 0$,只有 τ_{zx} 和 τ_{yz} 不等于零,因此分为柱体侧面和端面两部分面力边界条件讨论。

柱体的侧边界没有外力作用,而且侧面边界法线方向余弦 $n=0$。因此,面力边界条件

$$\begin{cases} l(\sigma_x)_s + m(\tau_{yx})_s + n(\tau_{zx})_s = \overline{f}_x \\ l(\tau_{xy})_s + m(\sigma_y)_s + n(\tau_{zy})_s = \overline{f}_y \\ l(\tau_{xz})_s + m(\tau_{yz})_s + n(\sigma_z)_s = \overline{f}_z \end{cases}$$

只有第三式需要满足,有

$$l(\tau_{xz})_s + m(\tau_{yz})_s = 0$$

将翘曲函数表示的应力分量代入上式,并且注意到柱体侧面法线方向余弦与坐标系的关系,$n=0$,则如图 6.3 所示。有

$$\frac{\partial \phi}{\partial x}l + \frac{\partial \phi}{\partial y}m = yl - xm$$

因为

$$\frac{\partial \phi}{\partial x}l + \frac{\partial \phi}{\partial y}m = \frac{\partial \phi}{\partial x}\frac{dx}{ds} + \frac{\partial \phi}{\partial y}\frac{dy}{ds} = \frac{\partial \phi}{\partial n}$$

所以,柱体侧面面力边界条件转换为翘曲函数横截面边界条件。有

$$\frac{\partial \phi}{\partial n} = yl - xm$$

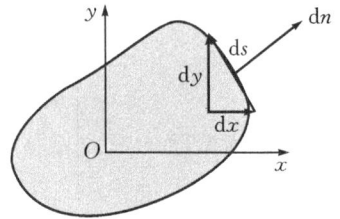

图 6.3

对于柱体的端面面力边界条件,选取柱体任意一个端面,例如右端面,$l=m=0$,而 $n=1$。因此面力边界条件

$$\begin{cases} l(\sigma_x)_s + m(\tau_{yx})_s + n(\tau_{zx})_s = \overline{f}_x \\ l(\sigma_{xy})_s + m(\tau_y)_s + n(\tau_{zy})_s = \overline{f}_y \\ l(\sigma_{xz})_s + m(\tau_{yz})_s + n(\tau_z)_s = \overline{f}_z \end{cases}$$

的第三式自然满足,而前两式成为

$$\overline{f}_x = \tau_{zx}, \ \overline{f}_y = \tau_{zy}$$

面力的合力为外力矩 T,则端面面力边界条件为

$$\iint_S \tau_{zx}dxdy = 0, \quad \iint_S \tau_{yz}dxdy = 0, \quad \iint_S (x\tau_{zy} - y\tau_{zx})dxdy = T$$

对于上述边界条件的前两式，由于

$$\iint\limits_{S}\tau_{zx}\mathrm{d}x\mathrm{d}y = G\varphi\iint\limits_{S}\left(\frac{\partial \phi}{\partial x}-y\right)\mathrm{d}x\mathrm{d}y$$

$$= G\varphi\iint\limits_{S}\left\{\frac{\partial}{\partial x}\left[x\left(\frac{\partial \phi}{\partial x}-y\right)\right]+\frac{\partial}{\partial y}\left[y\left(\frac{\partial \phi}{\partial y}+x\right)\right]\right\}\mathrm{d}x\mathrm{d}y$$

$$= G\varphi\oint_{C}x\left(\frac{\partial \phi}{\partial n}-yl+xm\right)\mathrm{d}s = 0$$

同理

$$\iint\limits_{S}\tau_{yz}\mathrm{d}x\mathrm{d}y = 0$$

所以边界条件的前两式是恒满足的。对于第三式有

$$T = G\varphi\iint\left(x^2+y^2+x\frac{\partial \phi}{\partial y}-y\frac{\partial \phi}{\partial x}\right)\mathrm{d}x\mathrm{d}y$$

令

$$D = \iint\limits_{S}\left(x^2+y^2+x\frac{\partial \phi}{\partial y}-y\frac{\partial \phi}{\partial x}\right)\mathrm{d}x\mathrm{d}y$$

则 $T = \varphi GD$，其中 D 表达了横截面的几何特征，GD 称为柱体的抗扭刚度。

总之，柱体的自由扭转的位移解法，归结为在边界条件下求解方程

$$\frac{\partial^2 \phi}{\partial x^2}+\frac{\partial^2 \phi}{\partial y^2} = \nabla^2 \phi$$

式中，相对扭转角 φ 由公式 $T = \varphi GD$ 确定。

6.5.2 扭转问题的应力解法

柱体自由扭转问题的位移解法、基本方程是翘曲函数表示的调和方程。基本方程的形式简单，但是边界条件的描述，特别是要用翘曲函数表达端面的合力边界条件比较困难。因此，典型的扭转问题均是采用应力解法求解的。

自由扭转的应力解法，以扭转应力函数 $\psi(x,y)$ 作为基本未知量。其主要工作包括利用平衡微分方程建立扭转应力与应力函数的关系；将应力函数表达的应力分量代入变形协调方程，可以确定应力函数 $\psi(x,y)$ 满足的基本方程。这是一个泊松方程。

根据扭转问题的侧面面力边界条件，扭转应力函数在横截面的边界为常数。对于单连域问题，可以假设这个常数为零。

对于扭转问题的端面面力边界条件，可以确定外力矩和应力函数的关系。

1. 扭转应力函数

扭转问题的位移解法方程虽然简单，但是边界条件相对比较复杂，因此通常使用应力解法求解柱体的扭转问题。

根据扭转问题的平衡微分方程(6.1)，可得 $\frac{\partial \tau_{zx}}{\partial x}=-\frac{\partial \tau_{zy}}{\partial y}$。因此，必然有一个函数 $\psi(x,y)$，使得

$$\tau_{zx} = \frac{\partial \psi}{\partial y}, \quad \tau_{yz} = -\frac{\partial \psi}{\partial x} \tag{6.39}$$

将上述扭转应力分量代入变形协调方程(6.22),则前四个方程恒满足,而后两个方程 $\nabla^2 \tau_{xx} = 0$,$\nabla^2 \tau_{yz} = 0$ 要求,函数 $\psi(x,y)$ 满足

$$\frac{\partial}{\partial x} \nabla^2 \psi = 0, \qquad \frac{\partial}{\partial y} \nabla^2 \psi = 0$$

因此

$$\nabla^2 \psi = C$$

上式即扭转问题的应力解法的基本方程。$\psi(x,y)$ 称为普朗特(Prandtl)扭转应力函数。将扭转应力函数与翘曲函数公式相比较,则扭转应力函数与翘曲函数的关系为

$$\frac{\partial \psi}{\partial y} = G\varphi\left(\frac{\partial \phi}{\partial x} - y\right), \qquad \frac{\partial \psi}{\partial x} = -G\varphi\left(\frac{\partial \phi}{\partial y} + x\right)$$

将上式代入变形协调方程,则 $C = -2G\varphi$。

2. 扭转边界条件

侧面边界条件

$$l(\tau_{xx})_s + m(\tau_{yz})_s = 0$$

将应力函数代入侧面面力边界条件,有

$$\frac{\partial \psi}{\partial y}l - \frac{\partial \psi}{\partial x}m = \frac{\partial \psi}{\partial y}\frac{\mathrm{d}y}{\mathrm{d}s} + \frac{\partial \psi}{\partial x}\frac{\mathrm{d}x}{\mathrm{d}s} = \frac{\partial \psi}{\partial s} = 0$$

所以

$$\psi_c = \text{const}$$

根据应力表达式,在应力函数 $\psi(x,y)$ 中增加或者减少一个常数对于应力分量的计算没有影响,因此对于单连域横截面柱体,可以将常数取为零。有

$$\psi_c = 0$$

应该注意,如果柱体横截面为多连域时,应力函数在每一个边界都是常数,但是各个常数一般并不相同。因此,只能将其中一个边界上的 ψ_c 取为零。

端面边界条件

$$\iint_S \tau_{xx}\mathrm{d}x\mathrm{d}y = 0, \qquad \iint_S \tau_{yz}\mathrm{d}x\mathrm{d}y = 0, \qquad \iint_S (x\tau_{yz} - y\tau_{xx})\mathrm{d}x\mathrm{d}y = T$$

和位移解法相同,前两个边界条件恒满足,对于第三式,将应力分量表达式代入,有

$$\iint_x (x\tau_{yz} - y\tau_{xx})\mathrm{d}x\mathrm{d}y = -\iint_S \left(x\frac{\partial \psi}{\partial x} + y\frac{\partial \psi}{\partial y}\right)\mathrm{d}x\mathrm{d}y$$

$$= -\iint_S \left[\frac{\partial}{\partial x}(x\psi) + \frac{\partial}{\partial y}(y\psi) - 2\psi\right]\mathrm{d}x\mathrm{d}y$$

$$= \oint_C (x\psi l + y\psi m)\mathrm{d}x + 2\iint_S \psi \mathrm{d}\mathrm{d}y$$

由于应力函数在边界上的值恒为零,上式线积分为零,所以

$$T = 2\iint_S \psi \mathrm{d}x\mathrm{d}y$$

根据上式可以求出单位长度扭转角 φ。这样,柱体扭转问题的基本方程归结为求解变形协调方程

$$\nabla^2 \psi = -2G\varphi$$

问题的边界条件为:侧面边界条件 $\psi_c = 0$;端面边界条件为

$$T = 2\iint_S \psi \mathrm{d}x\mathrm{d}y$$

6.6 椭圆截面杆件的扭转

对于自由扭转问题的应力解法,椭圆横截面柱体扭转问题是最成功的应用。本节通过椭圆截面柱体的扭转问题,对应力解法作全面介绍。

应力解法的关键是应力函数的确定。根据边界应力函数值为零,椭圆横截面柱体扭转的应力函数是容易确定的。对于待定常数根据基本方程,即泊松方程确定。

端面面力边界条件的应用确定了外力偶与柱体应力的关系。通过这个条件,可以建立待定常数与外力偶的关系。

应力函数确定后,可以确定横截面切应力以及最大切应力关系式。椭圆形横截面的最大切应力在长边的中点。

本节最后讨论横截面的翘曲,即扭转变形。对于非圆横截面柱体,在扭矩作用下,横截面将发生翘曲。因此对于非圆横截面柱体的扭转,平面假设不能使用。

设有椭圆截面直杆,它的横截面为椭圆边界,椭圆的长短半轴分别为 a 和 b,如图 6.4 所示。椭圆方程可以写作

$$\frac{x^2}{a^2} + \frac{y^2}{b^2} = 1$$

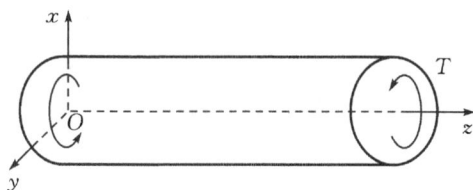

图 6.4

根据自由扭转问题的基本方程,应力函数在横截面的边界上应该等于零,所以假设应力函数为

$$\psi(x,y) = m\left(\frac{x^2}{a^2} + \frac{y^2}{b^2} - 1\right)$$

这一应力函数满足 $\psi_c = 0$ 。

将上述应力函数代入基本方程 $\nabla^2\psi = -2G\varphi$,则

$$\frac{2m}{a^2} + \frac{2m}{b^2} = -2G\varphi$$

即

$$m = -\frac{a^2 b^2}{a^2 + b^2} G\varphi$$

则扭转基本方程满足。

将应力函数代入端面边界条件公式,则

$$T = 2m\iint_S \left(\frac{x^2}{a^2} + \frac{y^2}{b^2} - 1\right)\mathrm{d}x\mathrm{d}y$$

设

$$\iint\limits_{S} x^2 \, dx dy = \frac{\pi a^3 b}{4}, \quad \iint\limits_{S} y^2 \, dx dy = \frac{\pi a^3 b}{4}, \quad \iint\limits_{S} dx dy = \pi ab$$

计算可得

$$m = -\frac{T}{\pi ab}, \quad \varphi = -\frac{T}{\pi abG}\left(\frac{1}{a^2} + \frac{1}{b^2}\right)$$

回代可得应力函数表达式

$$\psi(x, y) = -\frac{T}{\pi ab}\left(\frac{x^2}{a^2} + \frac{y^2}{b^2} - 1\right)$$

将上述应力函数代入应力分量计算公式 $\tau_{xz} = \frac{\partial \psi}{\partial y}, \tau_{yz} = -\frac{\partial \psi}{\partial x}$ 可以得到横截面应力分量为

$$\tau_{xz} = -\frac{2T}{\pi ab^3}y, \quad \tau_{yz} = -\frac{2T}{\pi a^3 b}x$$

横截面上的任意一点的合成切应力为

$$\tau = \sqrt{\tau_{xz}^2 - \tau_{yz}^2} = \frac{2T}{\pi ab}\sqrt{\frac{x^2}{a^4} + \frac{y^2}{b^4}}$$

根据薄膜比拟,最大切应力发生在椭圆边界上,边界切应力最大值在椭圆短轴处,而最小值在椭圆的长轴处,如图6.5所示。有

$$\tau_{max} = -\frac{2T}{\pi ab^2}, \quad \tau_{min} = -\frac{2T}{\pi a^2 b}$$

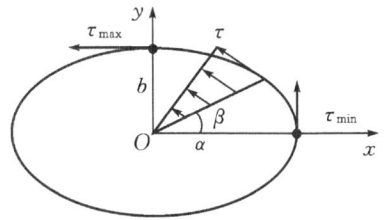

图 6.5

下面讨论椭圆截面杆扭转时横截面的翘曲。将应力分量代入翘曲函数公式,则

$$\frac{\partial \psi}{\partial x} = -\frac{a^2 - b^2}{a^2 + b^2}y \quad \frac{\partial \psi}{\partial y} = -\frac{a^2 - b^2}{a^2 + b^2}x$$

将上面两式分别对 x 和 y 积分,则

$$\phi(x, y) = -\frac{a^2 - b^2}{a^2 + b^2}xy + f_1(y), \quad \phi(x, y) = -\frac{a^2 - b^2}{a^2 + b^2}xy + f_2(x)$$

比较上述两式,必然有 $f_1(y) = f_2(x) = k$(常数),所以

$$w(x, y) = \varphi\phi(x, y) = -\varphi\frac{a^2 - b^2}{a^2 + b^2}xy = -\varphi\frac{a^2 - b^2}{\pi Ga^3 b^3}xy + k\varphi$$

其中,$k\varphi$ 表示横截面沿 z 方向的刚体平动,对变形没有影响,因此可以略去。所以

$$w(x, y) = -\varphi\frac{a^2 - b^2}{a^2 + b^2}xy = -T\frac{a^2 - b^2}{\pi Ga^3 b^3}xy$$

上式表达了横截面在变形后并不是保持为平面,而是翘曲成为曲面,成为双曲抛物面,如图6.6所示。曲面的等高线在 Oxy 面上的投影是双曲线,而且这些双曲线的渐近线是 x 轴和 y 轴。只有当 $a = b$ 时,即圆截面杆,才有 $w = 0$,横截面保持为平面。

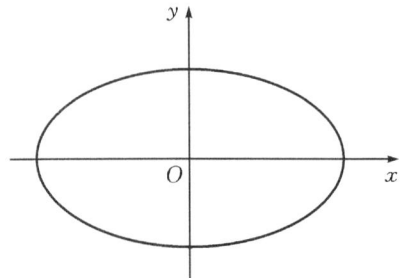

图 6.6

6.7 矩形截面杆件的扭转

应力函数的确定是扭转应力解法的关键。但是矩形横截面柱体的扭转问题不能采用与椭圆形截面柱体相同的方法建立扭转应力函数。

矩形截面柱体分析的第一步是引入特解，将基本方程—泊松方程简化为拉普拉斯方程。

第二步是将应力函数表达为坐标 x 和 y 的函数，并且根据问题性质，简化应力函数，为求解级数形式表达的应力函数作准备。

第三步是根据面力边界条件确定级数形式的应力函数。

最后，根据应力函数求解横截面切应力表达式，并且分析横截面切应力分布。

设矩形的边长为 a 和 b，如图 6.7 所示。矩形截面杆件的扭转问题，不能像椭圆截面杆件扭转问题一样假设扭转应力函数为

$$\psi(x,y) = m(x^2-a^2)(y^2-b^2)$$

原因很简单，这个应力函数虽然满足 $\psi_c=0$，但是却不可能满足泊松方程 $\nabla^2\psi=-2G\varphi$。

由于根据边界条件难以直接确定满足基本方程的扭转应力函数，因此首先简化扭转问题的基本方程。对于扭转问题的应力解法，基本方程为泊松方程。为了简化分析，需要找到泊松方程 $\nabla^2\psi=f(x,y)$ 的特解，将基本方程转化为拉普拉斯方程。因为拉普拉斯方程求解相对简单。

因为变形协调方程 $\nabla^2\psi=-2G\varphi$ 有一个特解 $-2G\varphi(y^2-b^2)$，所以设

$$\psi(x,y) = \psi_0(x,y) - G\varphi(y^2-b^2)$$

则变形协调方程转化为

$$\nabla^2\psi_0 = 0$$

对于柱体的侧面面力边界条件，$\psi_c=0$，则要求 ψ_0 满足边界条件

$$\left.\begin{array}{ll} x=\pm a, & \psi_0(\pm a,y)=G\varphi(y^2-b^2) \\ y=\pm b, & \psi_0(x,\pm b)=0 \end{array}\right\} \tag{6.40}$$

由于柱体横截面是关于坐标轴 x 和 y 对称的，而扭矩 T 是关于坐标轴反对称的，因此横截面切应力必然是与坐标轴反对称的。所以，设扭转应力函数 $\psi_0(x,y)$ 为

$$\psi_0(x,y) = X(x)Y(y)$$

代入变形协调方程 $\nabla^2\psi_0=0$，则

$$X^{(2)}(x)Y(y) + X(x)Y^{(2)}(y) = 0$$

将上式改写为

$$\frac{X^{(2)}(x)}{X(x)} = -\frac{Y^{(2)}(y)}{Y(y)}$$

其中 λ 为任意常数。

根据

$$X^{(2)}(x) - \lambda^2 X(x) = 0$$

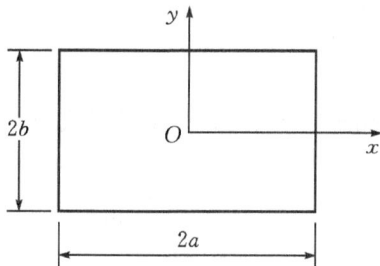

所以

$$X(x) = A\cosh\lambda x + B\sinh\lambda x$$

$$Y(y) = C\cos\lambda y + D\sin\lambda y$$

根据薄膜比拟,矩形横截面切应力是坐标的奇函数,因此应力函数应该为坐标 x 和 y 的偶函数。所以

$$\psi_0(x,y) = A\cosh\lambda x\cos\lambda y$$

上式仅是方程 $\nabla^2\psi_0 = 0$ 的一个特解。如果将所有特解作线性叠加就是方程的通解,所以 $\psi_0(x,y)$ 写作

$$\psi_0(x,y) = \sum_{n=0}^{\infty} A_n\cosh\lambda_n x\cos\lambda_n y$$

根据边界条件(6.40)的第二式,有

由于 $\cosh\lambda_n x \neq 0$,所以 $\cos\lambda_n b = 0$。

因此,$\lambda_n = \dfrac{(2n+1)\pi}{2b}$ ($n = 0,~1,~2,~3,~\cdots$)。回代可得

$$\psi_0(x,y) = \sum_{n=0}^{\infty} A_n\cosh\frac{(2n+1)\pi}{2b}x\cos\frac{(2n+1)\pi}{2b}y$$

根据边界条件(6.40)的第一式,有

$$\sum_{n=0}^{\infty} A_n\cosh\frac{(2n+1)\pi}{2b}a\cos\frac{(2n+1)\pi}{2b}y = G\varphi(y^2 - b^2)$$

对于上式两边同时乘以 $\cos\dfrac{(2n+1)\pi}{2b}y\mathrm{d}y$,并在 $(-b, b)$ 区间积分,可得

$$A_n = (-1)^{n+1}\frac{32b^2}{(2n+1)^3\pi^3}\frac{G\varphi}{\cosh\lambda_n a}$$

所以,应力函数为

$$\psi(x,y) = \sum_{n=0}^{\infty}(-1)^{n+1}\frac{32b^2 1 G\varphi}{(2n+1)^3\pi^3}\frac{\cosh\lambda_n x}{\cosh\lambda_n a}\cos\lambda_n y - G\varphi(y^2 - b^2)$$

根据应力函数表达式,应力分量为

$$\tau_{xz} = G\varphi\left[\frac{16b}{\pi^2}\sum_{n=0}^{\infty}(-1)^n\frac{1}{(2n+1)^2}\frac{\cosh\lambda_n x}{\cosh\lambda_n a}\sin\lambda_n y - 2y\right]$$

$$\tau_{yz} = G\varphi\frac{16b}{\pi^2}\sum_{n=0}^{\infty}(-1)^n\frac{1}{(2n+1)^2}\frac{\sinh\lambda_n x}{\cosh\lambda_n a}\cos\lambda_n y$$

上式中的单位长度扭转角 φ 由端面面力边界条件确定,即

$$T = 2\iint_S \psi\mathrm{d}x\mathrm{d}y = \frac{16}{3}Gb^3 a\varphi - \frac{1032Gb^4}{\pi^5}\varphi\sum_{n=0}^{\infty}\frac{\tanh\lambda_n a}{(2n+1)^5}$$

对于上述级数,其收敛很快,取 $n = 0$ 一项分析,则

$$\tau_{xz} = \frac{16bG\varphi}{\pi^2}\frac{\cosh\dfrac{\pi x}{2b}}{\cosh\dfrac{\pi a}{2b}}\sin\frac{\pi y}{2b} - 2Gy\varphi$$

$$\tau_{yz} = \frac{16bG\varphi}{\pi^2}\frac{\sinh\dfrac{\pi x}{2b}}{\cosh\dfrac{\pi a}{2b}}\cos\frac{\pi y}{2b}$$

$$T = \frac{16}{3} Gb^3 a\varphi - \frac{1032 Gb^4 \varphi}{\pi^5} \frac{\tanh \pi a}{2b}$$

根据切应力表达式,可以得到矩形横截面的应力分布,如图 6.8 所示。最大切应力发生在矩形长边的中点,即

$$\tau_{max} = \tau_{zz} \bigg|_{\substack{x=0 \\ y=-b}} = \frac{16bG\varphi}{\pi^2} \frac{-1}{\cosh \frac{\pi a}{2b}} + 2bG\varphi$$

$$= 2bG\varphi \left(1 - \frac{8}{\pi^2} - \frac{1}{\cosh \frac{\pi a}{2b}} \right)$$

图 6.8

根据公式

$$T = 2\iint_S \psi \,\mathrm{d}x\mathrm{d}y = \frac{16}{3} Gb^3 a\varphi - \frac{1032 Gb^4 \varphi}{\pi^5} \sum_{n=0}^{\infty} \frac{\tanh \lambda_n a}{(2n+1)^5}$$

可得单位长度扭转角 φ

$$\varphi = \frac{T}{2a(2b)^3 G\beta} \tag{6.41}$$

和最大扭转切应力 τ

$$\tau_{max} = \frac{T}{2a(2b)^2 \gamma} \tag{6.42}$$

其中,β 和 γ 都是仅与比值 a/b 有关的参数,这两个因子通过计算可以表示如下:

a/b	β	γ	a/b	β	γ
1.0	0.141	0.208	3.0	0.263	0.267
1.2	0.166	0.219	4.0	0.281	0.282
1.5	0.196	0.230	5.0	0.291	0.291
2.0	0.229	0.246	10.0	0.312	0.312
2.5	0.249	0.258	∞	0.333	0.333

表中数据作图如图 6.9 所示。

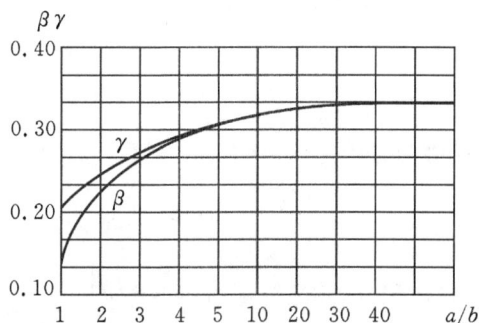

图 6.9

弹性力学与有限单元法

6.8 开口薄壁杆件的扭转

狭长矩形是指矩形横截面的一边长度远大于另外一边,这个问题有明显的工程意义。工程结构中广泛使用的形材大多是狭长矩形或者曲边狭长矩形组成的开口薄壁杆件。根据薄膜比拟,横截面的切应力方向是与狭长矩形的长边一致,而且数值不变。这个条件使得狭长矩形的扭转切应力公式不难推导,同时,直边与曲边狭长矩形的应力分布是相同的。

对于开口薄壁杆件的扭转切应力分析,首先将开口薄壁杆件分解为一系列的狭长矩形。这些狭长矩形共同承担截面内力扭矩,并且在扭矩作用下变形。注意到各个狭长矩形的扭矩之和为外力矩,而相对扭矩角是相同的,可以得到各个狭长矩形的扭转切应力。

开口薄壁杆件的扭转切应力是在理想狭长矩形杆切应力基础上推导的,这个应力不能用于局部应力分析。原因是开口薄壁杆件扭转切应力公式不能反映应力集中;而且为了减少应力集中的影响,工程型材在矩形与矩形的交接处有圆弧。对于工程问题,局部应力分析可以查阅相关图表。

下面首先讨论狭长矩形的扭转应力。设狭长矩形的长边长度为 a,短边长度为 d,而且 $a \gg \delta$,如图 6.10 所示。

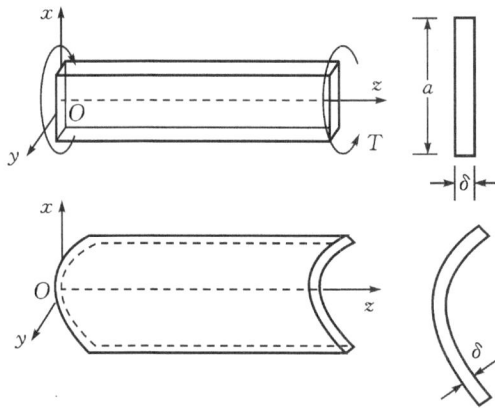

图 6.10

根据薄膜比拟,狭长矩形薄膜的形状沿长边方向基本不变,主要薄膜形状改变在短边方向。因此可以推断,应力函数在横截面的几乎是不随长度方向变化,因此对应的薄膜形状近似于柱面。所以可以近似地取

$$\frac{\partial \psi}{\partial x}=0, \quad \frac{\partial \psi}{\partial y}=\frac{\mathrm{d}\psi}{\mathrm{d}y}$$

因此狭长矩形杆的扭转变形协调方程可以写作

$$\frac{\mathrm{d}^2 \psi}{\mathrm{d}^2 y}=-2G\varphi$$

这是一个常微分方程,对上式作积分,并注意到边界条件 $\psi\big|_{y=\pm\frac{\delta}{2}}=0$,可得

126

$$\psi = -G\varphi\left(y^2 - \frac{\delta^2}{4}\right)$$

将上述应力函数代入扭转端面边界条件,可得 $G\varphi = \dfrac{3T}{a\delta^3}$。根据公式(6.39)有

$$\tau_{zx} = -\frac{6T}{a\delta^3}y, \quad \tau_{zy} = 0$$

最大切应力由薄膜比拟可以推论在矩形截面的长边上,其数值为 $\tau_{max} = \dfrac{3T}{a\delta^2}$,单位长度的扭转角为 $\varphi = \dfrac{3T}{a\delta^3 G}$。

上述结论与矩形截面杆件扭转应力分析结果完全一致。

工程结构中经常使用的开口薄壁杆(见图6.11),它们的横截面大都是由等宽度的狭长矩形组成的。

图 6.11

根据薄膜比拟可以想象,假如一个直边狭长矩形和一个曲边狭长矩形,它们具有相同的长度 a 和宽度 δ,如果张在这两个狭长矩形上的薄膜受有相同的压力 q 和张力 T,两个薄膜就与各自边界平面所占的体积 V,以及薄膜的斜率大体是相同的。

因此,曲边狭长矩形截面扭杆与直边狭长矩形截面扭杆的扭转切应力是近似的。所以,以下关于狭长矩形截面扭杆分析同样适用于曲边狭长矩形截面杆件。

如果用 a_i 和 δ_i 分别表示开口薄壁杆第 i 个狭长矩形的长度和宽度,T_i 表示该矩形面积上承受的扭矩,τ_i 表示该矩形长边中点的切应力,φ 为单位长度的扭转角。如图6.12所示,则

$$\tau_i = \frac{3T_i}{a_i\delta_i^2}, \quad \varphi = \frac{3T_i}{a_i\delta_i^3 G}, \quad T_i = \frac{G\varphi a_i\delta_i^3}{3}$$

根据合力条件,开口薄壁杆横截面的扭矩为

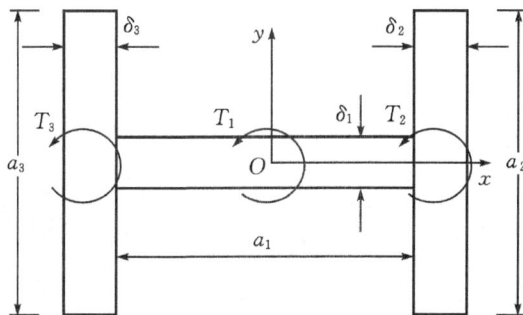

图 6.12

$$T = \sum_i T_i = \frac{G\varphi}{3} \sum_i a_i \delta_i^3$$

根据上述公式,消去 φ,有

$$T_i = \frac{a_i \delta_i^3}{\sum\limits_i a_i \delta_i^3} \tag{6.43}$$

回代可得

$$\tau_i = \frac{3T\delta_i}{\sum\limits_i a_i \delta_i^3}, \quad \varphi = \frac{3T}{\sum\limits_i a_i \delta_i^3} \tag{6.44}$$

对于狭长矩形长边中点的切应力,上述公式给出了相当精确的解答。但是需要注意的是,在开口薄壁杆件两个狭长矩形的连接处,由于应力集中,可能发生远大于狭长矩形中点的局部切应力。

开口薄壁杆件的局部应力与比值 $\tau_{\max}/\tau_i$ 和 ρ/δ_i 有关,如图 6.13 所示。$\tau_{\max}$ 是圆角处的最大切应力,τ_i 是用公式计算出的切应力,ρ 是内圆角的曲率半径,δ_i 是狭长矩形的宽度。

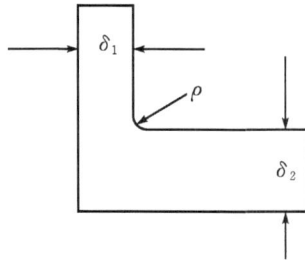

图 6.13

第
7
章

薄板的小挠度弯曲

BAOBANDEXIAONAODUWANQU

薄板是工程结构中的一种常用构件,它是由两个平行面和垂直于它们的柱面所围成的物体,几何特征是其高度远小于底面尺寸,简称板。薄板的弯曲变形属于弹性力学空间问题,由于数学求解的复杂性,因此,需要首先建立应力和变形分布的基本假设。

根据薄板的外载荷和几何特征,外力为横向载荷,厚度远小于薄板的平面宽度,可以忽略一些次要因素,引入一些基本变形假设,抽象建立薄板弯曲的力学模型。薄板的小挠度弯曲理论是由基尔霍夫基本假设作为基础的。

根据基尔霍夫假设,采用位移解法,就是以挠度函数作为基本未知量求解。因此,首先将薄板的应力、应变和内力用挠度函数表达,然后根据薄板单元体的平衡,建立挠度函数表达到平衡方程。

对于薄板问题,边界条件的处理与弹性力学平面等问题有所不同,典型形式有几何边界、混合边界和面力边界条件。

7.1 薄板的基本概念和基本假设

7.1.1 薄板的基本概念

薄板的上下两个平行面称为板面,垂直于平行面的柱面称为板边,如图 7.1 所示。两个平行面之间的距离称为板厚,用 δ 表示。平分板厚的平面称为板的中面。

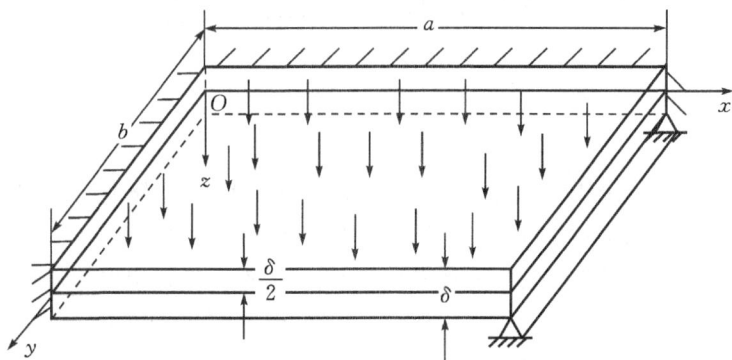

图 7.1

设薄板宽度为 a、b,假如板的最小特征尺寸为 b,如果 $\delta/b \geqslant 1/5$,称为厚板;如果 $\delta/b \leqslant 1/80$,称为膜板;如果 $1/80 \leqslant \delta/b \leqslant 1/5$,称为薄板。厚板属于弹性力学空间问题,而膜板只能

>>> **129**

承受膜平面内部的张力,因此,板的弯曲问题主要是薄板。

薄板主要几何特征是板的中面和厚度。若挠度小于厚度的五分之一,属于小挠度问题。对于小挠度薄板,在横向载荷作用下,将主要产生弯曲变形。

如果薄板的外载荷作用于板的中面,而且不发生失稳问题时,属于平面应力问题。如果外载荷为垂直于板的中面作用的横向载荷,则板主要变形为弯曲变形。中面在薄板弯曲时变形成为曲面,中面沿垂直方向,即横向位移称为挠度。

对于薄板,仍然有相当的弯曲刚度,如果挠度小于厚度的五分之一,属于小挠度问题;如果超过这个界限,属于大变形问题。本章只讨论薄板的小挠度弯曲问题。薄板的小挠度弯曲理论是由三个基本假设作为基础的,因为这些基本假设是由基尔霍夫首先提出的,因此又称为基尔霍夫假设。

根据三个基本假设建立的薄板小挠度弯曲理论是弹性力学的经典理论,长期应用于工程问题的分析,实践证明是完全正确的。

7.1.2 基尔霍夫假设

(1)设中面为 xOy 平面,则变形前垂直于中面的直线变形后仍然保持直线,而且垂直变形后的中面长度不变。这相当于梁的弯曲变形平面假设,如图 7.2 所示。根据这一假设,$\varepsilon_z = \gamma_{zx} = \gamma_{zy} = 0$。

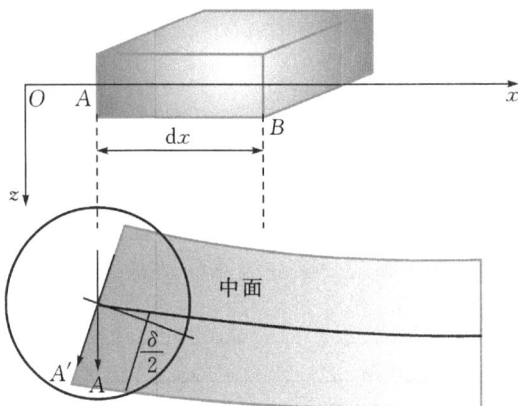

图 7.2

(2)垂直于中面方向的应力分量 $\sigma_z, \tau_{zx}, \tau_{zy}$ 远小于其他应力分量,其引起的变形可以不计,但是对于维持平衡是必要的,这相当于梁的弯曲无挤压应力假设。

(3)薄板弯曲时,中面各点只有垂直中面的位移 w,没有平行中面的位移,即

$$u|_{z=0} = 0, \quad v|_{z=0} = 0, \quad w = w(x, y)$$

板的中面位移函数 $w(x, y)$ 称为挠度函数。

7.2 薄板小挠度弯曲问题的基本方程

根据基尔霍夫假设,薄板弯曲的基本未知量可以取挠度函数 $w(x, y)$。通过平衡微分方程、几何方程和本构方程,用挠度函数 $w(x, y)$ 表达薄板内部任意一点的位移、应力、应变

和内力等,然后利用薄板单元体的平衡建立挠度函数所要满足的微分方程。因此,薄板的小挠度弯曲问题求解属于位移解法。

根据基本假设,与厚度方向相关的应变分量为零,其对应的应力分量产生的变形是忽略不计的,但是这些应力分量对于平衡的影响必须考虑。

通过分析可以得到薄板问题的广义力和对应的广义位移。根据单元体的平衡,可以得到关于广义力和广义位移的关系式,然后将其描述为挠度函数表达的薄板基本方程。

7.2.1 位移和应变分量

根据薄板弯曲的第一个假设,则几何方程为

$$\varepsilon_z = \frac{\partial w}{\partial z} = 0$$

从而 $w = w(x, y)$。薄板厚度方向的位移与 z 坐标无关,可以应用板的中面位移表达板的挠度。根据几何方程的后两式第二个假设,有

$$\gamma_{yz} = \frac{\partial w}{\partial y} + \frac{\partial v}{\partial z} = 0, \quad \gamma_{zx} = \frac{\partial u}{\partial z} + \frac{\partial w}{\partial x} = 0$$

即

$$\frac{\partial u}{\partial z} = -\frac{\partial w}{\partial x}, \quad \frac{\partial v}{\partial z} = -\frac{\partial w}{\partial y}$$

对 z 积分,可得

$$u = -\frac{\partial w}{\partial x} z + f(x, y), \quad v = -\frac{\partial w}{\partial y} z + g(x, y)$$

注意到第 3 个假设,$u|_{z=0} = 0, v|_{z=0} = 0$,因此 $f(x, y) = g(x, y) = 0$,所以

$$u = -\frac{\partial w}{\partial x} z, \quad v = -\frac{\partial w}{\partial y} z$$

上述分析将位移分量通过挠度函数 $w(x, y)$ 表示。根据几何方程可以得到挠度函数表达的应变分量

$$\varepsilon_x = \frac{\partial u}{\partial x} = -\frac{\partial^2 w}{\partial x^2} z, \quad \varepsilon_y = \frac{\partial v}{\partial y} = -\frac{\partial^2 w}{\partial y^2} z, \quad \gamma_{xy} = \frac{\partial u}{\partial y} + \frac{\partial v}{\partial x} = -2 \frac{\partial^2 w}{\partial x \partial y} z \quad (7.1)$$

上式表明,薄板的弯曲应变是沿厚度线性分布的,在板的中面为零,上下板面处达到极值。

7.2.2 应力分量

根据基尔霍夫假设,本构方程简化为

$$\sigma_x = \frac{E}{1 - \nu^2} (\varepsilon_x + \nu \varepsilon_y)$$

$$\sigma_y = \frac{E}{1 - \nu^2} (\varepsilon_y + \nu \varepsilon_x)$$

$$\tau_{xy} = \frac{E}{2(1 + \nu)} \gamma_{xy}$$

代入应变表达式 (7.1) 有

$$\sigma_x = \frac{-Ez}{1-\nu^2}\left(\frac{\partial^2 w}{\partial x^2} + \nu\frac{\partial^2 w}{\partial y^2}\right)$$

$$\left.\sigma_y = \frac{-Ez}{1-\nu^2}\left(\frac{\partial^2 w}{\partial y^2} + \nu\frac{\partial^2 w}{\partial x^2}\right)\right\} \qquad (7.2)$$

$$\tau_{xy} = \frac{-Ez}{1-\nu^2}\frac{\partial^2 w}{\partial x\partial y}$$

薄板小挠度弯曲问题的正应力和切应力沿厚度也是线性分布的,如图 7.3 所示。

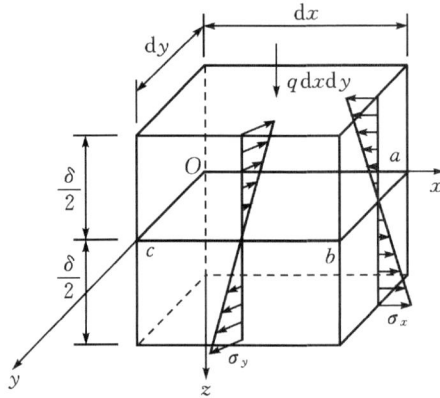

图 7.3

基本假设中 $\varepsilon_z = \gamma_{zx} = \gamma_{zy} = 0$,与厚度方向相关的应变分量为零,其对应的应力分量产生的变形是不计的。应该注意的问题是,这些应力分量相对于其他应力分量产生的变形可以不计,但是对于平衡的影响必须考虑。这里必须放弃物理方程中关于 $\varepsilon_z = \gamma_{zx} = \gamma_{zy} = 0$ 的结论,而要求 $\sigma_z = -\nu(\sigma_x + \sigma_y) \neq 0$;$\tau_{zx} \neq \tau_{zy} \neq 0$。

7.2.3 广义力

对于矩形薄板,采用图 7.4 所示坐标系。如果从薄板中选取一个微小单元体 $\mathrm{d}x\mathrm{d}y$,单

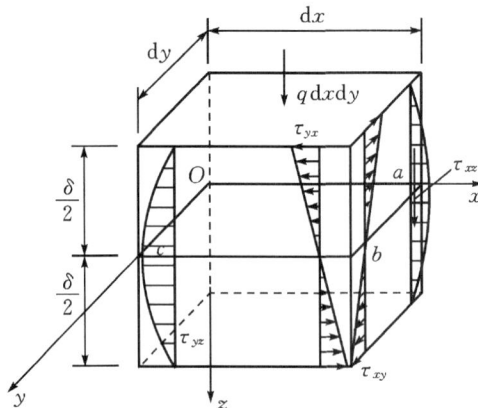

图 7.4

元体在 Oxy 平面的投影为矩形 $abcd$,单元体上部有横向载荷 $q\mathrm{d}x\mathrm{d}y$,底面为自由表面。其中外法线与 x 轴平行的的侧面有应力分量 $\sigma_x,\tau_{xy},\tau_{xz}$,根据公式(7.2)可知,应力分量 σ_x,τ_{xy},τ_{xz} 均以中面为对称面而反对称分布。这些应力分量将分别组成合成弯矩 M_x(注:其矢量平行 y 轴),扭矩 M_{xy}(注:其矢量平行 x 轴)和横向剪力 $F_{\mathrm{S}x}$(注:其矢量平行 z 轴),如图 7.4 所示。如果用 M_x,M_{xy} 和 $F_{\mathrm{S}x}$ 分别表示单位长度的弯矩,扭矩和横向剪力,则

$$M_x = \int_{-\delta/2}^{\delta/2} z\sigma_x\mathrm{d}z, \quad M_{xy} = \int_{-\delta/2}^{\delta/2} z\tau_{xy}\mathrm{d}z, \quad F_{\mathrm{S}x} = \int_{-\delta/2}^{\delta/2} \tau_{xz}\mathrm{d}z \tag{7.3}$$

同理,讨论外法线与 y 轴平行的的侧面,如图 7.5 所示,有

$$M_y = \int_{-\delta/2}^{\delta/2} z\sigma_y\mathrm{d}z, \quad M_{yx} = M_{xy} = \int_{-\delta/2}^{\delta/2} z\tau_{yx}\mathrm{d}z, \quad F_{\mathrm{S}y} = \int_{-\delta/2}^{\delta/2} \tau_{yz}\mathrm{d}z \tag{7.4}$$

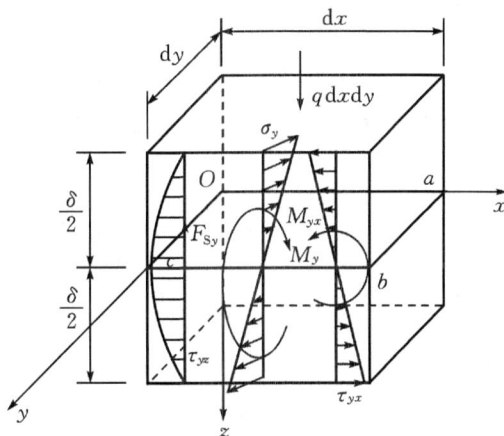

图 7.5

下面设法将上述内力用挠度函数 $w(x,y)$ 表示。将应力表达式(7.2)代入上述内力分量表达式,有

$$\begin{aligned}M_x &= \frac{-E}{1-\nu^2}\int_{-\delta/2}^{\delta/2} z^2\left(\frac{\partial^2 w}{\partial x^2} + \nu\frac{\partial^2 w}{\partial y^2}\right)\mathrm{d}z = \frac{-E\delta^3}{12(1-\nu^2)}\left(\frac{\partial^2 w}{\partial x^2} + \nu\frac{\partial^2 w}{\partial y^2}\right) \\ &= -D\left(\frac{\partial^2 w}{\partial x^2} + \nu\frac{\partial^2 w}{\partial y^2}\right)\end{aligned} \tag{7.5a}$$

其中

$$D = \frac{E\delta^3}{12(1-\nu^2)}$$

表征了薄板抵抗弯曲变形的能力,称为弯曲刚度。同理

$$M_y = -D\left(\frac{\partial^2 w}{\partial y^2} + \nu\frac{\partial^2 w}{\partial x^2}\right) \tag{7.5b}$$

$$M_{xy} = -(1-\nu)D\frac{\partial^2 w}{\partial x\partial y} \tag{7.5c}$$

上述内力 M_x,M_y,M_{xy},M_{yx} 和 $F_{\mathrm{S}x}$ 和 $F_{\mathrm{S}y}$ 称为广义力,分别作用于单元体的侧面边界如图7.5所示。

7.2.4　广义位移与平衡关系

上述广义力对应的广义应变为

$$\kappa_x = -\frac{\partial^2 w}{\partial x^2}, \quad \kappa_y = -\frac{\partial^2 w}{\partial y^2}, \quad \kappa_{xy} = -\frac{\partial^2 w}{\partial x \partial y} \tag{7.6}$$

κ_x 是薄板中面在与 Oxz 平面平行的平面内的曲率,曲率取负号是由于挠曲面凸面向下为正曲率,而对应的挠度函数的二阶导数 $\frac{\partial^2 w}{\partial x^2}$ 为负值。κ_{xy} 称为中面对于 x,y 轴的扭率。

利用广义应变,可以将广义力表示为

$$M_x = -D(\kappa_x + \nu\kappa_y), \quad M_y = -D(\kappa_y + \nu\kappa_x), \quad M_{xy} = (1-\nu)D\kappa_{xy} \tag{7.7}$$

考虑单元体的平衡,则

$$\sum M_x = 0, \quad \sum M_y = 0, \quad \sum M_z = 0, \quad \sum F_x = 0, \quad \sum F_y = 0, \quad \sum F_z = 0$$

如果讨论 $\sum M_x = 0$,即绕 x 轴的力矩之和等于零,考虑单元体内力对于角点的力矩平衡,如图 7.6 所示,有

$$\left(M_x + \frac{\partial M_x}{\partial x}dx\right)dy - M_x dy + \left(M_{yx} + \frac{\partial M_{yx}}{\partial y}dy\right)dx - M_{yx}dx -$$

$$\left(F_{Sx} + \frac{\partial F_{Sx}}{\partial x}dx\right)dxdy - qdydx\frac{dx}{2} = 0$$

整理并且略去高阶小量,有

$$\frac{\partial M_x}{\partial x} + \frac{\partial M_{yx}}{\partial y} = F_{Sx} \tag{7.8a}$$

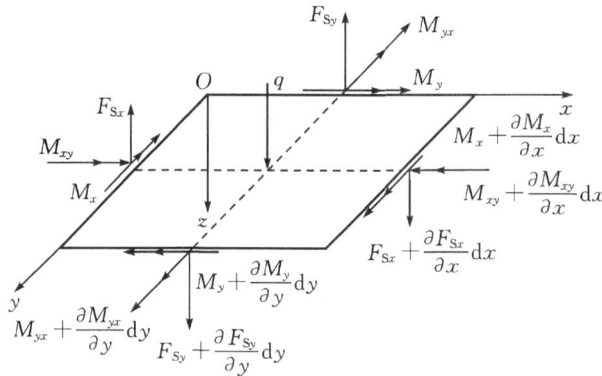

图 7.6

7.2.5　基本方程

同理,根据 $\sum M_y = 0$,有

$$\frac{\partial M_{xy}}{\partial x} + \frac{\partial M_y}{\partial y} = F_{Sy} \tag{7.8b}$$

根据 $\sum F_z = 0$，可以得到

$$\frac{\partial F_{Sx}}{\partial x}\mathrm{d}x\mathrm{d}y + \frac{\partial F_{Sy}}{\partial y}\mathrm{d}x\mathrm{d}y + q\mathrm{d}x\mathrm{d}y = 0$$

简化并且略去高阶小量，有

$$\frac{\partial F_{Sx}}{\partial x} + \frac{\partial F_{Sy}}{\partial y} = -q \tag{7.8c}$$

利用式(7.7)和式(7.8a)、式(7.8b)可得到

$$F_{Sx} = -D\frac{\partial}{\partial x}\nabla^2 w, \quad F_{Sy} = -D\frac{\partial}{\partial y}\nabla^2 w \tag{7.9}$$

将式(7.8a)、式(7.8b)代入式(7.8c)，并且注意到 $M_{xy} = M_{yx}$，有

$$\frac{\partial^2 M_x}{\partial x^2} + 2\frac{\partial^2 M_{xy}}{\partial x \partial y} + \frac{\partial^2 M_y}{\partial y^2} = -q \tag{7.10}$$

将挠度函数式(7.5a)～式(7.5c)代入上式，则

$$\frac{\partial^4 w}{\partial x^4} + 2\frac{\partial^4 w}{\partial x^2 \partial y^2} + \frac{\partial^4 w}{\partial y^4} = \frac{q}{D}$$

或者写作

$$\nabla^2 \nabla^2 w = \frac{q}{D} \tag{7.11}$$

式(7.11)就是薄板小挠度弯曲问题的基本方程。

从而，问题归结为在满足边界条件的基础上求解基本方程，确定挠度函数；然后根据公式计算广义力弯矩和扭矩；再根据公式(7.2)确定薄板应力分量。

7.3 边界条件

薄板弯曲问题的解必须满足基本方程和给定的边界条件。由于薄板基本方程为一个四阶偏微分方程，因此对于矩形薄板，每个边界必须给出两个边界条件。

薄板弯曲问题的典型边界条件形式可以分为几何边界条件、面力边界条件和混合边界条件，分别对应薄板的固定边界、自由边界和简支边界约束。

由于薄板弯曲问题应用位移解法，本节对于不同的边界约束，推导边界条件的挠度函数表达形式。应该注意的是自由边界条件，由于自由边界属于面力边界，因此转换为位移边界条件时并不是完全独立的，必须作进一步地简化，特别是两个自由边界角点的约束变换。

薄板弯曲问题的典型边界条件形式为

(1)几何边界条件：就是在边界上给定边界挠度 w 和边界切线方向转角 $\frac{\partial w}{\partial t}$，$t$ 为边界切线方向。

(2)面力边界条件：在边界给定横向剪力和弯矩。

(3)混合边界条件：在边界同时给出广义力和广义位移。

以下讨论常见的边界支承形式和对应的边界条件。

7.3.1 固定边界

对于固定边界，如图 7.7 所示，显然有边界挠度和转角均为零的几何条件。因此，在 x

＝0 边界,有

$$w\big|_{x=0} = 0, \quad \frac{\partial w}{\partial x}\Big|_{x=0} = 0 \tag{7.12}$$

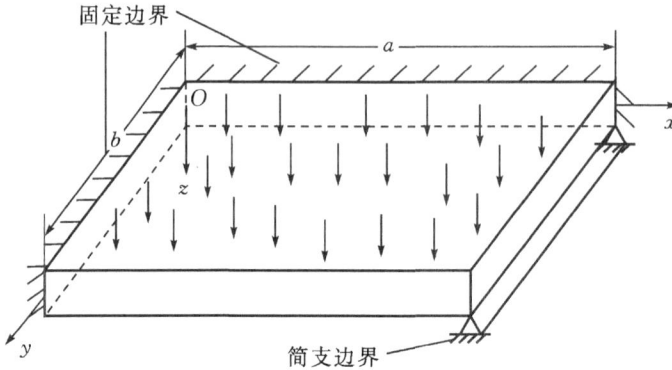

图 7.7

7.3.2 简支边界

薄板在简支边界,不能有挠度,但是可以有微小的转动。因此边界条件为挠度为零和弯矩为零,属于混合边界条件。在 $x=a$ 边界,有

$$w\big|_{x=a} = 0, \quad M_x\big|_{x=a} = 0 \tag{7.13a}$$

由于 $M_x = -D\left(\frac{\partial^2 w}{\partial x^2} + \frac{\partial^2 w}{\partial y^2}\right)$,同时在边界 $x=a$,有 $\frac{\partial w}{\partial y} = \frac{\partial^2 w}{\partial y^2} = 0$,所以边界条件可以写作

$$w\big|_{x=a} = 0, \quad \frac{\partial^2 w}{\partial x^2}\Big|_{x=a} = 0 \tag{7.13b}$$

7.3.3 自由边界

对于自由边界,如图 7.8 所示,分布弯矩和分布剪力均应为零。考虑到薄板内力分量中存在分布扭矩,在自由边界上分布扭矩也应该为零。由于薄板挠曲微分方程为四阶偏微分方程,在边界上只能提 8 个定解条件,所以,对于矩形薄板每条边只能提两个边界条件。因此,在自由边界上,如果令分布剪力、分布弯矩和分布扭矩同时为零,那么在一条边界上将出现 3 个条件,这与上述要求发生矛盾。为此,需要引入折算剪力的概念,将剪力和扭矩合二为一,从而将弯矩、扭矩和剪力三个条件等效为两个条件。

在 $x=a$ 边界,有

$$M_x\big|_{x=a} = 0, \quad M_{xy}\big|_{x=a} = 0, \quad F_{Sx}\big|_{x=a} = 0$$

这三个面力边界条件并不是独立的。其中扭矩可以用等效剪力来表示。作用在 $x=a$ 边界上长度为 dy 的微单元体上的扭矩可以用两个大小相等,方向相反,相距 dy 的垂直剪力取代。显然这种代换是静力等效的。

根据圣维南原理,代换的影响仅仅是局部的。因此,代换后,两个微小单元之间增加一个集度为 $\frac{\partial M_{xy}}{\partial y}$ 的剪力。因此边界 $x=a$ 为自由边界,总的分布剪力为

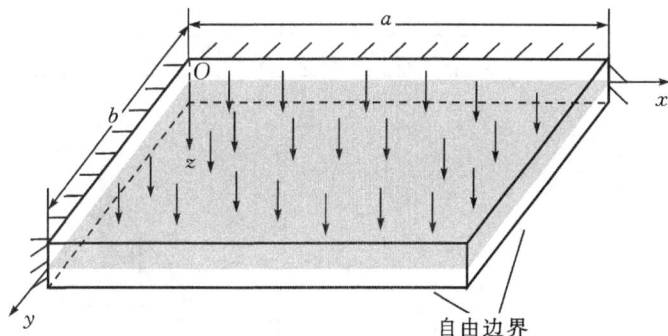

图 7.8

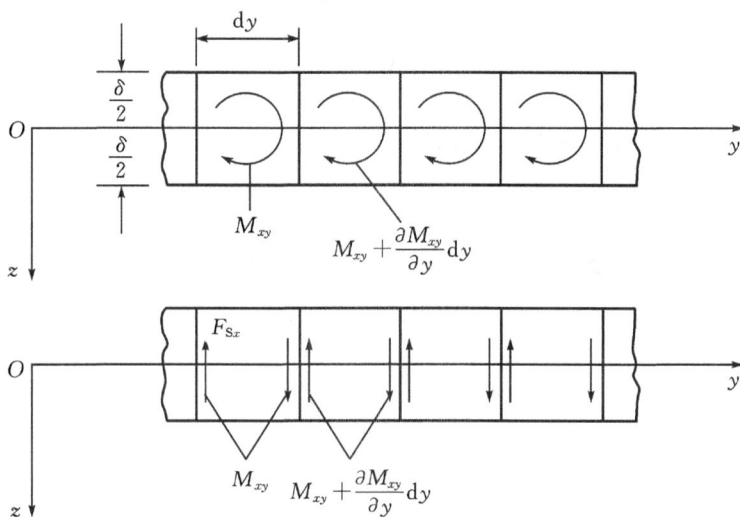

图 7.9

$$F_{\mathrm{V}x}\mathrm{d}y = (F_{\mathrm{S}x} + \frac{\partial M_{xy}}{\partial y})\mathrm{d}y$$

因此,利用式(7.5c)和式(7.9)边界条件可以改写作

$$\left[\frac{\partial^2 w}{\partial x^2} + \nu\frac{\partial^2 w}{\partial y^2}\right]\Bigg|_{x=a} = 0, \quad \left[\frac{\partial^3 w}{\partial x^3} + (2-\nu)\frac{\partial^3 w}{\partial x \partial y^2}\right]\Bigg|_{x=a} = 0 \tag{7.14}$$

应该指出,如果相邻的两个边界都是自由边界,则扭矩用上述剪力等效替代时,在两个边界的角点将会出现没有抵消的集中剪力 F_{SR},如果边界角点受到支承,这个集中剪力就是支座对于薄板的角点的集中反力,如图 7.10 所示。

对于悬空的角点,由于边界角点 B 处于自由状态,因此有

$$F_{\mathrm{SR}}\Bigg|_{\substack{x=a\\y=b}} = 2M_{xy}\Bigg|_{\substack{x=a\\y=b}} = 0$$

利用公式(7.7)和(7.6)中的第三式,有 $M_{xy} = -D(1-\nu)\dfrac{\partial^2 w}{\partial x \partial y}$

$$\frac{\partial^2 w}{\partial x \partial y}\Bigg|_{\substack{x=a\\y=b}} = 0 \tag{7.15}$$

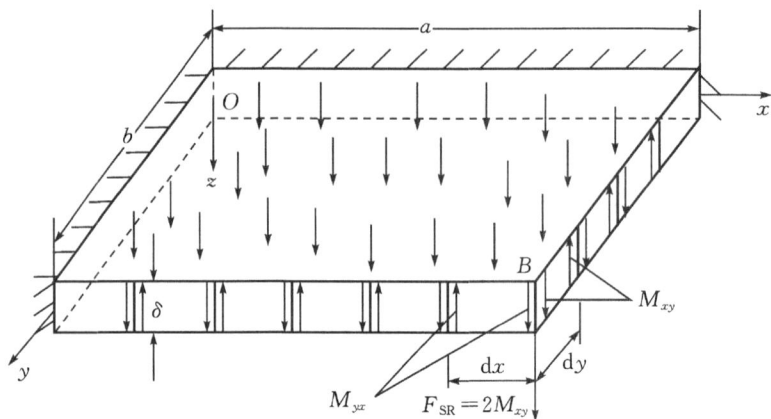

图 7.10

如果在角点有支座,而且挠度被阻止发生,有

$$w\Big|_{\substack{x=a\\y=b}}=0 \tag{7.16}$$

此时,支座反力可以根据公式 $F_{\mathrm{V}x}\mathrm{d}y=\left(F_{\mathrm{S}x}+\dfrac{\partial M_{xy}}{\partial y}\right)\mathrm{d}y$ 计算。

第8章

有限单元法基础

有限单元法是近似求解一般连续场问题的数值方法。它首先应用于机械、建筑结构的位移场和应力场分析,随后很快广泛应用于求解电磁学中的电磁场、传热学中的温度场、流体力学中的流体场等连续场问题。

例如,弹性体受力后内部各点的应力分布规律,物体受热后内部各点温度变化的规律等,都可以用数学物理方程来描述,有限单元法可以求这些数学物理方程的近似数值解。弹性力学中的平衡方程及应力边界条件就是描述应力分布规律的数学物理方程,用有限单元法可以求得所需的物理量,如应力、位移、温度等。由于这些数学物理方程往往以偏微分方程出现,能用解析法求出精确解的只是少数方程性质比较简单且几何形状相当规则的问题。对于大多数工程技术问题,由于复杂边界条件、复杂物体形状、非线性等因素,求其精确的解析解一般都很困难,即使近似的函数解也不易求得。

对于上述问题,通常有两种解决方法:一是简化假设,将方程和几何边界简化为能够处理的问题,获得问题在简化条件下的解析解,但过多的简化可能导致结果的不精确甚至错误;另一种是借助计算机技术的发展,采用数值计算方法求解复杂工程问题,获得问题的近似解。

目前,在工程技术领域,数值分析方法主要有有限单元法、边界元法和有限差分法等,其中有限单元法已成为当今工程问题中应用最广泛的数值计算方法。与电子计算机结合的有限单元法,用分段函数代替整体函数,以适应各种复杂的边界条件,从而使许多过去不能求得的数学物理方程均能得到满意的近似解。

8.1 有限元的基本概念

对于很多工程实际问题,要获得解析解是不可能的。为了克服数学上的困难,学者们提出了多种近似求解方法,例如有限差分法、变分法、有限单元法等,其中有限单元法以其理论基础坚实、实用性极强等优点而被公认为最有效的数值方法。

有限元的基本思想早在 20 世纪 40 年代初就有人提出,但当时没有引起人们的注意和重视。到了 50 年代初,由于工程上的需要,特别是高速电子计算机的出现与应用,有限单元法才在结构矩阵分析方法的基础上迅速发展起来,并得到越来越广泛的应用。

简要归纳起来,有限单元法主要有下述四个特点:

(1)以简单逼近复杂,即把原本复杂的求解区域分成一个一个单元,在相对简单的单元建立公式,然后总体合成,逼近真实解。在一定条件下,随着单元分得越来越细,逼近真实解的程度越来越高。

(2)采用矩阵形式表达,便于编制计算机程序。

(3)特别适合求解具有复杂几何形状的问题,因为它不必用正交网格计算。

(4)适应性很强。虽然它开始是用来研究复杂的飞机结构中的应力的,但现在已应用到解决绝大多数学科领域的工程计算问题。

比如,有限单元法已从弹性力学的平面问题扩展到了空间问题、板壳问题;从静力问题扩展到了动态问题;从固体力学扩展到了流体力学、传热学、电磁学;从弹性材料问题扩展到了弹塑性、塑性、粘弹性和复合材料问题;从航空工程问题扩展到了航天、土木建筑、机械制造、水利工程及核能学科等方面的问题。

有限单元法分析和计算工程问题一般分为六个步骤:

(1)求解区域离散化。用假想的网格将求解区域(或结构)分为若干子域,即分成有限个单元,网格线的交点称为节点。这是有限元分析的第一步。

(2)选取插值函数(或称形函数)。对单元中位移分布作出一定假设,也就是假定位移为坐标的某种简单函数,用单元节点位移表示单元内一点的位移,这种函数称为插值函数或形函数,通常选取多项式作为场变量的插值函数,因为多项式易于积分与微分。

有限单元法采用分片近似,只需对一个单元选择一个近似位移函数,而不必对整个求解区域选择函数。有限单元法开始则不必考虑边界条件,只需考虑单元之间的位移连续就可以了,这样比在整个区域中选取连续函数要简单得多。特别是对复杂的几何形状或者材料性质、作用载荷有突变的结构,采用分片(段)函数就显得更为合理和适宜了。

(3)分析单元的(力学)特性。应用物理直接法、虚功原理、变分原理和加权余数法中任一种,来确定单元特性的矩阵方程(单元刚度矩阵),即单元节点力和节点位移之间的关系矩阵。导出单元刚度矩阵是单元特性分析的核心内容。

(4)集合所有单元的平衡方程,以建立整个求解域的平衡方程组。集合过程包括两方面的内容:一是将各个单元的刚度矩阵集合成整个系统的刚度矩阵;二是将作用于各单元的等效节点力矩阵,集合成总体载荷矩阵。

(5)求解系统的总体方程组。通过引入边界位移约束条件,求解表示节点力与节点位移之间关系的线性方程组,求出节点位移。

(6)根据需要进行附加计算。比如已求得节点位移,再根据位移与应变、应变与应力关系求出应变与应力等。

在有限单元法中,位移法应用最为广泛,其基本思想可简述为:将结构离散成有限个单元,每个单元设定若干个节点,选取节点位移作为基本未知量,并在每个单元区域内选用某种插值函数(位移模式)以近似表示单元内位移的分布;利用某种原理(例如虚功原理)建立求解基本未知量的方程组。

8.2 三角形单元分析

8.2.1 结构的离散化

按位移求解弹性力学平面问题,就是以位移作为基本未知量,在平面域 Ω 上求解位移函数 u,v。可以将定义在 Ω 上的 $u(x,y)$ 想象成一个待求的未知曲面,由于 Ω 含有的几何点有无穷多个,因此这个未知曲面可以看作具有无穷多个自由度。有限元求解路线是将 Ω 划分成有限个小单元(有限单元),每个单元用单元节点相连接,单元内的位移函数用节点位移的插值函数近似表示,以节点位移作为基本未知量。这样,将无限个自由度的连续体变换为通过有限个节点联结起来的"单元组合体"有限个节点上有限个未知量的问题。每个单元上所取的近似曲面模式(如平面,二次曲面)被用来逼近真解,从而实现了从整体上用"折面"逼近待求曲面。为实现这一过程,首先需要将 Ω 域划分为有限个小单元,这个过程称为离散化,离散化后才能使结构变成有限个单元的集合体。

例如,将一个受力的连续弹性体离散化,就是将连续体划分为有限个互不重叠,互不分离的单元(这里用三角形单元),如图 8.1 所示。这些单元在其顶点(取为节点)处互相铰结。所有作用在单元上的载荷,包括集中载荷,表面载荷和体积载荷,都按虚功等效的原则移置到节点上,成为等效节点荷载,再按结构的位移约束情况设置约束支承。划分单元后,对所有的单元和节点分别从 1 开始按顺序加以编号。这样就得到了有限单元法的计算模型。这里要注意的事项有以下三点。

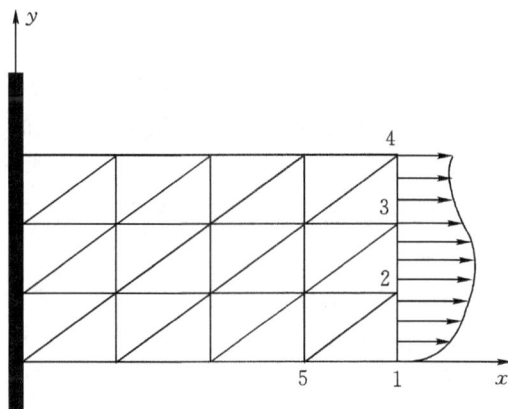

图 8.1

1. 对称性的利用

如果结构和载荷都有对称性可以利用,就能减少很多计算工作量。例如,具有一个对称轴的结构,若载荷也对称,可取其中的一半作为分析对象,此时,位于对称轴上的节点无垂直对称轴方向的位移。如果有两个对称轴,则只需计算四分之一就行,如图 8.2 所示。

2. 节点的选择和单元的划分

有限单元法中单元的划分是很自由的,形状和尺寸可以自由调整。通常,集中载荷的作用点、分布载荷强度的突变点、分布载荷与自由边界的分界点、支承点等都应取为节点,同时,不要把厚度不同或材料不同的区域划在同一个单元里。另外,任意一个三角形单元的顶点,必须同时也是其相邻三角形单元的顶点,而不能是相邻三角形单元的边上点。单元的数量要根据计算精度要求和计算机的容量确定。显然,单元划分得越小(单元数越多),计算结果就越精确,但数据准备的工作量也就越大,计算时间也就越长,且占有计算机的内存也就越多,甚至有可能超出计算机的容量。因此在保证精度的前提下,力求采用较少的单元。在划分单元时,对于重要的或应力变化急剧的部位,单元应划得小些,对于次要的和应力变化

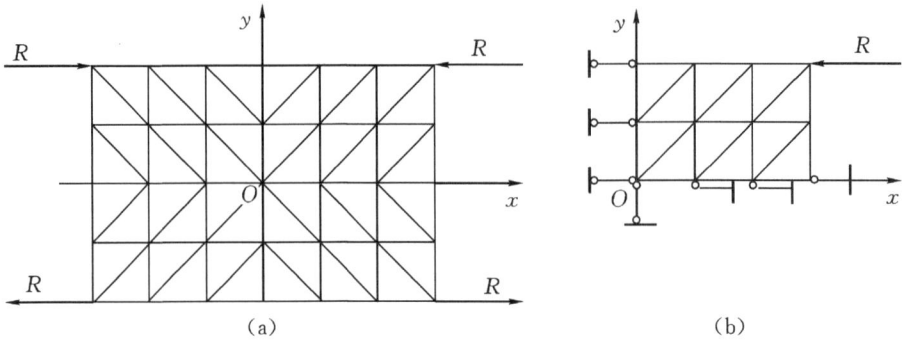

(a)   (b)

图 8.2

缓慢的部位,单元可划得大些,"中间地带"以大小逐渐变化的单元来过渡。此外,根据误差分析,应力及位移的误差都和单元的最小内角的正弦成反比,所以单元的边长,力求接近相等,也就是说,单元的三条边长尽量不要悬殊太大。

  3. 节点的编号

  在进行节点编号时,应该注意要尽量使同一单元的相邻节点的号码差尽可能地小,以便最大限度地缩小刚度矩阵的带宽,节省存储、提高计算效率。平面问题的半带宽为

$$B = 2(d+1)$$

若采取带宽压缩存储,则整体刚度矩阵的存储量 N 最多为 $N = 2nB = 4n(d+1)$,其中 d 为相邻节点的最大差值,n 为节点总数。

  例如在图 8.3 中,(a)与(b)的单元划分相同,且节点总数都等于 14,但两者的节点编号方式却完全不同。(a)是按长边进行编号,$d=7$,$N=488$;而(b)是按短边进行编号,$d=2$,$N=168$。显然(b)的编号方式可比(a)的编号方式节省 280 个存储单元。

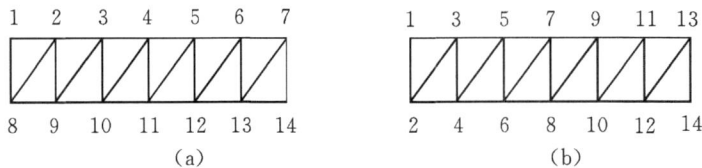

(a)   (b)

图 8.3

  我们用一组网格线把平板划分成若干三角形区域,每个三角形就算作是一个单元,网格线的交点就算是节点。把这些单元和节点按一定的顺序编号,并把各个节点沿坐标轴的位移取为基本未知量。

8.2.2 三节点单元的位移模式

  根据有限单元法的基本思路,将弹性体离散成有限个单元体的组合,以节点的位移作为未知量。弹性体内实际的位移分布可以用单元内的位移分布函数来分块近似地表示。在单元内的位移变化可以假定一个函数来表示,这个函数称为单元位移函数、或单元位移模式。

  对于弹性力学平面问题,单元位移函数可以用多项式表示

$$\begin{cases} u = \alpha_1 + \alpha_2 x + \alpha_3 y + \alpha_4 x^2 + \alpha_5 xy + \alpha_6 y^2 + \cdots \\ v = \beta_1 + \beta_2 x + \beta_3 y + \beta_4 x^2 + \beta_5 xy + \beta_6 y^2 + \cdots \end{cases} \tag{8.1}$$

多项式中包含的项数越多，就越接近实际的位移分布，越精确。具体取多少项，由单元形式来确定，即以节点位移来确定位移函数中的待定系数。

如图 8.4 所示的三节点三角形单元，节点 i、j、m 的坐标分别为(x_i, y_i)、(x_j, y_j)、(x_m, y_m)，节点位移分别为 u_i、v_i、u_j、v_j、u_m、v_m。六个节点位移只能确定六个多项式的系数，所以 3 节点三角形单元的位移函数如下

$$\begin{cases} u = \alpha_1 + \alpha_2 x + \alpha_3 y \\ v = \alpha_4 + \alpha_5 x + \alpha_6 y \end{cases} \tag{8.2}$$

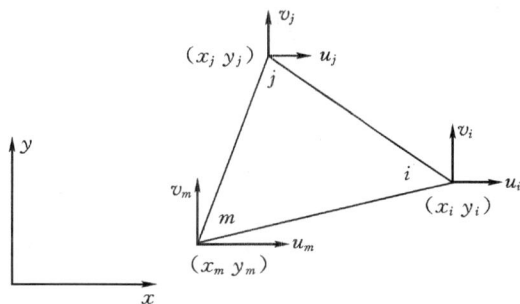

图 8.4

将 3 个节点上的坐标和位移分量代入公式(8.2)的第一式就可以将六个待定系数用节点坐标和位移分量表示出来。

将水平位移分量和节点坐标代入式(8.1)中的第一式，得

$$u_i = \alpha_1 + \alpha_2 x_i + \alpha_3 y_i$$
$$u_j = \alpha_1 + \alpha_2 x_j + \alpha_3 y_j$$
$$u_m = \alpha_1 + \alpha_2 x_m + \alpha_3 y_m$$

写成矩阵形式为

$$\begin{Bmatrix} u_i \\ u_j \\ u_m \end{Bmatrix} = \begin{bmatrix} 1 & x_i & y_i \\ 1 & x_j & y_j \\ 1 & x_m & y_m \end{bmatrix} \begin{Bmatrix} \alpha_1 \\ \alpha_2 \\ \alpha_3 \end{Bmatrix} \tag{8.3}$$

则有

$$\begin{Bmatrix} \alpha_1 \\ \alpha_2 \\ \alpha_3 \end{Bmatrix} = [T]^{-1} \begin{Bmatrix} u_i \\ u_j \\ u_m \end{Bmatrix} \tag{8.4}$$

$[T]^{-1} = \dfrac{[T]^*}{\det T}$，由解析几何知

$$\det T = |T| = \begin{vmatrix} 1 & x_i & y_i \\ 1 & x_j & y_j \\ 1 & x_m & y_m \end{vmatrix} = 2A \tag{8.5}$$

A 为三角形单元 ijm 的面积。用 $|T|$ 来计算三角形面积时,要注意单元节点的排列顺序,当三个节点 i,j,m 取逆时针顺序时,$A = \frac{1}{2}|T| > 0$;当三个节点 i,j,m 取顺时针顺序时,$A = \frac{1}{2}|T| < 0$。

矩阵 $[T]$ 的伴随矩阵为

$$[T]^* = \begin{bmatrix} x_j y_m - x_m y_j & y_j - y_m & x_m - x_j \\ x_m y_i - x_i y_m & y_m - y_i & x_i - x_m \\ x_i y_j - x_j y_i & y_i - y_j & x_j - x_i \end{bmatrix}^{\mathrm{T}} \tag{8.6}$$

令

$$[T]^* = \begin{bmatrix} a_i & b_i & c_i \\ a_j & b_j & c_j \\ a_m & b_m & c_m \end{bmatrix}^{\mathrm{T}} = \begin{bmatrix} a_i & a_j & a_m \\ b_i & b_j & b_m \\ c_i & c_j & c_m \end{bmatrix} \tag{8.7}$$

则有

$$\begin{cases} a_i = \begin{vmatrix} x_j & y_j \\ x_m & y_m \end{vmatrix} = x_j y_m - x_m y_j \\ b_i = -\begin{vmatrix} 1 & y_j \\ 1 & y_m \end{vmatrix} = y_j - y_m \qquad (\text{下标 } i,j,m \text{ 轮换}) \\ c_i = \begin{vmatrix} 1 & x_j \\ 1 & x_m \end{vmatrix} = -(x_j - x_m) \end{cases} \tag{8.8}$$

不难发现 a_i、b_i、c_i 以及 a_j、b_j、c_j 和 a_m、b_m、c_m 依次是行列式(8.5)第一行、第二行和第三行各元素的代数余子式。

将式(8.5)及(8.7)代入式(8.4)得

$$\begin{Bmatrix} \alpha_1 \\ \alpha_2 \\ \alpha_3 \end{Bmatrix} = \frac{1}{2A} \begin{bmatrix} a_i & a_j & a_m \\ b_i & b_j & b_m \\ c_i & c_j & c_m \end{bmatrix} \begin{Bmatrix} u_i \\ u_j \\ u_m \end{Bmatrix} \tag{8.9}$$

同样,将垂直位移分量与节点坐标代入公式(8.2)式中的第二式,同上可得

$$\begin{Bmatrix} \alpha_4 \\ \alpha_5 \\ \alpha_6 \end{Bmatrix} = \frac{1}{2A} \begin{bmatrix} a_i & a_j & a_m \\ b_i & b_j & b_m \\ c_i & c_j & c_m \end{bmatrix} \begin{Bmatrix} v_i \\ v_j \\ v_m \end{Bmatrix} \tag{8.10}$$

将式(8.9)、式(8.10)代回式(8.2)整理后可得

$$\begin{cases} u = \frac{1}{2A}[(a_i + b_i x + c_i y)u_i + (a_j + b_j x + c_j y)u_j + (a_m + b_m x + c_m y)u_m] \\ v = \frac{1}{2A}[(a_i + b_i x + c_i y)v_i + (a_j + b_j x + c_j y)v_j + (a_m + b_m x + c_m y)v_m] \end{cases} \tag{8.11}$$

令

$$N_i = \frac{1}{2A}(a_i + b_i x + c_i y)$$

$$N_j = \frac{1}{2A}(a_j + b_j x + c_j y) \qquad (8.12)$$

$$N_m = \frac{1}{2A}(a_m + b_m x + c_m y)$$

式中 N_i, N_j, N_m 为坐标的函数,它们反映了单元的位移状态,因而称为单元的形态函数。引入形态函数后(8.11)式可简写为

$$\begin{cases} u = N_i u_i + N_j u_j + N_m u_m \\ v = N_i v_i + N_j v_j + N_m v_m \end{cases} \qquad (8.13)$$

或写成矩阵与列向量相乘的形式

$$\begin{Bmatrix} u \\ v \end{Bmatrix} = \begin{bmatrix} N_i & 0 & N_j & 0 & N_m & 0 \\ 0 & N_i & 0 & N_j & 0 & N_m \end{bmatrix} \begin{Bmatrix} u_i \\ v_i \\ u_j \\ v_j \\ u_m \\ v_m \end{Bmatrix} \qquad (8.14)$$

单元内的位移以列向量记为

$$\{d\} = \begin{Bmatrix} u \\ v \end{Bmatrix} \qquad (8.15)$$

单元的节点位移记为

$$\{\delta\}^e = \begin{Bmatrix} \delta_i \\ \delta_j \\ \delta_m \end{Bmatrix} = \begin{Bmatrix} u_i \\ v_i \\ u_j \\ v_j \\ u_m \\ v_m \end{Bmatrix} \qquad (8.16)$$

单元内的位移函数可以简写成

$$\{d\} = [N]\{\delta\}^e \qquad (8.17)$$

$[N] = [N_i I \ N_j I \ N_m I]$ 称为形态函数矩阵,其中 I 为二阶单位阵。

形态函数 N_i 具有以下性质:

(1)在单元节点上形态函数的值为1或为0,即

$$N_i(x_j, y_j) = \delta_{ij} = \begin{cases} 1, & i=j \\ 0, & i\neq j \end{cases}$$

证明 $\qquad N_i(x_i, y_i) = \frac{1}{2A}(a_i + b_i x_i + c_i y_i)$

a_i、b_i、c_i 分别为行列式(8.5)第一行的元素 1、x_i、y_i 对应的代数余子式,$a_i + b_i x + c_i y$ 即为行列式第一行元素与其对应代数余子式乘积之和,由行列式性质可知

$$a_i + b_i x + c_i y = \det T = 2A$$

所以 $N_i(x_i, y_i) = 1$。

$$N_i(x_j, y_j) = \frac{1}{2A}(a_i + b_i x_j + c_i y_j)$$

式中，$a_i + b_i x_j + c_i y_j$ 即为行列式(8.5)第二行元素 1、x_j、y_j 与第一行元素对应的代数余子式乘积之和。由行列式性质可知

$$a_i + b_i x_j + c_i y_j = 0$$

即

$$N_i(x_j, y_j) = 0$$

(2)在单元中的任意一点上，三个形态函数之和等于 1，即

$$N_i(x, y) + N_j(x, y) + N_m(x, y) = 1$$

证明

$$N_i(x, y) + N_j(x, y) + N_m(x, y)$$
$$= \frac{1}{2A}[(a_i + b_i x + c_i y) + (a_j + b_j x + c_j y) + (a_m + b_m x + c_m y)]$$
$$= \frac{1}{2A}[(a_i + a_j + a_m) + (b_i + b_j + b_m)x + (c_i + c_j + c_m)y]$$

上式中括号里第一项 $a_i + a_j + a_m$ 即为行列式(8.5)第一列元素 1、1、1 与其对应的代数余子式 a_i、a_j、a_m 乘积之和，故 $a_i + a_j + a_m = 2A$，而第二项 $b_i + b_j + b_m$ 为行列式第一列元素与第二列元素对应的代数余子式乘积之和，由行列式性质可知 $b_i + b_j + b_m = 0$，同理 $c_i + c_j + c_m$ 为行列式第一列元素与第三列元素对应的代数余子式乘积之和，故 $c_i + c_j + c_m = 0$，因此

$$N_i(x, y) + N_j(x, y) + N_m(x, y) = 1$$

(3)三角形单元任意一条边上的形函数，仅与该边的两端节点坐标有关、而与其他节点坐标无关。例如，在 ij 边上，有

$$\begin{cases} N_i(x, y) = 1 - \dfrac{x - x_i}{x_j - x_i} \\ N_j(x, y) = \dfrac{x - x_i}{x_j - x_i} \\ N_m(x, y) = 0 \end{cases}$$

证明 因 ij 边的直线方程方程为

$$y = -\frac{y_i - y_j}{x_i - x_j}(x - x_i) + y_i = -\frac{b_m}{c_m}(x - x_i) + y_i$$

代入(8.12)式中的 $N_m(x, y)$ 和 $N_j(x, y)$，有

$$N_m(x, y) = \frac{1}{2A}\left\{ a_m + b_m x + c_m\left[-\frac{b_m}{c_m}(x - x_i) + y_i \right] \right\}$$
$$= \frac{1}{2A}(a_m + b_m x_i + c_m y_i) = 0$$
$$N_j(x, y) = \frac{1}{2A}\left\{ a_j + b_j x + c_j\left[-\frac{b_m}{c_m}(x - x_i) + y_i \right] \right\}$$
$$= \frac{1}{2A}\left[(a_j + b_j x_i + c_j y_i) + b_j(x - x_i) - \frac{b_m c_j}{c_m}(x - x_i) \right]$$

$$= \frac{1}{2A}\left[\frac{b_j c_m - b_m c_j}{c_m}(x - x_i)\right]$$

故有

$$N_j(x,y) = \frac{x - x_i}{x_j - x_i}$$

另外，可以求得

$$N_i(x,y) = 1 - N_j - N_m = 1 - \frac{x - x_i}{x_j - x_i}$$

(4)形函数在单元上的面积分和在边界上的线积分公式为

$$\iint_A N_i \mathrm{d}x\mathrm{d}y = \frac{A}{3}, \quad \int_{ij} N_i \mathrm{d}l = \frac{1}{2}\overline{ij}$$

式中 A 表示三角形单元的面积，$\overline{ij}$ 表示 ij 边的长度。证明略，参见本章后文中的例 8.2。

8.2.3 收敛准则

为了能从有限单元法中得到正确解答，单元位移模式必须满足一定的条件，使得当单元划分越来越细，网格越来越密时，所得的解答能收敛于问题的精确解。这些条件是：

(1)位移模式必须在单元内连续，并且两相邻单元间的公共边界上的位移必须协调。后者意味着单元的变形不能在单元之间裂开或重叠。

从物理意义上讲，物体在变形前是连续的，而在变形后仍是连续的。设想将一个薄板划分成如图 8.5(a)所示的许多微分体。若三个应变分量是互不相关的，则每个微分体的变形是任意的，从而将使变形后的各微分体之间出现"撕裂"或"重叠"，如图 8.5(b)和(c)所示。这显然与实际情况不符。要是物体变形后仍然连续，如图 8.5(d)所示，应变分量之间必须满足一定关系。一个弹性体内各应变的函数之间特定的制约关系就叫变形(位移)协调条件或相容条件。

(2)位移模式必须包含单元的刚体位移。这是因为在弹性体中的每一单元的位移总是包括两部分：一部分是由于单元的变形引起的；另一部分是与单元的变形无关的，也就是刚体位移。选取单元位移函数，必须反映出这些实际状态。

(3)位移模式必须包含单元的常应变状态。这点从物理意义上看是显然的，因为当物体被分割成越来越小的单元时，单元中各点的应变相差很小而趋于相等。如果设想将单元尺寸取得无限小时，单元的变形应趋于均匀，也就是说，单元处于常应变状态。因此，所选取的位移模式同样应该反映单元的这种实际状态。

通常，把满足于上述第一个条件的单元，称为协调(或连续的)单元，满足第二与第三个

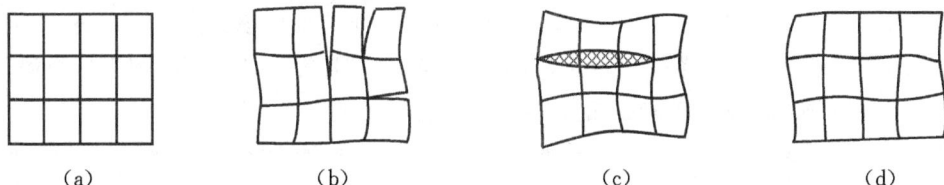

图 8.5

(a)变形前单元划分；(b)变形后有"撕裂"；(c)变形后有"重叠"；(d)变形连续

条件的,称为完备单元。理论和实验都已证明:条件(2)和(3)是有限单元法收敛于正确解答的必要条件,而条件(1)则是充分条件。

现在再来说明,我们所选取的线性位移模式(8.2)是满足这些要求的。

首先,位移函数(8.2)是坐标的连续函数,这就保证了位移在单元内的连续性。同时指出,式(8.2)相邻单元之间位移的连续性。为此,考虑任意两相邻单元 ijm 和 ipj,如图 8.6 (a)所示,它们在 i 点和在 j 点的位移是相同的。由于式(8.2)表示的位移分量在每个单元里都是坐标的线性函数,因此,公共边界 ij 在单元变形后仍是通过 ij 两点的直线。所以,上述两个相邻单元在公共边界上的任意一点都具有相同的位移,这就保证了在变形后相邻两单元的边界 ij 上仍保持密合,两单元在公共边界处既无开裂(图 8.6 (b))也不重叠(图 8.6 (c))。这就表明:线性位移模式(8.2)既满足了单元内位移的连续性,也满足了单元之间的位移连续性。其次,再说明位移模式(8.2)同时也反映了单元的刚体位移和常量应变。为此,把式(8.2)改写成:

$$\begin{cases} u = \alpha_1 + \alpha_2 x - \dfrac{\alpha_5 - \alpha_3}{2}y + \dfrac{\alpha_5 + \alpha_3}{2}y \\ v = \alpha_4 + \alpha_6 y + \dfrac{\alpha_5 - \alpha_3}{2}x + \dfrac{\alpha_5 + \alpha_3}{2}x \end{cases} \tag{8.18}$$

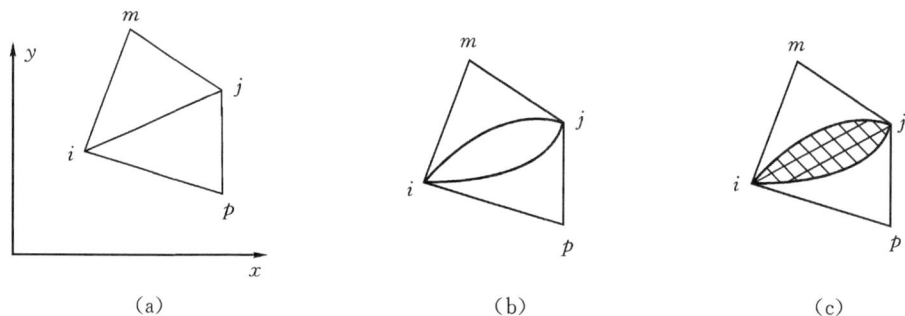

图 8.6
(a)变形前;(b)变形后有撕裂;(c)变形后有重叠

把上式与式(4.4)相比较,如果令 $\alpha_1 = u_0$,$\alpha_4 = v_0$,$\omega = \dfrac{\alpha_5 - \alpha_3}{2}$,可知式(8.18)全部包含了式(3.6)所反映的刚体平移和刚体转动。将式(8.2)代入几何方程(3.1)中,得

$$\varepsilon_x = \frac{\partial u}{\partial x} = \alpha_2, \quad \varepsilon_y = \frac{\partial v}{\partial y} = \alpha_6, \quad \gamma_{xy} = \frac{\partial u}{\partial y} + \frac{\partial v}{\partial x} = \alpha_3 + \alpha_5$$

由于 $\alpha_1, \alpha_2, \cdots, \alpha_6$ 均为常量,式(8.2)包括了全部的常应变状态。由上述可得,单元位移模式(8.2)满足了以上三个条件。因此,当单元逐渐减小时,能保证解答收敛于精确解。

例 8.1 如图 8.7 所示等腰三角形单元,求其形态函数矩阵 $[N]$。

解 由

$$\begin{cases} a_i = x_j y_m - x_m y_j \\ b_i = y_j - y_m \\ c_i = x_m - x_j \end{cases}$$

在公式中轮换下标可以计算得

$$a_i = x_j y_m - x_m y_j = 0 \times 0 - 0 \times a = 0$$

$$b_i = y_j - y_m = a - 0 = a$$

$$c_i = x_m - x_j = 0 - 0$$

$$a_j = x_m y_i - x_i y_m = 0 \times 0 - a \times 0 = 0$$

$$b_j = y_m - y_i = 0 - 0 = 0$$

$$c_j = x_i - x_m = a - 0 = a$$

$$a_m = x_i y_j - x_j y_i = a \times a - 0 \times 0 = a^2$$

$$b_m = y_i - y_j = 0 - a = -a$$

$$c_m = x_j - x_i = 0 - a = -a$$

三角形面积为

$$A = \frac{a^2}{2}$$

形态函数为

$$N_i = \frac{1}{2A}(a_i + b_i x + c_i y) = \frac{1}{a^2}(0 + ax + 0) = \frac{x}{a}$$

$$N_j = \frac{1}{2A}(a_j + b_j x + c_j y) = \frac{1}{a^2}(0 + 0 + ay) = \frac{y}{a}$$

$$N_m = \frac{1}{2A}(a_m + b_m x + c_m y) = \frac{1}{a^2}(a^2 - ax - ay) = 1 - \frac{x}{a} - \frac{y}{a}$$

形态函数矩阵为

$$[N] = \begin{bmatrix} \dfrac{x}{a} & 0 & \dfrac{y}{a} & 0 & 1 - \dfrac{x}{a} - \dfrac{y}{a} & 0 \\ 0 & \dfrac{x}{a} & 0 & \dfrac{y}{a} & 0 & 1 - \dfrac{x}{a} - \dfrac{y}{a} \end{bmatrix}$$

三角形面积的计算公式可得

$$A = \frac{1}{2} \begin{vmatrix} 1 & x_i & y_i \\ 1 & x_j & y_j \\ 1 & x_m & y_m \end{vmatrix} = \frac{1}{2} \begin{vmatrix} 1 & a & 0 \\ 1 & 0 & a \\ 1 & 0 & 0 \end{vmatrix} = \frac{1}{2} a^2$$

如果把三个节点按顺时针方向排列,即 $i(a \quad 0), j(0 \quad 0), m(0 \quad a)$,则

$$A = \frac{1}{2} \begin{vmatrix} 1 & x_i & y_i \\ 1 & x_j & y_j \\ 1 & x_m & y_m \end{vmatrix} = \frac{1}{2} \begin{vmatrix} 1 & a & 0 \\ 1 & 0 & 0 \\ 1 & 0 & a \end{vmatrix} = -\frac{1}{2} a^2$$

8.3 单元载荷移置

作用在弹性体上的载荷,可以直接作用在节点上,也可以不作用在节点上,有限单元法的求解对象是单元的组合体,因此作用在弹性体上的非节点载荷,需要移置到相应的节点上成为等效节点载荷。载荷移置要满足静力等效原则,即原载荷与节点载荷主矢相等,对任一点的主矩也相等,也即在任意虚位移上做的虚功相等。利用形态函数,单元的虚位移可以用

节点的虚位移 $\{\delta^*\}^e$ 表示，设节点虚位移为 $\{\delta^*\}^e = \{\delta u_i^* \quad \delta u_j^* \quad \delta v_j^* \quad \delta v_j^* \quad \delta u_m^* \quad \delta v_m^*\}^{\mathrm{T}}$，则单元内一点的虚位移 $\{d^*\} = \{\delta u^* \quad \delta v^*\}^{\mathrm{T}}$ 可表示为

$$\{d^*\} = [N]\{\delta^*\}^e \tag{8.19}$$

"虚功相等"是指在非节点荷载（包括集中力和分布荷载）作用下处于平衡状态的单元体，如果发生了虚位移，则非节点荷载在虚位移上做的虚功等于其等效节点载荷在节点虚位移上的虚功。

8.3.1 集中力的移置

如图 8.7 所示，在等厚度三角形单元内任意一点作用集中力 $\{P\} = \left\{ \begin{matrix} P_x \\ P_y \end{matrix} \right\}$，令此集中力向节点移置的等效节点载荷为

$$\{P\}^e = \left\{ \begin{matrix} P_{xi}^e \\ p_{yi}^e \\ p_{xj}^e \\ p_{yj}^e \\ p_{xm}^e \\ p_{ym}^3 \end{matrix} \right\}$$

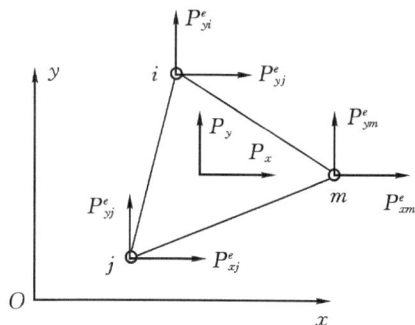

图 8.7 集中力的移置

由虚功相等可得

$$(\{\delta^*\}^e)^{\mathrm{T}} \{P\}^e = \{d^*\}^{\mathrm{T}}\{P\} \tag{8.20}$$

将式 (8.19) 代入得

$$(\{\delta^*\}^e)^{\mathrm{T}} \{P\}^e = (\{\delta^*\}^e)^{\mathrm{T}} [N]^{\mathrm{T}}\{P\}$$

由于虚位移是任意的，则

$$\{P\}^e = [N]^{\mathrm{T}}\{P\} \tag{8.21}$$

8.3.2 体力的移置

令单元所受的均匀分布体力为

$$\{f\} = \left\{ \begin{matrix} f_x \\ f_y \end{matrix} \right\}$$

由虚功相等可得

$$(\{\delta^*\}^e)^{\mathrm{T}} \{P\}^e = \iint (\{\delta^*\}^e)^{\mathrm{T}} [N]^{\mathrm{T}}\{f\} t \mathrm{d}x \mathrm{d}y$$

由虚位移的任意性可得

$$\{P\}^e = \iint [N]^{\mathrm{T}}\{f\} t \mathrm{d}x \mathrm{d}y \tag{8.22}$$

式中 t 为单元厚度。

8.3.3 分布面力的移置

设在单元的边上分布有面力 $\{\bar{f}\} = \begin{Bmatrix} \bar{f}_x \\ \bar{f}_y \end{Bmatrix}$,同样可以得到节点载荷

$$\{P\}^e = \int_s [N]^{\mathrm{T}} \{\bar{f}\} t \mathrm{d}s \tag{8.23}$$

这里 $\mathrm{d}s$ 表示沿单元边界的微元弧长。

例 8.2 设有均质、等厚的三角形单元 ijm,受到沿 y 方向的重力载荷 q_y 的作用,如图 8.8 所示。求均布体力移置到各节点的载荷。

解

$$\begin{Bmatrix} P_{xi}^e \\ P_{yi}^e \\ P_{xj}^e \\ P_{yj}^e \\ P_{xm}^e \\ P_{ym}^e \end{Bmatrix} = \iint \begin{bmatrix} N_i & 0 \\ 0 & N_i \\ N_j & 0 \\ 0 & N_j \\ N_m & 0 \\ 0 & N_m \end{bmatrix} \begin{Bmatrix} 0 \\ q_y \end{Bmatrix} t \mathrm{d}x \mathrm{d}y$$

$P_{xi}^e = 0, P_{xj}^e = 0, P_{xm}^e = 0$

$P_{yi}^e = \iint N_i q_y t \mathrm{d}x \mathrm{d}y = q_y t \iint N_i \mathrm{d}x \mathrm{d}y$

$\iint N_i \mathrm{d}x \mathrm{d}y = \iint \dfrac{1}{2A}(a_i + b_i x + c_i y) \mathrm{d}x \mathrm{d}y$

$\qquad\qquad = \dfrac{1}{2A}[a_i A + b_i A x_c + c_i A y_c]$

$\qquad\qquad = A \dfrac{1}{2A}(a_i + b_i x_c + c_i y_c) = \dfrac{1}{3}A$

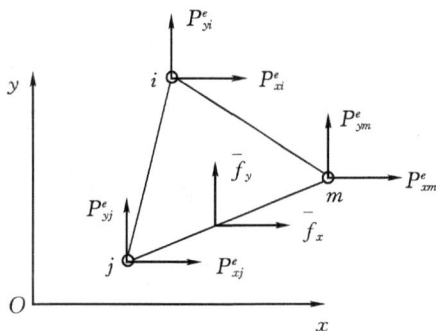

图 8.8 分布面力的移置

式中 x_c, y_c 分别为单元形心的 x 及 y 坐标。因此 $P_{yi}^e = \dfrac{1}{3} q_y A t$。

同理可得 $P_{yj}^e = \dfrac{1}{3} q_y A t$,$P_{ym}^e = \dfrac{1}{3} q_y A t$。由于 $q_y A t$ 就是单元重量,因此各节点竖直方向的移置载荷为单元重量的 $\dfrac{1}{3}$,各节点水平方向的移置载荷为 0。

例 8.3 在均质、等厚的三角形单元 ijm 的 ij 边上作用有沿 x 方向按三角形分布的载荷,最大集度为 q,如图 8.9 所示。求移置后的节点载荷。

解

$$\begin{Bmatrix} P_{xi}^e \\ P_{yi}^e \\ P_{xj}^e \\ P_{yj}^e \\ P_{xm}^e \\ P_{ym}^e \end{Bmatrix} = \int_s \begin{bmatrix} N_i & 0 \\ 0 & N_i \\ N_j & 0 \\ 0 & N_j \\ N_m & 0 \\ 0 & N_m \end{bmatrix} \begin{Bmatrix} q_x \\ 0 \end{Bmatrix} t \mathrm{d}s$$

取局部坐标 s，在 i 点 $s=0$，在 j 点 $s=L$，L 为 ij 边的长度。在 ij 边上，以局部坐标表示的插值函数为

$$N_i = 1 - \frac{s}{L}, \quad N_j = \frac{s}{L}, \quad N_m = 0$$

载荷为

$$q_x = q\frac{s}{L}$$

则

$$P_{xi}^e = \int_0^L (1 - \frac{s}{L}) q \frac{s}{L} t \, \mathrm{d}s = qt(\frac{s^2}{2L} - \frac{s^3}{3L^2})\Big|_0^L = \frac{1}{6}qtL$$

$$P_{xj}^e = \int_0^L \frac{s}{L} q \frac{s}{L} t \, \mathrm{d}s = qt\frac{s^3}{3L^2}\Big|_0^L = \frac{1}{3}qtL$$

亦即移置到节点 i 上的集中水平荷载为 ij 边分布面力的合力的 $\frac{1}{3}$，移置到节点 j 上的集中水平荷载为 ij 分布面力的合力的 $\frac{2}{3}$。

8.4　单元刚度矩阵

8.4.1　刚度矩阵的形成

根据单元的位移函数

$$\begin{Bmatrix} u \\ v \end{Bmatrix} = \begin{bmatrix} N_i & 0 & N_j & 0 & N_m & 0 \\ 0 & N_i & 0 & N_j & 0 & N_m \end{bmatrix} \begin{Bmatrix} u_i \\ v_i \\ u_j \\ v_j \\ u_m \\ v_m \end{Bmatrix}$$

由几何方程可以得到单元的应变表达式

$$\{\varepsilon\} = \begin{Bmatrix} \dfrac{\partial u}{\partial x} \\[2mm] \dfrac{\partial v}{\partial y} \\[2mm] \dfrac{\partial u}{\partial y} + \dfrac{\partial v}{\partial x} \end{Bmatrix} = \begin{bmatrix} \dfrac{\partial}{\partial x} & 0 \\[2mm] 0 & \dfrac{\partial}{\partial y} \\[2mm] \dfrac{\partial}{\partial y} & \dfrac{\partial}{\partial x} \end{bmatrix} \begin{Bmatrix} u \\ v \end{Bmatrix}$$

$$= \frac{1}{2A} \begin{bmatrix} b_i & 0 & b_j & 0 & b_m & 0 \\ 0 & c_i & 0 & c_j & 0 & c_m \\ c_i & b_i & c_j & b_j & c_m & b_m \end{bmatrix} \begin{Bmatrix} u_i \\ v_i \\ u_j \\ v_j \\ u_m \\ v_m \end{Bmatrix}$$

$$(8.24)$$

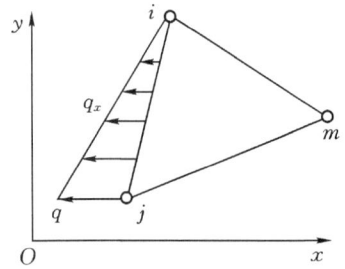
图 8.9

将式(8.24)记为

$$\{\varepsilon\} = [B]\{\delta\}^e \qquad (8.25)$$

式(8.25)中矩阵

$$[B] = \frac{1}{2A}\begin{bmatrix} b_i & 0 & b_j & 0 & b_m & 0 \\ 0 & c_i & 0 & c_j & 0 & c_m \\ c_i & b_i & c_j & b_j & c_m & b_m \end{bmatrix} \qquad (8.26)$$

称为几何矩阵。矩阵$[B]$可以表示为分块矩阵的形式$[B]=[B_i \quad B_j \quad B_m]$,其中子阵

$$[B_i] = \frac{1}{2A}\begin{bmatrix} b_i & 0 \\ 0 & c_i \\ c_i & b_i \end{bmatrix} \qquad (i,j,m \text{ 轮换}) \qquad (8.27)$$

由于A和b_i、b_j、b_m、c_i、c_j、c_m等都是常量,所以矩阵$[B]$中的各元素都是常量,因而单元中各点的应变分量也都是常量,通常称这种单元为常应变单元。

求出应变后,由物理方程可以得到单元的应力表达式

$$\{\sigma\} = [D]\{\varepsilon\} = [D][B]\{\delta\}^e \qquad (8.28)$$

式中矩阵$[D]$称为弹性矩阵,对于平面应力问题,其弹性矩阵为

$$[D] = \frac{E}{(1-\nu^2)}\begin{bmatrix} 1 & \nu & 0 \\ \nu & 1 & 0 \\ 0 & 0 & \dfrac{1-\nu}{2} \end{bmatrix}$$

对于平面应变问题,只需将上式中的E替换为$\dfrac{E}{1-\nu^2}$、ν替换为$\dfrac{\nu}{1-\nu}$便可得到其弹性矩阵

$$[D] = \frac{E(1-\nu)}{(1+\nu)(1-2\nu)}\begin{bmatrix} 1 & \dfrac{\nu}{1-\nu} & 0 \\ \dfrac{\nu}{1-\nu} & 1 & 0 \\ 0 & 0 & \dfrac{1-2\nu}{2(1-\nu)} \end{bmatrix}$$

定义

$$[S] = [D][B] \qquad (8.29)$$

为应力矩阵。将应力矩阵分块表示为

$$[S] = [S_i \quad S_j \quad S_m] \qquad (8.30)$$

$$[S_i] = [D][B_i] = \frac{E}{2A(1-\nu^2)}\begin{bmatrix} b_i & \nu c_i \\ \nu b_i & c_i \\ \dfrac{1-\mu}{2}c_i & \dfrac{1-\nu}{2}b_i \end{bmatrix} \qquad (i,j,m \text{ 轮换}) \qquad (8.31)$$

由式(8.30)、式(8.31)不难看出,$[S]$中的各元素都是常量,再由式(8.29)可知每个单元中的应力分量也是常量。

可见,对于常应变单元,由于所选取的位移模式是线性的,因而其相邻单元将具有不同的应力和应变,即在单元的公共边界上应力和应变的值将会有突变,但位移却是连续的。

应用虚功原理可以建立单元节点位移与节点力的关系矩阵,即单元刚度矩阵。弹性体的虚功原理可表述为:在外力作用下处于平衡状态的弹性体,如果发生了虚位移,则所有外力在虚位移上做的虚功等于内应力在虚应变上做的虚功。

单元的节点力记为

$$\{P\}^e = \{P_{xi}^e \quad P_{yi}^e \quad P_{xj}^e \quad P_{yj}^e \quad P_{xm}^e \quad P_{ym}^e\}^T$$

单元的虚应变为

$$\{\varepsilon^*\} = [B]\{\delta^*\}^e \tag{8.32}$$

单元的外力虚功为

$$W_e^e = (\{\delta^*\}^e)^T \{P\}^e$$

单元的内力虚功(虚应变能)为

$$W_i^e = \iint \{\varepsilon^*\}^T \{\sigma\} t\,dx\,dy$$

由虚功原理可得

$$(\{\delta^*\}^e)^T \{P\}^e = \iint \{\varepsilon^*\}^T \{\sigma\} t\,dx\,dy$$

将式(8.29)、式(8.32)代入上式可得

$$(\{\delta^*\}^e)^T \{P\}^e = (\{\delta^*\}^e)^T \iint [B]^T[D][B] t\,dx\,dy \{\delta\}^e$$

由单元节点虚位移的任意性,可得

$$\{P\}^e = \iint [B]^T[D][B] t\,dx\,dy \{\delta\}^e \tag{8.33}$$

定义矩阵

$$[K]^e = \iint [B]^T[D][B] t\,dx\,dy \tag{8.34}$$

为单元刚度矩阵,它是单元节点力和节点位移之间的关系转换矩阵。

在3节点等厚三角形单元中几何矩阵[B]和弹性矩阵[D]的分量均为常量,则单元刚度矩阵可以表示为

$$[K]^e = [B]^T[D][B] tA \tag{8.35}$$

式中 A 为单元面积, t 为单元厚度。单元刚度矩阵表示为分块矩阵

$$[K]^e = \begin{bmatrix} [K_{ii}^e] & [K_{ij}^e] & [K_{im}^e] \\ [K_{ji}^e] & [K_{jj}^e] & [K_{jm}^e] \\ [K_{mi}^e] & [K_{mj}^e] & [K_{mn}^e] \end{bmatrix} \tag{8.36}$$

其中子矩阵

$$[K_{rs}^e] = [B_r]^T[D][B_s] tA = \begin{bmatrix} K_{rs}^{11} & K_{rs}^{12} \\ K_{rs}^{21} & K_{rs}^{22} \end{bmatrix} \tag{8.37}$$

$$(r = i,j,m; \quad s = i,j,m)$$

式中:K_{rs}^{11}表示 s 节点在 x 方向产生单位位移时,在节点 r 的 x 方向上引起的节点力;

K_{rs}^{21}表示 s 节点在 x 方向产生单位位移时,在节点 r 的 y 方向上引起的节点力;

K_{rs}^{12}表示 s 节点在 y 方向产生单位位移时,在节点 r 的 x 方向上引起的节点力;

K_{rs}^{22} 表示 s 节点在 y 方向产生单位位移时,在节点 r 的 y 方向上引起的节点力。

$$[K_{rs}^e] = [B_r]^T [D][B_s]tA$$

$$= \frac{Et}{4(1-\nu^2)A}\begin{bmatrix} b_r b_s + \frac{1-\nu}{2}c_r c_s & \nu b_r c_s + \frac{1-\nu}{2}c_r b_s \\ \nu c_r b_s + \frac{1-\nu}{2}b_r c_s & c_r c_s + \frac{1-\nu}{2}b_r b_s \end{bmatrix} \quad (8.38)$$

$$(r=i,j,m; \quad s=i,j,m)$$

对于平面应变问题,只需将式(8.38)中的 E 替换为 $\frac{E}{1-\nu^2}$、ν 替换为 $\frac{\nu}{1-\nu}$,于是得到

$$[K_{rs}^e] = \frac{E(1-\nu)t}{4(1+\nu)(1-2\nu)A}\begin{bmatrix} b_r b_s + \frac{1-2\nu}{2(1-\nu)}c_r c_s & \frac{\nu}{1-\nu}b_r c_s + \frac{1-2\nu}{2(1-\nu)}c_r b_s \\ \frac{\nu}{1-\nu}c_r b_s + \frac{1-2\nu}{2(1-\nu)}b_r c_s & c_r c_s + \frac{1-2\nu}{2(1-\nu)}b_r b_s \end{bmatrix}$$

$$(8.39)$$

$$(r=i,j,m; \quad s=i,j,m)$$

引入单元刚度矩阵 $[K]^e$ 后,式(8.33)可改写为

$$\{P\}^e = [K]^e \{\delta\}^e \quad (8.40)$$

如果在式(8.40)中,将节点力 $\{P_i^e\}$、$\{P_j^e\}$、$\{P_m^e\}$ 以及节点位移 $\{\delta_i^e\}$、$\{\delta_j^e\}$、$\{\delta_m^e\}$ 用其分量表示,单元刚度矩阵 $[K]^e$ 中的各子矩阵,就可以按式(8.38)、式(8.39)展开为 2×2 的矩阵。于是式(8.40)就可以写成展开的形式

$$\begin{Bmatrix} P_{xi}^e \\ P_{yi}^e \\ P_{xj}^e \\ P_{yj}^e \\ P_{xm}^e \\ P_{ym}^e \end{Bmatrix} = \begin{bmatrix} K_{ii}^{11} & K_{ii}^{12} & K_{ij}^{11} & K_{ij}^{12} & K_{im}^{11} & K_{im}^{12} \\ K_{ii}^{21} & K_{ii}^{22} & K_{ij}^{21} & K_{ij}^{22} & K_{im}^{21} & K_{im}^{22} \\ K_{ji}^{11} & K_{ji}^{12} & K_{jj}^{11} & K_{jj}^{12} & K_{jm}^{11} & K_{jm}^{12} \\ K_{ji}^{21} & K_{ji}^{22} & K_{jj}^{21} & K_{jj}^{22} & K_{jm}^{21} & K_{jm}^{22} \\ K_{mi}^{11} & K_{mi}^{12} & K_{mj}^{11} & K_{mj}^{12} & K_{mn}^{11} & K_{mn}^{12} \\ K_{mi}^{21} & K_{mi}^{22} & K_{mj}^{21} & K_{mj}^{22} & K_{mn}^{21} & K_{mn}^{22} \end{bmatrix} \times \begin{Bmatrix} u_i \\ v_i \\ u_j \\ v_j \\ u_m \\ v_m \end{Bmatrix} \quad (8.41)$$

8.4.2 刚度矩阵的性质与物理意义

1.单元刚度矩阵的物理意义

假设单元的节点位移如下:$\{\delta\}^e = [1 \quad 0 \quad 0 \quad 0 \quad 0 \quad 0]^T$,由式(8.38),得到节点力如下

$$\begin{Bmatrix} P_{xi}^e \\ P_{yi}^e \\ P_{xj}^e \\ P_{yj}^e \\ P_{xm}^e \\ P_{ym}^e \end{Bmatrix} = \begin{Bmatrix} K_{ii}^{11} \\ K_{ii}^{21} \\ K_{ji}^{11} \\ K_{ji}^{21} \\ K_{mi}^{11} \\ K_{mi}^{21} \end{Bmatrix} \quad (8.42)$$

选择不同的单元节点位移,可以得到单元刚度矩阵中每个元素如式(8.37)中每个元素类似的物理意义,即 K_{ij}^{rs} 表示节点 j 在 s($s=1,2$ 分别对应 x,y)方向产生单位位移时,在节点

i 的 r(r=1,2 分别对应 x,y)方向所引起的节点力。因此,单元刚度矩阵中每个元素都可以理解为刚度系数,即在节点产生单位位移时引起的节点力。

2. 单元刚度矩阵的性质

通过对单元刚度方程的进一步考察,可以得到单元刚度矩阵的一些性质。

(1)坐标无关性。

由式(8.35)、(8.36)可见,单元刚度矩阵只与单元的几何形状、大小及材料的性质有关,而与单元的位置无关,即不随单元或坐标轴的平行移动而改变。特别是它与所假设的单元位移模式有关,不同位移模式,不同形状和大小的单元,其单元刚度矩阵不同,计算结果的精度也不同。

(2)对称性。

利用分块矩阵的性质证明如下:

$$[K_{rs}] = [B_r]^T[D][B_s]$$

$$[K_{sr}] = [B_s]^T[D][B_r]$$

$$[K_{sr}]^T = ([B_s]^T[D][B_r])^T = [B_r]^T[D]^T[B_s] = [B_r]^T[D][B_s] = [K_{rs}]$$

即

$$[K]^e = ([K]^e)^T$$

也就是说,单元刚度矩阵是对称矩阵。

(3)奇异性。

单元刚度矩阵是奇异矩阵,其行列式为零,即 $|K|^e = 0$。

假定单元产生了 x 方向的刚体移动,$\{\delta\}^e = [1 \quad 0 \quad 1 \quad 0 \quad 1 \quad 0]^T$,此时对应的单元节点力为零。

$$
\begin{Bmatrix} 0 \\ 0 \\ 0 \\ 0 \\ 0 \\ 0 \end{Bmatrix} = [K]^e \begin{Bmatrix} 1 \\ 0 \\ 1 \\ 0 \\ 1 \\ 0 \end{Bmatrix}
$$

可以得到,在单元刚度矩阵中 1,3,5 列中对应行的元素相加为零,由行列式的性质可知,$|K|^e = 0$。

同样,如果假定单元产生了 y 方向上的刚体位移 $\{\delta\}^e = [0 \quad 1 \quad 0 \quad 1 \quad 0 \quad 1]^T$,可以得到,在单元刚度矩阵中 2,4,6 列中对应行的元素相加为零。这就是说,假定给出节点位移,由式(8.40)可确定节点力,但是,若给定节点力,则不能得出唯一的节点位移。这是因为单元的节点力不但由变形引起,而且刚体运动也会引起节点位移,为此,必须约束单元作刚体运动的三个自由度后,才能唯一确定节点位移。

8.5 整体分析

得到了单元刚度矩阵及单元的等效节点力后,下面的工作就是如何把单元分析的这些结果运用到整体结构的分析中去,也就是要建立整体结构中节点位移与节点力的关系。要将单元组成一个整体结构,根据节点载荷平衡的原则进行分析,即整体分析。与结构力学中所讨论的矩阵位移法相同,有限元中的结构整体分析包含两层意思:

第一,整个离散体系的各单元在变形后必须在节点处协调地联结起来,即与节点相联结的各单元,在该点处应有相同的节点位移,即

$$\{\delta_i^1\} = \{\delta_i^2\} = \cdots \{\delta_i^m\}$$

第二,组成离散体的各节点必须满足平衡条件,即对于体系上与某一节点相连的所有单元作用于该节点上的节点力与作用在该节点上的节点荷载保持平衡,即

$$\sum_e \{P_i^e\} = \{F_i^e\}$$

整体分析包括以下 4 个步骤:

①建立整体刚度矩阵;

②根据支承条件修改整体刚度矩阵;

③解方程组,求出节点的位移;

④根据节点位移,求出单元的应变和应力。

在这里把节点位移作为基本未知量求解。

8.5.1 刚度集成法的物理意义

由单元刚度矩阵的物理意义可知,单元刚度矩阵的元素是由单元节点产生单位位移时引起的单元节点力。

在如图 8.10 所示的结构中,使节点 3 产生单位位移时,在单元(1)中的节点 2 上引起节点力。由于节点 2、3 同时属于单元(1)、(3),在单元(3)中的节点 2 上同样也引起节点力,因此,在整体结构中当节点 3 产生位移时,节点 2 上的节点力应该是单元(1)、(3)在节点 2 上的节点力的叠加。

刚度集成法即结构中的节点力是相关单元节点力的叠加,整体刚度矩阵的元素是相关单元的单元刚度矩阵元素的集成。节点 3 在整体刚度矩阵的对应元素,应该是单元(1)、(3)、(4)中对应元素的集成。

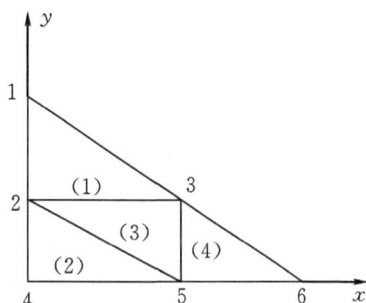

图 8.10

8.5.2 刚度矩阵集成的规则

如何得到整体刚度矩阵? 基本方法是刚度集成法,即整体刚度矩阵是单元刚度矩阵的集成。如图 8.11 所示,一个划分为 6 个节点、4 个单元的结构,得到了每个单元的单元刚度矩阵后,要集成为整体刚度矩阵。

(1)将单元刚度矩阵中的每个分块放到在整体刚度矩阵中的对应位置上,得到单元的扩大刚

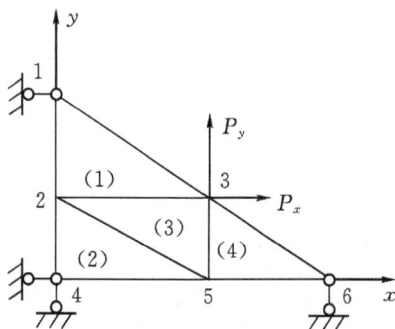

图 8.11

度矩阵。

单元刚度矩阵子阵在整体刚度矩阵的位置取决于单元节点的局部编号顺序,必须知道单元节点的局部编号与该节点在整体结构中的总体编号之间的关系,才能得到单元刚度矩阵中的每个分块在整体刚度矩阵中的位置。将单元刚度矩阵中的每个分块按总体编码顺序重新排列后,可以得到单元的扩大矩阵。假定单元节点的局部编号与整体的对应关系见下表 8.1。

表 8.1

单元编号	单元节点局部编号	单元节点整体编号
1	i	3
1	j	1
1	m	2
2	i	5
2	j	2
2	m	4
3	i	5
3	j	3
3	m	2
4	i	3
4	j	5
4	m	6

单元(2)的单元扩大矩阵 $[K]^{(2)}$ 的分块矩阵形式见表 8.2,只列出非零的分块。

表 8.2

局部编号			j		m	i	
	整体编号	1	2	3	4	5	6
	1						
j	2		$[K_{jj}]^{(2)}$		$[K_{jm}]^{(2)}$	$[K_{ji}]^{(2)}$	
	3						
m	4		$[K_{mj}]^{(2)}$		$[K_{mm}]^{(2)}$	$[K_{mi}]^{(2)}$	
i	5		$[K_{ij}]^{(2)}$		$[K_{im}]^{(2)}$	$[K_{ii}]^{(2)}$	
	6						

同理,可写出单元(1)、(1)、(1)的扩大刚度矩阵。

(2)将全部单元的扩大矩阵相加得到整体刚度矩阵。

$$[K]=[K]^{(1)}+[K]^{(2)}+[K]^{(3)}+[K]^{(4)}$$

整体刚度矩阵集成如表 8.3 所示。

表 8.3

整体编号	1	2	3	4	5	6
1	$[K_{jj}]^{(1)}$	$[K_{jm}]^{(1)}$	$[K_{ji}]^{(1)}$			
2	$[K_{mj}]^{(1)}$	$[K_{mm}]^{(1)}+[K_{jj}]^{(2)}$ $+[K_{mm}]^{(3)}$	$[K_{mi}]^{(1)}+[K_{mj}]^{(3)}$	$[K_{jm}]^{(2)}$	$[K_{ji}]^{(2)}+[K_{mi}]^{(3)}$	
3	$[K_{ij}]^{(1)}$	$[K_{im}]^{(1)}+[K_{jm}]^{(3)}$	$[K_{ii}]^{(1)}+[K_{jj}]^{(3)}$ $+[K_{ii}]^{(4)}$		$[K_{ji}]^{(3)}+[K_{ij}]^{(4)}$	$[K_{im}]^{(4)}$
4		$[K_{mj}]^{(2)}$		$[K_{mn}]^{(2)}$	$[K_{mi}]^{(2)}$	
5		$[K_{ij}]^{(2)}+[K_{im}]^{(3)}$	$[K_{ij}]^{(3)}+[K_{ji}]^{(4)}$	$[K_{im}]^{(2)}$	$[K_{ii}]^{(2)}+[K_{ii}]^{(3)}$ $+[K_{jj}]^{(4)}$	$[K_{jm}]^{(4)}$
6			$[K_{mi}]^{(4)}$		$[K_{mj}]^{(4)}$	$[K_{mn}]^{(4)}$

8.5.3 约束条件的处理

图 8.11 所示的结构的约束和载荷情况如图 8.12 所示。节点 1、4 上有水平方向的位移约束,节点 4、6 上有垂直方向的约束,节点 3 上作用有集中荷载 (P_x, P_y)。

整体刚度矩阵 $[K]$ 求出后,结构上的节点力可以表示为

$$\{P\}=[K]\{\delta\}$$

根据结构整体力的平衡,移置到节点上的节点力与节点载荷和约束反力平衡。用 $\{F\}$ 表示节点载荷和支杆反力,则可以得到节点的平衡方程

$$[K]\{\delta\}=\{F\} \tag{8.43}$$

这样构成的节点平衡方程组,在右边向量 $\{F\}$ 中存在未知量,因此在求解平衡方程之前,要根据节点的位移约束情况修改方程(8.43)。先考虑节点 n 有水平方向位移约束,与 n 节点水平方向对应的平衡方程为

$$K_{2n-1,1}u_1+K_{2n-1,2}v_1+\cdots+K_{2n-1,2n-1}u_n+$$
$$K_{2n-1,2n}v_n+\cdots=F_{2n-1} \tag{8.44}$$

根据支承情况,方程(8.44)应该换成下面的方程:

$$u_n=0 \tag{8.45}$$

对比公式(8.44)和(8.45),在式(8.43)中应该做如下修正:

在 $[K]$ 矩阵中,第 $2n-1$ 行的对角线元素 $K_{2n-1,2n-1}$ 改为 1,该行中全部非对角线元素改为 0;在 $\{F\}$ 中,第 $2n-1$ 个元素改为 0。为了保持 $[K]$ 矩阵的对称性,将第 $2n-1$ 列的全部非对角元素也改为 0。

同理,如果节点 n 在垂直方向有位移约束,则式(8.43)中的第 $2n$ 个方程修改为

$$v_n=0$$

在 $[K]$ 矩阵中,第 $2n$ 行的对角线元素改为 1,该行中全部非对角线元素改为 0;在 $\{F\}$ 中,第 $2n$ 个元素改为 0。为了保持 $[K]$ 矩阵的对称性,将第 $2n$ 列的全部非对角元素也

改为 0。

$$
\begin{bmatrix}
 & & & & & 0 & 0 & & & & & \\
 & & & & & 0 & 0 & & & & & \\
 & & & & & 0 & 0 & & & & & \\
 & & & & & 0 & 0 & & & & & \\
 & & & & & 0 & 0 & & & & & \\
 & & & & & 0 & 0 & & & & & \\
0 & 0 & 0 & 0 & 0 & 0 & 1 & 0 & 0 & 0 & 0 & 0 \\
0 & 0 & 0 & 0 & 0 & 0 & 0 & 1 & 0 & 0 & 0 & 0 \\
 & & & & & 0 & 0 & & & & & \\
 & & & & & 0 & 0 & & & & & \\
 & & & & & 0 & 0 & & & & & \\
 & & & & & 0 & 0 & & & & &
\end{bmatrix}
\begin{Bmatrix}
u_1 \\ v_1 \\ u_2 \\ v_2 \\ \vdots \\ \\ u_n \\ v_n \\ \\ \\ \\
\end{Bmatrix}
=
\begin{Bmatrix}
P_1 \\ P_2 \\ P_3 \\ P_4 \\ \\ \\ 0 \\ 0 \\ \\ \\ \\
\end{Bmatrix}
\tag{8.46}
$$

对图 8.10 所示结构的整体刚度在修改后可以得到以下的形式

$$
\begin{bmatrix}
1 & 0 & 0 & 0 & 0 & 0 & 0 & 0 & 0 & 0 & 0 & 0 \\
 & * & * & * & * & * & 0 & 0 & * & * & * & 0 \\
 & & * & * & * & * & 0 & 0 & * & * & * & 0 \\
 & & & * & * & * & 0 & 0 & * & * & * & 0 \\
 & & & & * & * & 0 & 0 & * & * & * & 0 \\
 & & & & & * & 0 & 0 & * & * & * & 0 \\
 & & & & & & 1 & 0 & 0 & 0 & 0 & 0 \\
 & & & & & & & 1 & 0 & 0 & 0 & 0 \\
 & & \text{对} \quad \text{称} & & & & & & * & * & * & 0 \\
 & & & & & & & & & * & * & 0 \\
 & & & & & & & & & & * & 0 \\
 & & & & & & & & & & & 1
\end{bmatrix}
\frac{Et}{2}
\tag{8.47}
$$

如果节点 n 处存在一个已知非零的水平方向位移 u_n^*，这时的约束条件为

$$
u_n = u_n^* \tag{8.48}
$$

在 $[K]$ 矩阵中，第 $2n-1$ 行的对角线元素 $K_{2n-1,2n-1}$ 乘上一个大数 A，向量 $\{F\}$ 中的对应换成 $AK_{2n-1,2n-1}u_n^*$，其余的系数保持不变，方程改为

$$
K_{2n-1,1}u_1 + K_{2n-1,2}v_1 + \cdots + AK_{2n-1,2n-1}u_n + K_{2n-1,2n}v_n + \cdots = AK_{2n-1,2n-1}u_n^* \tag{8.49}
$$

A 的取值要足够大，例如取 10^{10}。只有这样，方程(8.49)才能与方程(8.48)等价。如果节点 n 处存在一个已知非零的垂直方向位移 v_n^*，这时的约束条件为 $v_n = v_n^*$，也可以采用同样的方法修改整体刚度矩阵。

8.5.4　整体刚度矩阵的特点与存储方法

用有限元方法分析复杂工程问题时，节点的数目比较多，整体刚度矩阵的阶数通常也是很高的。那么，是否在进行计算时要保存整体刚度矩阵的全部元素？能否根据整体刚度矩

阵的特点提高计算效率?

整体刚度矩阵具有以下几个显著的特点:对称性,稀疏性,非零元素带形分布。

1. 对称性

由单元刚度矩阵的对称性和整体刚度矩阵的集成规则,可知整体刚度矩阵必为对称矩阵。利用对称性,只保存整体矩阵上三角部分的元素即可。

2. 稀疏性

单元刚度矩阵的多数元素为零,非零元素的个数只占较小的部分。如图 8.12 所示的结构,节点 2 只和通过单元连结的 1、3、4、5 节点相关,节点 5 只和通过单元连结的 2、

图 8.12

3、4、6、8、9 节点相关。由单元刚度矩阵的物理意义和整体刚度矩阵的形成方式可知,相关节点 2、3、4、6、8、9 及节点 5 本身产生位移时,才使节点 5 产生节点力,其余节点产生位移时不在该节点处引起节点力。在用分块形式表示的整体矩阵中,与相关节点对应的分块矩阵具有非零的元素,其他位置上的分块矩阵的元素为零,如图 8.13 所示。

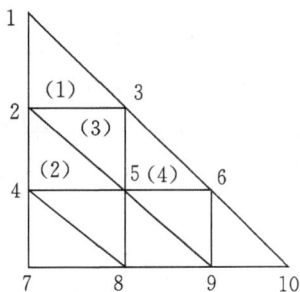

$$\begin{bmatrix} * & * & * & 0 & 0 & 0 & 0 & 0 & 0 & 0 \\ * & * & * & * & * & 0 & 0 & 0 & 0 & 0 \\ * & * & * & 0 & * & * & 0 & 0 & 0 & 0 \\ 0 & * & 0 & * & 0 & * & * & 0 & 0 & 0 \\ 0 & * & * & 0 & * & 0 & 0 & * & 0 & 0 \\ 0 & 0 & * & 0 & 0 & * & 0 & 0 & * & * \\ 0 & 0 & 0 & * & 0 & 0 & * & 0 & 0 & 0 \\ 0 & 0 & 0 & 0 & * & 0 & 0 & * & 0 & 0 \\ 0 & 0 & 0 & 0 & 0 & * & * & 0 & * & * \\ 0 & 0 & 0 & 0 & 0 & * & 0 & 0 & * & * \end{bmatrix}$$

图 8.13

3. 非零元素带形分布

在图 8.13 中,明显可以看出,整体刚度矩阵的非零元素分布在以对角线为中心的带形区域内,这种矩阵称为带形矩阵。

在包括对角线元素的半个带形区域内,每行具有的元素个数叫做半带宽,用 d 表示。

$$d = (相邻结点的编码的最大差值 + 1) \times 2$$

图 8.12 所示结构的相邻节点编码的最大差值为 4,所以半带宽为 10。

4. 二维等带宽存储

设整体刚度矩阵 $[K]$ 为一个 $n \times n$ 的矩阵,最大半带宽为 d。利用带形矩阵的特点和对称性,只需要保存以 d 为固定带宽的上半带的元素,称为二维等带宽存储。进行存储时,把整体刚度矩阵 $[K]$ 每行中的上半带元素取出,保存在另一个矩阵 $[K^*]$ 的对应行中,得到一个 $n \times d$ 矩阵 $[K^*]$。

把元素在 $[K]$ 矩阵中的行、列编码记为 r, s,在矩阵 $[K^*]$ 中的行、列编码记为 r^*, s^*,对

应关系为

$$r^* = r, \quad s^* = s - r + 1$$

如图 8.14(a)所示的最大半带宽为 d 的整体刚度矩阵 $[K]$，采用二维等带宽存储后得到如图 8.14(b)所示的矩阵 $[K^*]$。用新的方法存储后，$[K]$ 矩阵中的对角线元素保存在新矩阵中的第 1 列中，$[K]$ 矩阵中的 r 行元素仍然保存在新矩阵的 r 行中，$[K]$ 矩阵中的 s 列元素则按照新的列编码保存在新矩阵的不同列中。

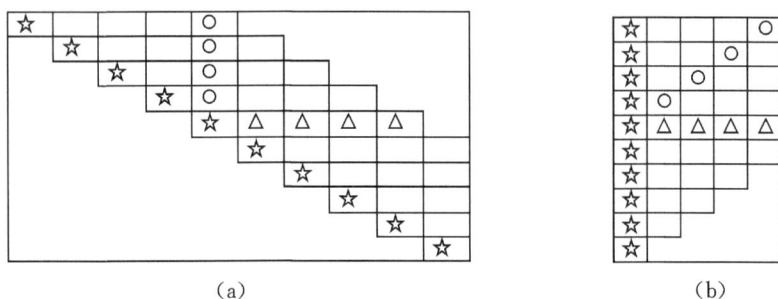

图 8.14

采用二维等带宽存储，需要保存的元素数量与 $[K]$ 矩阵中的总元素数量之比为 $\dfrac{d}{n}$，所存储的元素数量取决于最大半带宽 d 的值，d 的值则由单元节点的编码方式决定。

虽然在采用二维等带宽存储时，仍然会保存一些零元素，但是采用这种方法时元素寻址很方便。

对于同样的有限元单元网格，按照图 8.15(a)的节点编码，最大的半带宽为 14；按照图 8.15(b)的节点编码，最大的半带宽为 18；按照图 8.12 的节点编码，最大的半带宽为 10。

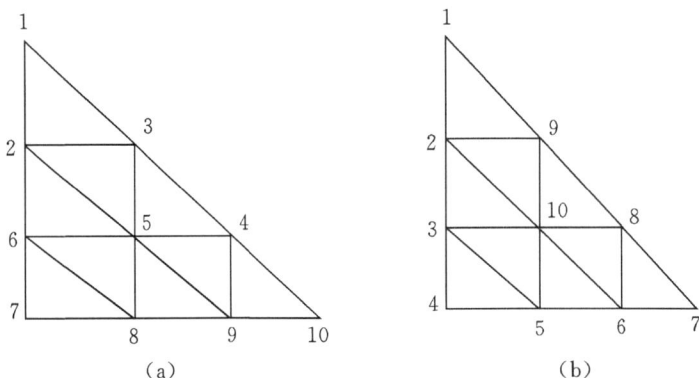

图 8.15

8.5.5 线性方程组的解法

由于有限元分析需要使用较多的单元，线性方程组的阶数很高，有限元求解的效率很大程度上取决于线性方程组的解法。利用矩阵的对称、稀疏、带状分布等特点提高方程求解效率是关键。

线性方程组的解法分为两大类:直接解法和迭代解法。

(1)直接解法以高斯消去法为基础,包括高斯消去法、等带宽高斯消去法、三角分解法,以及适用于大型方程组求解的分块算法和波前法等。

(2)迭代算法有高斯-赛德尔迭代、超松弛迭代和共轭梯度法等。

在方程组的阶数不是特别高时,通常采用直接解法。当方程组的阶数过高时,为避免舍入误差和消元时有效数损失等对计算精度的影响,可以选择迭代方法。

ANSYS也提供了多种求解器供选择,分为直接解法和迭代解法。

(1)直接解法包括:波前法(Frontal Solver)和稀疏法(Sparse Direct Sovler)。

(2)迭代解法包括:

雅可比共轭梯度法(Jacobi Conjugate Gradient Solver,JCG);

不完全共轭梯度法(Incomplete Cholesky Conjugate Gradient Solver,ICCG);

预处理共轭梯度法(Preconditioned Conjugate Gradient Solver,PCG);

代数多格法(Algebraic Multigrid Solver,AMG);

区域分割法(Distributed Domain Solver,DDS)。

8.5.6 弹性力学平面问题有限元计算实例

应用有限元求解平面问题时,具体步骤大致如下:

(1)根据具体问题所给的条件,确定结构的力学模型,作出结构的计算简图,图中应示出几何尺寸,外力情况和支承条件。

(2)对计算对象进行有限元离散,将节点、单元进行编号,明确每个单元所对应的节点,选定坐标系,定出所有节点的坐标值。

(3)根据节点的坐标值,计算各单元的面积以及系数的值,利用这些值和给定的弹性常数,求出各单元刚度矩阵的子块。

(4)按静力等效原则,将作用在各单元上的荷载简化到节点上。

(5)按直接刚度法,由各单元刚度矩阵集合成结构的整体刚度矩阵;由各单元形成的等效节点荷载集合成结构总的荷载列阵。

(6)引入约束条件,修正总体刚度矩阵和荷载列阵,然后解出节点位移。

(7)用解得的节点位移,再返回到单元来确定各个单元的应力和应变。

以上的步骤有些准备工作是靠人工完成,而具体的计算过程都由计算机来完成。

为了帮助大家进一步理解和掌握有限单元法的概念及解题步骤,下面举两个已知精确解的简单例题。

例 8.4 如图 8.16(a)所示为一厚度 $t=1$ cm 的均质正方形薄板,上下受均匀拉力 $q=10^6$ N/m,材料弹性模量为 E,泊松比 $\nu=1/3$,不计自重,试用有限单元法求其应力分量。

解 (1)力学模型的确定。

由于此结构长、宽远大于厚度,而载荷作用于板平面内,且沿板厚均匀分布,故可按平面应力问题处理,考虑到结构和载荷的对称性,可取结构的 1/4 来研究。

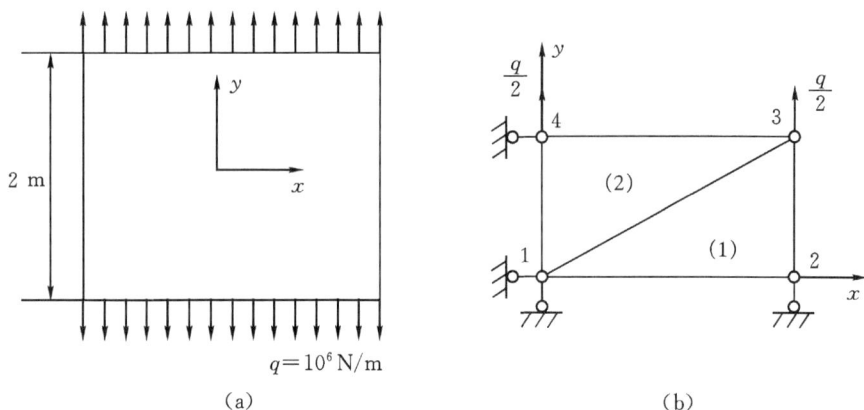

图 8.16

(2)结构离散。

该1/4结构被离散为两个三角形单元,节点编号,单元划分及取坐标如图8.16(b)所示,其各节点的坐标值见下表。

坐标	节　　　点			
	1	2	3	4
x	0	1	1	0
y	0	0	1	1

(3)求单元的刚度矩阵。

①计算单元的节点坐标差及单元面积。

单元 $1(i=1,j=2,m=3)$

$b_1=y_2-y_3=-1,b_2=y_3-y_1=1,b_3=y_1-y_2=0$

$c_1=-(x_2-x_3)=0$,$c_2=-(x_3-x_1)=-1,c_3=-(x_1-x_2)=1$

$A=\dfrac{1}{2}(b_2c_3-b_3c_2)=\dfrac{1}{2}[1\times1-0\times(-1)]=\dfrac{1}{2}$

②计算各单元的刚度矩阵。

先计算用到的常数

$\dfrac{1-\nu}{2}=\dfrac{1}{3},\quad \dfrac{Et}{4(1-\nu^2)A}=\dfrac{9E}{16},\quad \dfrac{E}{2(1-\nu^2)A}=\dfrac{9E}{8}$

$$[K_{11}]^1=\frac{9E}{16}\begin{bmatrix}(-1)\times(-1)+\dfrac{1}{3}\times0\times0 & \dfrac{1}{3}\times(-1)\times0+\dfrac{1}{3}\times0\times(-1)\\[2mm] \dfrac{1}{3}\times0\times(-1)+\dfrac{1}{3}\times(-1)\times0 & 0\times0+\dfrac{1}{3}\times(-1)\times(-1)\end{bmatrix}$$

$$=\frac{9E}{16}\begin{bmatrix}1 & 0\\[2mm] 0 & \dfrac{1}{3}\end{bmatrix}$$

$$[K_{12}]^1 = \frac{9E}{16}\begin{bmatrix} -1 & \frac{1}{3} \\ \frac{1}{3} & -\frac{1}{3} \end{bmatrix}; \quad [K_{13}]^1 = \frac{9E}{16}\begin{bmatrix} 0 & -\frac{1}{3} \\ -\frac{1}{3} & 0 \end{bmatrix}; \quad [K_{22}]^1 = \frac{9E}{16}\begin{bmatrix} \frac{4}{3} & -\frac{2}{3} \\ -\frac{2}{3} & -\frac{4}{3} \end{bmatrix}$$

$$[K_{23}]^1 = \frac{9E}{16}\begin{bmatrix} -\frac{1}{3} & \frac{1}{3} \\ \frac{1}{3} & -1 \end{bmatrix}; \quad [K_{33}]^1 = \frac{9E}{16}\begin{bmatrix} \frac{1}{3} & 0 \\ 0 & 1 \end{bmatrix}$$

$$[K]^1_{6\times6} = \begin{bmatrix} [K_{11}]^1 & [K_{12}]^1 & [K_{13}]^1 \\ [K_{21}]^1 & [K_{22}]^1 & [K_{23}]^1 \\ [K_{31}]^1 & [K_{32}]^1 & [K_{33}]^1 \end{bmatrix} = \frac{9E}{16}\begin{bmatrix} 1 & 0 & -1 & \frac{1}{3} & 0 & \frac{1}{3} \\ & \frac{1}{3} & \frac{1}{3} & -\frac{1}{3} & -\frac{1}{3} & 0 \\ & & \frac{4}{3} & -\frac{2}{3} & -\frac{1}{3} & \frac{1}{3} \\ & s & & \frac{4}{3} & \frac{1}{3} & -1 \\ & y & & & \frac{1}{3} & 0 \\ & m & & & & 1 \end{bmatrix}$$

由于单元 2 若按 341 对应单元 1 的 123 排码时,则这两个单元刚度矩阵内容完全一样,故有

$$[K]^2_{6\times6} = \frac{9E}{16}\begin{bmatrix} 1 & 0 & -1 & \frac{1}{3} & 0 & \frac{1}{3} \\ & \frac{1}{3} & \frac{1}{3} & -\frac{1}{3} & -\frac{1}{3} & 0 \\ & & \frac{4}{3} & -\frac{2}{3} & -\frac{1}{3} & \frac{1}{3} \\ & s & & \frac{4}{3} & \frac{1}{3} & -1 \\ & y & & & \frac{1}{3} & 0 \\ & m & & & & 1 \end{bmatrix}$$

(4)组集整体刚度矩阵。

按刚度集成法可得整体刚度矩阵为

$$[K]_{8\times8} = \begin{bmatrix} [K_{11}]^{1+2} \\ [K_{21}]^1 & [K_{22}]^1 \\ [K_{31}]^{1+2} & [K_{32}]^1 & [K_{33}]^{1+2} \\ [K_{41}]^2 & & [K_{43}]^2 & [K_{44}]^2 \end{bmatrix}$$

由于 $[K_{rs}] = [K_{sr}]^{\mathrm{T}}$,又单元 1 和单元 2 的节点号按 123 对应 341,则可得

$$[K_{11}]^1 = [K_{33}]^2 = \frac{3E}{16}\begin{bmatrix} 3 & 0 \\ 0 & 1 \end{bmatrix}$$

$$[K_{21}]^1 = [K_{43}]^2 = [[K_{12}]^1]^T = \frac{3E}{16}\begin{bmatrix} -3 & 1 \\ 1 & -1 \end{bmatrix}$$

$$[K_{31}]^1 = [K_{13}]^2 = [[K_{13}]^1]^T = \frac{3E}{16}\begin{bmatrix} 0 & -1 \\ -1 & 0 \end{bmatrix}$$

$$[K_{22}]^1 = [K_{44}]^2 = \frac{3E}{16}\begin{bmatrix} 4 & -2 \\ -2 & 4 \end{bmatrix}$$

$$[K_{32}]^1 = [K_{14}]^2 = [[K_{23}]^1]^T = \frac{3E}{16}\begin{bmatrix} -1 & 1 \\ 1 & -3 \end{bmatrix}$$

$$[K_{33}]^1 = [K_{11}]^2 = \frac{3E}{16}\begin{bmatrix} 1 & 0 \\ 0 & 3 \end{bmatrix}$$

$$[K_{31}]^2 = [K_{13}]^1 = [[K_{13}]^2]^T = \frac{3E}{16}\begin{bmatrix} 0 & -1 \\ -1 & 0 \end{bmatrix}$$

$$[K_{41}]^2 = [K_{23}]^1 = [[K_{14}]^2]^T = \frac{3E}{16}\begin{bmatrix} -1 & 1 \\ 1 & -3 \end{bmatrix}$$

所以组集的整体刚度矩阵为

$$[K]_{8\times8} = \frac{3E}{16}\begin{bmatrix}
4 & & & & & & & \\
0 & 4 & & & s & & & \\
-3 & 1 & 4 & & & y & & \\
1 & -1 & -2 & 4 & & & m & \\
0 & -2 & -1 & 1 & 4 & & & \\
-2 & 0 & 1 & -3 & 0 & 4 & & \\
-1 & 1 & 0 & 0 & -3 & 1 & 4 & \\
1 & -3 & 0 & 0 & 1 & -1 & -2 & 4
\end{bmatrix}$$

(5)计算各单元应力矩阵,求出各单元应力。

先求出各单元的应力矩阵$[S]^1$,$[S]^2$,然后再求得各单元的应力分量

$$\{\sigma\}^1 = \begin{Bmatrix} \sigma_x \\ \sigma_y \\ \tau_{xy} \end{Bmatrix} = [S]^1\{\delta\}^1$$

$$= \frac{3E}{8}\begin{bmatrix} -3 & 0 & 3 & -1 & 0 & 1 \\ -1 & 0 & 1 & -3 & 0 & 3 \\ 0 & -1 & -1 & 1 & -1 & 0 \end{bmatrix}\begin{Bmatrix} 0 \\ 0 \\ -q/3E \\ 0 \\ -q/3E \\ q/E \end{Bmatrix}$$

$$= \frac{3q}{8} \begin{Bmatrix} 0 \\ 8/3 \\ 0 \end{Bmatrix} = q \begin{Bmatrix} 0 \\ 1 \\ 0 \end{Bmatrix}$$

$$\{\sigma\}^2 = \begin{Bmatrix} \sigma_x \\ \sigma_y \\ \tau_{xy} \end{Bmatrix} = [S]^2 \{\delta\}^2$$

$$= \frac{3E}{8} \begin{bmatrix} 3 & 0 & -3 & 1 & 0 & -1 \\ 1 & 0 & -1 & 3 & 0 & -3 \\ 0 & 1 & 1 & -1 & -1 & 0 \end{bmatrix} \begin{Bmatrix} -q/3E \\ q/E \\ 0 \\ q/E \\ 0 \\ 0 \end{Bmatrix}$$

$$= \frac{3E}{8} \begin{Bmatrix} 0 \\ 8q/(3E) \\ 0 \end{Bmatrix} = q \begin{Bmatrix} 0 \\ 1 \\ 0 \end{Bmatrix}$$

单元应力可看作是单元形心处的应力值。

(6)引入约束条件,修改刚度方程并求解。

根据约束条件:$u_1 = v_1 = 0$;$v_2 = 0$;$u_4 = 0$ 和等效节点力列阵

$$\{F\} = \{0 \quad 0 \quad 0 \quad 0 \quad 0 \quad q/2 \quad 0 \quad q/2\}^T$$

并代入刚度方程$[K]\{\delta\} = \{F\}$,划去$[K]$中与0位移相对应的1,2,4,7的行和列,则刚度方程变为

$$\frac{3E}{16} \begin{bmatrix} 4 & & & \\ -1 & 4 & & \\ 1 & 0 & 4 & \\ 0 & 1 & -1 & 4 \end{bmatrix} \begin{Bmatrix} u_2 \\ u_3 \\ v_3 \\ v_4 \end{Bmatrix} = \begin{Bmatrix} 0 \\ 0 \\ q/2 \\ q/2 \end{Bmatrix}$$

求解上面的方程组可得出节点位移为

$$\{u_2 \quad u_3 \quad v_3 \quad v_4\}^T = \{-q/3E \quad -q/3E \quad q/E \quad q/E\}^T$$

$$\{\delta\} = \frac{q}{E} [0 \quad 0 \quad -1/3 \quad 0 \quad -1/3 \quad 1 \quad 0 \quad 1]^T$$

例8.5 如图 8.17 所示为一平面应力问题离散化以后的结构图,其中图(a)为离散化后的总体结构,图(b)为单元1,2,3,4的结构,图(c)为单元3的结构。用有限单元法计算节点位移、单元应变及单元应力(为简便起见,取泊松比 $\nu = 0$,单元厚度 $t = 1$)。

解 首先确定各单元刚度所需的系数 $b_i, b_j, b_m, c_i, c_j, c_m$ 及面积A,对于单元1,2,4有

$$b_i = 0, b_j = -a, b_m = a; \quad c_i = a, c_j = -a, c_m = 0; \quad A = a^2/2$$

对于单元3有

$$b_i = -a, b_j = 0, b_m = a; \quad c_i = 0, c_j = -a, c_m = a; \quad A = a^2/2$$

其次,求出各单元的单元刚度矩阵。对于1,2,4单元,其单元刚度矩阵为

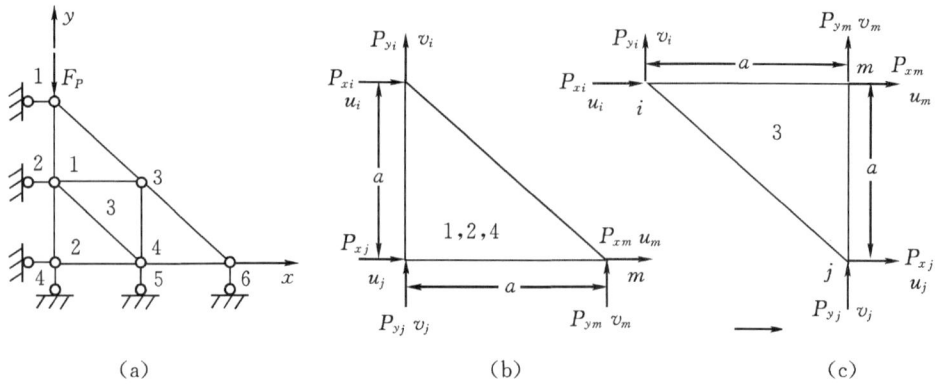

（a）　　　　　　　　（b）　　　　　　　　（c）

图 8.17

$$[K]^{(1,2,4)} = \frac{E}{4} \begin{array}{c} \overbrace{}^{i} \quad \overbrace{}^{j} \quad \overbrace{}^{m} \\ \begin{bmatrix} 1 & 0 & -1 & -1 & 0 & 1 \\ 0 & 2 & 0 & -2 & 0 & 0 \\ -1 & 0 & 3 & 1 & -2 & -1 \\ -1 & -2 & 1 & 3 & 0 & -1 \\ 0 & 0 & -2 & 0 & 2 & 0 \\ 1 & 0 & -1 & -1 & 0 & 1 \end{bmatrix} \begin{array}{l} \\[-1pt] \left.\begin{array}{c}\\ \\\end{array}\right\}i \\ \left.\begin{array}{c}\\ \\\end{array}\right\}j \\ \left.\begin{array}{c}\\ \\\end{array}\right\}m \end{array} \end{array}$$

对于单元 3，其单元刚度矩阵为

$$[K]^{(3)} = \frac{E}{4} \begin{array}{c} \overbrace{}^{i} \quad \overbrace{}^{j} \quad \overbrace{}^{m} \\ \begin{bmatrix} 2 & 0 & 0 & 0 & -2 & 0 \\ 0 & 1 & 1 & 0 & -1 & -1 \\ 0 & 1 & 1 & 0 & -1 & -1 \\ 0 & 0 & 0 & 2 & 0 & -2 \\ -2 & -1 & -1 & 0 & 3 & 1 \\ 0 & -1 & -1 & -2 & 1 & 3 \end{bmatrix} \begin{array}{l} \\[-1pt] \left.\begin{array}{c}\\ \\\end{array}\right\}i \\ \left.\begin{array}{c}\\ \\\end{array}\right\}j \\ \left.\begin{array}{c}\\ \\\end{array}\right\}m \end{array} \end{array}$$

各单元的节点编号与总体结构的总编号之间的对应关系见下表。

节点号	节点总编号			
	单元 1	单元 2	单元 3	单元 4
i	1	2	2	3
j	2	4	5	5
m	3	5	3	6

将各单元刚度矩阵按节点总数及相应的节点号关系扩充成 12×12 的矩阵，分别如下

$$
[K^1_{12\times12}]=\frac{E}{4}
\begin{bmatrix}
1 & 0 & -1 & -1 & 0 & 1 & 0 & 0 & 0 & 0 & 0 & 0 \\
0 & 2 & 0 & -2 & 0 & 0 & 0 & 0 & 0 & 0 & 0 & 0 \\
-1 & 0 & 3 & 1 & -2 & -1 & 0 & 0 & 0 & 0 & 0 & 0 \\
-1 & -2 & 1 & 3 & 0 & -1 & 0 & 0 & 0 & 0 & 0 & 0 \\
0 & 0 & -2 & 0 & 2 & 0 & 0 & 0 & 0 & 0 & 0 & 0 \\
1 & 0 & -1 & -1 & 0 & 1 & 0 & 0 & 0 & 0 & 0 & 0 \\
0 & 0 & 0 & 0 & 0 & 0 & 0 & 0 & 0 & 0 & 0 & 0 \\
0 & 0 & 0 & 0 & 0 & 0 & 0 & 0 & 0 & 0 & 0 & 0 \\
0 & 0 & 0 & 0 & 0 & 0 & 0 & 0 & 0 & 0 & 0 & 0 \\
0 & 0 & 0 & 0 & 0 & 0 & 0 & 0 & 0 & 0 & 0 & 0 \\
0 & 0 & 0 & 0 & 0 & 0 & 0 & 0 & 0 & 0 & 0 & 0 \\
0 & 0 & 0 & 0 & 0 & 0 & 0 & 0 & 0 & 0 & 0 & 0
\end{bmatrix}
\begin{matrix} 1 \\ \\ 2 \\ \\ 3 \\ \\ 4 \\ \\ 5 \\ \\ 6 \end{matrix}
$$

$$
[K^2_{12\times12}]=\frac{E}{4}
\begin{bmatrix}
0 & 0 & 0 & 0 & 0 & 0 & 0 & 0 & 0 & 0 & 0 & 0 \\
0 & 0 & 0 & 0 & 0 & 0 & 0 & 0 & 0 & 0 & 0 & 0 \\
0 & 0 & 1 & 0 & 0 & 0 & -1 & -1 & 0 & 1 & 0 & 0 \\
0 & 0 & 0 & 2 & 0 & 0 & 0 & -2 & 0 & 0 & 0 & 0 \\
0 & 0 & 0 & 0 & 0 & 0 & 0 & 0 & 0 & 0 & 0 & 0 \\
0 & 0 & 0 & 0 & 0 & 0 & 0 & 0 & 0 & 0 & 0 & 0 \\
0 & 0 & -1 & 0 & 0 & 0 & 3 & 1 & -2 & -1 & 0 & 0 \\
0 & 0 & -1 & -2 & 0 & 0 & 1 & 3 & 0 & -1 & 0 & 0 \\
0 & 0 & 0 & 0 & 0 & 0 & -2 & 0 & 2 & 0 & 0 & 0 \\
0 & 0 & 1 & 0 & 0 & 0 & -1 & -1 & 0 & 1 & 0 & 0 \\
0 & 0 & 0 & 0 & 0 & 0 & 0 & 0 & 0 & 0 & 0 & 0 \\
0 & 0 & 0 & 0 & 0 & 0 & 0 & 0 & 0 & 0 & 0 & 0
\end{bmatrix}
\begin{matrix} 1 \\ \\ 2 \\ \\ 3 \\ \\ 4 \\ \\ 5 \\ \\ 6 \end{matrix}
$$

$$
[K^3_{12\times12}]=\frac{E}{4}
\begin{bmatrix}
0 & 0 & 0 & 0 & 0 & 0 & 0 & 0 & 0 & 0 & 0 & 0 \\
0 & 0 & 0 & 0 & 0 & 0 & 0 & 0 & 0 & 0 & 0 & 0 \\
0 & 0 & 2 & 0 & -2 & 0 & 0 & 0 & 0 & 0 & 0 & 0 \\
0 & 0 & 0 & 1 & -1 & -1 & 0 & 0 & 1 & 0 & 0 & 0 \\
0 & 0 & -2 & -1 & 3 & 1 & 0 & 0 & -1 & 0 & 0 & 0 \\
0 & 0 & 0 & -1 & 1 & 3 & 0 & 0 & -1 & -2 & 0 & 0 \\
0 & 0 & 0 & 0 & 0 & 0 & 0 & 0 & 0 & 0 & 0 & 0 \\
0 & 0 & 0 & 0 & 0 & 0 & 0 & 0 & 0 & 0 & 0 & 0 \\
0 & 0 & 0 & 1 & -1 & -1 & 0 & 0 & 1 & 0 & 0 & 0 \\
0 & 0 & 1 & 0 & 0 & -2 & 0 & 0 & 0 & 2 & 0 & 0 \\
0 & 0 & 0 & 0 & 0 & 0 & 0 & 0 & 0 & 0 & 0 & 0 \\
0 & 0 & 0 & 0 & 0 & 0 & 0 & 0 & 0 & 0 & 0 & 0
\end{bmatrix}
\begin{matrix} 1 \\ \\ 2 \\ \\ 3 \\ \\ 4 \\ \\ 5 \\ \\ 6 \end{matrix}
$$

$$[K^4_{12\times 12}] = \frac{E}{4} \begin{bmatrix} 0 & 0 & 0 & 0 & 0 & 0 & 0 & 0 & 0 & 0 & 0 & 0 \\ 0 & 0 & 0 & 0 & 0 & 0 & 0 & 0 & 0 & 0 & 0 & 0 \\ 0 & 0 & 0 & 0 & 0 & 0 & 0 & 0 & 0 & 0 & 0 & 0 \\ 0 & 0 & 0 & 0 & 0 & 0 & 0 & 0 & 0 & 0 & 0 & 0 \\ 0 & 0 & 0 & 0 & 1 & 0 & 0 & 0 & -1 & -1 & 0 & 1 \\ 0 & 0 & 0 & 0 & 0 & 2 & 0 & 0 & 0 & -2 & 0 & 0 \\ 0 & 0 & 0 & 0 & 0 & 0 & 0 & 0 & 0 & 0 & 0 & 0 \\ 0 & 0 & 0 & 0 & 0 & 0 & 0 & 0 & 0 & 0 & 0 & 0 \\ 0 & 0 & 0 & 0 & -1 & 0 & 0 & 0 & 3 & 1 & -2 & -1 \\ 0 & 0 & 0 & 0 & -1 & -2 & 0 & 0 & 1 & 3 & 0 & -1 \\ 0 & 0 & 0 & 0 & 0 & 0 & 0 & 0 & -2 & 0 & 2 & 0 \\ 0 & 0 & 0 & 0 & 1 & 0 & 0 & 0 & -1 & -1 & 0 & 1 \end{bmatrix}$$

将扩充后的各单元刚度矩阵相加，得总体刚度矩阵 $[K]$，即

$$[K] = \sum_{e=1}^{4} [K^{(e)}_{12\times 12}] = \frac{E}{4} \begin{bmatrix} 1 & 0 & -1 & -1 & 0 & 1 & 0 & 0 & 0 & 0 & 0 & 0 \\ 0 & 2 & 0 & -2 & 0 & 0 & 0 & 0 & 0 & 0 & 0 & 0 \\ -1 & 0 & 6 & 1 & -4 & -1 & -1 & -1 & 0 & 1 & 0 & 0 \\ -1 & -2 & 1 & 6 & -1 & -2 & 0 & -2 & 1 & 0 & 0 & 0 \\ 0 & 0 & -4 & -1 & 6 & 1 & 0 & 0 & -2 & -1 & 0 & 1 \\ 1 & 0 & -1 & -2 & 1 & 6 & 0 & 0 & -1 & -4 & 0 & 0 \\ 0 & 0 & -1 & 0 & 0 & 0 & 3 & 1 & -2 & -1 & 0 & 0 \\ 0 & 0 & -1 & -2 & 0 & 0 & 1 & 3 & 0 & -1 & 0 & 0 \\ 0 & 0 & 0 & 1 & -2 & -1 & -2 & 0 & 6 & 1 & -2 & -1 \\ 0 & 0 & 1 & 0 & -1 & -4 & -1 & -1 & 1 & 6 & 0 & -1 \\ 0 & 0 & 0 & 0 & 0 & 0 & 0 & 0 & -2 & 0 & 2 & 0 \\ 0 & 0 & 0 & 0 & 1 & 0 & 0 & 0 & -1 & -1 & 0 & 1 \end{bmatrix}$$

所以结构总体刚度方程为

$$\{F\} = [K]\{\delta\}$$

$$\{F\} = \{0 \quad -F_P \quad 0 \quad 0 \quad 0 \quad 0 \quad 0 \quad 0 \quad 0 \quad 0 \quad 0 \quad 0\}^{\mathrm{T}}$$

$$\{\delta\} = \{u_1 \quad v_1 \quad u_2 \quad v_2 \quad u_3 \quad v_3 \quad u_4 \quad v_4 \quad u_5 \quad v_5 \quad u_6 \quad v_6\}^{\mathrm{T}}$$

考虑到边界条件

$$u_1 = u_2 = u_3 = u_4 = u_5 = u_6 = 0$$

用对角元乘大数法消除奇异性后的结构总体方程为

$$\frac{E}{4}\begin{bmatrix} 1\times10^{15} & 0 & -1 & -1 & 0 & 1 & 0 & 0 & 0 & 0 & 0 & 0 \\ 0 & 2 & 0 & -2 & 0 & 0 & 0 & 0 & 0 & 0 & 0 & 0 \\ -1 & 0 & 6\times10^{15} & 1 & -4 & -1 & -1 & -1 & 0 & 1 & 0 & 0 \\ -1 & -2 & 1 & 6 & -1 & -2 & 0 & -2 & 1 & 0 & 0 & 0 \\ 0 & 0 & -4 & -1 & 6 & 1 & 0 & 0 & -2 & -1 & 0 & 1 \\ 1 & 0 & -1 & -2 & 1 & 6 & 0 & 0 & -1 & -4 & 0 & 0 \\ 0 & 0 & -1 & 0 & 0 & 0 & 3\times10^{15} & 1 & -2 & -1 & 0 & 0 \\ 0 & 0 & -1 & -2 & 0 & 0 & 1 & 3\times10^{15} & 0 & -1 & 0 & 0 \\ 0 & 0 & 0 & 1 & -2 & -1 & -2 & 0 & 6 & 1 & -2 & -1 \\ 0 & 0 & 1 & 0 & -1 & -4 & -1 & -1 & 1 & 6\times10^{15} & 0 & -1 \\ 0 & 0 & 0 & 0 & 0 & 0 & 0 & 0 & -2 & 0 & 2 & 0 \\ 0 & 0 & 0 & 0 & 1 & 0 & 0 & 0 & -1 & -1 & 0 & 1\times10^{15} \end{bmatrix}\begin{Bmatrix} u_1 \\ v_1 \\ u_2 \\ v_2 \\ u_3 \\ v_3 \\ u_4 \\ v_4 \\ u_5 \\ v_5 \\ u_6 \\ v_6 \end{Bmatrix}=\begin{Bmatrix} 0 \\ P \\ 0 \\ 0 \\ 0 \\ 0 \\ 0 \\ 0 \\ 0 \\ 0 \\ 0 \\ 0 \end{Bmatrix}$$

$$\delta=\begin{Bmatrix} u_1 \\ v_1 \\ u_2 \\ v_2 \\ u_3 \\ v_3 \\ u_4 \\ v_4 \\ u_5 \\ v_5 \\ u_6 \\ v_6 \end{Bmatrix}=\frac{F_P}{E}\begin{Bmatrix} 0 \\ -3.252 \\ 0 \\ -1.252 \\ -0.088 \\ -0.374 \\ 0 \\ 0 \\ 0.176 \\ 0 \\ 0.176 \\ 0 \end{Bmatrix}$$

然后将相应的节点位移代入公式,可分别求得各单元的应变和应力。

对于单元 1 有

$$\varepsilon^{(1)}=\begin{Bmatrix} \varepsilon_x \\ \varepsilon_y \\ \gamma_{xy} \end{Bmatrix}=\frac{1}{a^2}\begin{bmatrix} 0 & 0 & -a & 0 & a & 0 \\ 0 & a & 0 & -a & 0 & 0 \\ a & 0 & -a & -a & 0 & a \end{bmatrix}\begin{Bmatrix} u_1 \\ v_1 \\ u_2 \\ v_2 \\ u_3 \\ v_3 \end{Bmatrix}=\frac{F_P}{Ea}\begin{Bmatrix} -0.088 \\ -2.000 \\ 0.880 \end{Bmatrix}$$

$$\sigma^{(1)}=\begin{Bmatrix} \sigma_x \\ \sigma_y \\ \tau_{xy} \end{Bmatrix}=E\begin{bmatrix} 1 & 0 & 0 \\ 0 & 1 & 0 \\ 0 & 0 & 0.5 \end{bmatrix}\begin{Bmatrix} \varepsilon_x \\ \varepsilon_y \\ \gamma_{xy} \end{Bmatrix}=\frac{F_P}{a}\begin{Bmatrix} -0.088 \\ -2.000 \\ 0.440 \end{Bmatrix}$$

对于单元 2 有

$$\varepsilon^{(2)} = \begin{Bmatrix} \varepsilon_x \\ \varepsilon_y \\ \gamma_{xy} \end{Bmatrix} = \frac{1}{a^2} \begin{bmatrix} 0 & 0 & -a & 0 & a & 0 \\ 0 & a & 0 & -a & 0 & 0 \\ a & 0 & -a & -a & 0 & a \end{bmatrix} \begin{Bmatrix} u_2 \\ v_2 \\ u_4 \\ v_4 \\ u_5 \\ v_5 \end{Bmatrix} = \frac{F_P}{Ea} \begin{Bmatrix} 0.176 \\ -1.252 \\ 0 \end{Bmatrix}$$

对于单元 3 有

$$\varepsilon^{(3)} = \begin{Bmatrix} \varepsilon_x \\ \varepsilon_y \\ \gamma_{xy} \end{Bmatrix} = \frac{1}{a^2} \begin{bmatrix} -a & 0 & 0 & 0 & a & 0 \\ 0 & 0 & 0 & -a & 0 & a \\ 0 & -a & -a & 0 & a & a \end{bmatrix} \begin{Bmatrix} u_2 \\ v_2 \\ u_5 \\ v_5 \\ u_3 \\ v_3 \end{Bmatrix} = \frac{F_P}{Ea} \begin{Bmatrix} -0.088 \\ -0.374 \\ 0.614 \end{Bmatrix}$$

$$\sigma^{(3)} = \begin{Bmatrix} \sigma_x \\ \sigma_y \\ \tau_{xy} \end{Bmatrix} = E \begin{bmatrix} 1 & 0 & 0 \\ 0 & 1 & 0 \\ 0 & 0 & 0.5 \end{bmatrix} \begin{Bmatrix} \varepsilon_x \\ \varepsilon_y \\ \gamma_{xy} \end{Bmatrix} = \frac{F_P}{a} \begin{Bmatrix} -0.088 \\ -0.374 \\ 0.307 \end{Bmatrix}$$

对于单元 4 有

$$\varepsilon^{(4)} = \begin{Bmatrix} \varepsilon_x \\ \varepsilon_y \\ \gamma_{xy} \end{Bmatrix} = \frac{1}{a^2} \begin{bmatrix} 0 & 0 & -a & 0 & a & 0 \\ 0 & a & 0 & -a & 0 & 0 \\ a & 0 & -a & -a & 0 & a \end{bmatrix} \begin{Bmatrix} u_3 \\ v_3 \\ u_5 \\ v_5 \\ u_6 \\ v_6 \end{Bmatrix} = \frac{F_P}{Ea} \begin{Bmatrix} 0 \\ -0.374 \\ -0.264 \end{Bmatrix}$$

$$\sigma^{(4)} = \begin{Bmatrix} \sigma_x \\ \sigma_y \\ \tau_{xy} \end{Bmatrix} = E \begin{bmatrix} 1 & 0 & 0 \\ 0 & 1 & 0 \\ 0 & 0 & 0.5 \end{bmatrix} \begin{Bmatrix} \varepsilon_x \\ \varepsilon_y \\ \gamma_{xy} \end{Bmatrix} = \frac{F_P}{a} \begin{Bmatrix} 0 \\ -0.374 \\ -0.132 \end{Bmatrix}$$

平面问题的高阶单元

9.1 六节点三角形单元

9.1.1 面积坐标

在采用较精密的三角形单元时,利用面积坐标,可以大大简化荷载向量、应力矩阵和刚度矩阵的推导工作。在如图 9.1 所示的三角形单元中,任意一点 P 的位置,可以用如下的三个比值来确定:

$$L_i = \frac{A_i}{A}, \quad L_j = \frac{A_j}{A}, \quad L_m = \frac{A_m}{A} \tag{9.1}$$

其中 A 为三角形 ijm 的面积,A_i、A_j、A_m 分别为三角形 Pjm、Pmi、Pij 的面积。这三个比值就称为 P 点的面积坐标。注意,三个面积坐标并不是互相独立的,它们满足关系

$$L_i + L_j + L_m = 1 \tag{9.2}$$

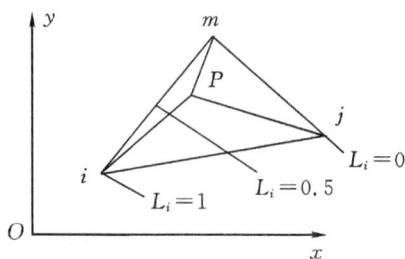

图 9.1

这里所引用的面积坐标,只限于用在一个三角形单元之内,在该三角形之外并没有定义,因而是一种所谓局部坐标。与此相反,以前所用的直角坐标 x 和 y,则是一种所谓整体坐标,它通用于所有单元的总体,也就是通用于整个结构体。

根据面积坐标的定义,在图 9.1 中不难看出,在平行于 jm 边的一条直线上的所有各点,都具有相同的 L_i 坐标,而且这个坐标就等于"该直线至 jm 边的距离"与"节点 i 至 jm 边的距离"的比值。图中示出 L_i 的一些等值线。

根据面积的计算公式,可知

$$A_i = \frac{1}{2} \begin{vmatrix} 1 & x & y \\ 1 & x_j & y_j \\ 1 & x_m & y_m \end{vmatrix} = \frac{1}{2}(a_i + b_i x + c_i y), (i,j,m) \tag{9.3}$$

故有

$$L_i = \frac{A_i}{A} = \frac{1}{2A}(a_i + b_i x + c_i y) \tag{9.4a}$$

类似有

$$L_j = \frac{A_j}{A} = \frac{1}{2A}(a_j + b_j x + c_j y) \tag{9.4b}$$

$$L_m = \frac{A_m}{A} = \frac{1}{2A}(a_m + b_m x + c_m y) \tag{9.4c}$$

可知三角形单元的形状函数 N_i，就是对应的 L_i。用矩阵表示为

$$\begin{bmatrix} L_i \\ L_j \\ L_m \end{bmatrix} = \frac{1}{2A} \begin{bmatrix} a_i & b_i & c_i \\ a_j & b_j & c_j \\ a_m & b_m & c_m \end{bmatrix} \begin{bmatrix} 1 \\ x \\ y \end{bmatrix} \tag{9.5}$$

将(9.4a)、(9.4b)、(9.4c)三式分别乘以 x_i, x_j, x_m 然后相加，可得

$$x_i L_i + x_j L_j + x_m L_m = x \tag{9.6a}$$

同理，用节点 y 坐标作同样运算，可得

$$y_i L_i + y_j L_j + y_m L_m = y \tag{9.6b}$$

以上二式表明了直角坐标与面积坐标之间的关系，将式(9.2)、(9.6a)、(9.6b)写成矩阵形式：

$$\begin{bmatrix} 1 \\ x \\ y \end{bmatrix} = \begin{bmatrix} 1 & 1 & 1 \\ x_i & x_j & x_m \\ y_i & y_j & y_m \end{bmatrix} \begin{bmatrix} L_i \\ L_j \\ L_m \end{bmatrix} \tag{9.7}$$

面积坐标函数对直角坐标求导数时，可以利用下面的公式：

$$\frac{\partial}{\partial x} = \frac{\partial L_i}{\partial x}\frac{\partial}{\partial L_i} + \frac{\partial L_j}{\partial x}\frac{\partial}{\partial L_j} + \frac{\partial L_m}{\partial x}\frac{\partial}{\partial L_m}$$

$$= \frac{b_i}{2A}\frac{\partial}{\partial L_i} + \frac{b_j}{2A}\frac{\partial}{\partial L_j} + \frac{b_m}{2A}\frac{\partial}{\partial L_m} \tag{9.8a}$$

$$\frac{\partial}{\partial y} = \frac{\partial L_i}{\partial y}\frac{\partial}{\partial L_i} + \frac{\partial L_j}{\partial y}\frac{\partial}{\partial L_j} + \frac{\partial L_m}{\partial y}\frac{\partial}{\partial L_m}$$

$$= \frac{c_i}{2A}\frac{\partial}{\partial L_i} + \frac{c_j}{2A}\frac{\partial}{\partial L_j} + \frac{c_m}{2A}\frac{\partial}{\partial L_m} \tag{9.8b}$$

采用矩阵形式，式(9.8a)和式(9.8b)可记为

$$\begin{bmatrix} \dfrac{\partial}{\partial x} \\ \dfrac{\partial}{\partial y} \end{bmatrix} = \frac{1}{2A} \begin{bmatrix} b_i & b_j & b_m \\ c_i & c_j & c_m \end{bmatrix} \begin{bmatrix} \dfrac{\partial}{\partial L_i} \\ \dfrac{\partial}{\partial L_j} \\ \dfrac{\partial}{\partial L_m} \end{bmatrix} \tag{9.8c}$$

求面积坐标的幂函数在三角形单元上的积分值时，可应用积分公式

$$\iint\limits_A L_i^\alpha L_j^\beta L_m^\gamma \, \mathrm{d}x \mathrm{d}y = \frac{\alpha! \beta! \gamma!}{(\alpha + \beta + \gamma + 2)!} 2A \tag{9.9}$$

求面积坐标的幂函数在三角形另一边上的积分值时,可应用积分公式

$$\int_l L_i^\alpha L_j^\beta \mathrm{d}s = \frac{\alpha!\,\beta!}{(\alpha+\beta+1)!}l \tag{9.10}$$

其中 l 为 ij 边的长度。

9.1.2 位移模式

假定位移模式按照二阶多项式变化,即

$$\{S\} = \begin{bmatrix} u(x,y) \\ v(x,y) \end{bmatrix} = \begin{bmatrix} \alpha_0 + \alpha_1 x + \alpha_2 y + \alpha_3 x^2 + \alpha_4 xy + \alpha_5 y^2 \\ \alpha_6 + \alpha_7 x + \alpha_8 y + \alpha_9 x^2 + \alpha_{10} xy + \alpha_{11} y^2 \end{bmatrix} \tag{9.11}$$

上式中包含着 12 个待定系数,为了把它们用节点位移表示出来,每个单元应当有 6 个节点。通常的作法是在三个顶点之外再取三个边的中点,如图 9.2 所示。

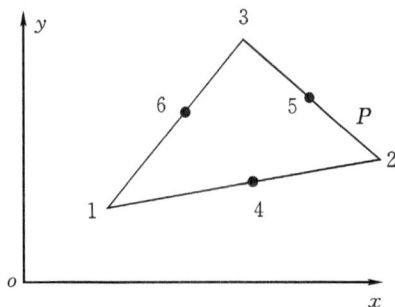

图 9.2

用 6 个节点的坐标和位移确定待定系数 $\alpha_0, \alpha_1, \cdots, \alpha_{11}$,从而确定形函数,这比较复杂,但利用面积坐标比较简单,其对应的形函数矩阵是

$$\boldsymbol{N} = \begin{bmatrix} \tilde{N}_1 & \tilde{N}_2 & \tilde{N}_3 & \tilde{N}_4 & \tilde{N}_5 & \tilde{N}_6 \end{bmatrix} \tag{9.12}$$

其中 $\tilde{N}_i = \begin{bmatrix} N_i & 0 \\ 0 & N_i \end{bmatrix}$,并且

$$N_i = (2L_i - 1)L_i, \quad i = 1,2,3 \tag{9.13}$$
$$N_{i'} = 4L_j L_m, \quad i' = 4,5,6$$

其中 j,m 按 2,3,1 循环,亦即 $i'=4, j=2, m=3; i'=5, j=3, m=1; i'=6, j=1, m=2$,因此

$$N_4 = 4L_2 L_3, \quad N_5 = 4L_3 L_1, \quad N_6 = 4L_1 L_2$$

将位移用形函数表示为

$$\left. \begin{aligned} u &= \sum_{i=1}^{6} N_i u_i = N_1 u_1 + N_2 u_2 + N_3 u_3 + N_4 u_4 + N_5 u_5 + N_6 u_6 \\ v &= \sum_{i=1}^{6} N_i v_i = N_1 v_1 + N_2 v_2 + N_3 v_3 + N_4 v_4 + N_5 v_5 + N_6 v_6 \end{aligned} \right\} \tag{9.14}$$

9.1.3 应变及应力矩阵

利用几何方程,可求得对应的应变矩阵为

$$
\boldsymbol{B} = \begin{bmatrix} \dfrac{\partial}{\partial x} & 0 \\ 0 & \dfrac{\partial}{\partial y} \\ \dfrac{\partial}{\partial y} & \dfrac{\partial}{\partial x} \end{bmatrix} [N] = \begin{bmatrix} \dfrac{\partial}{\partial x} & 0 \\ 0 & \dfrac{\partial}{\partial y} \\ \dfrac{\partial}{\partial y} & \dfrac{\partial}{\partial x} \end{bmatrix} \begin{bmatrix} N_1 & 0 & \cdots & \cdots & N_6 & 0 \\ 0 & N_1 & \cdots & \cdots & 0 & N_6 \end{bmatrix} \tag{9.15}
$$

$$
= \begin{bmatrix} B_1 & B_2 & B_3 & B_4 & B_5 & B_6 \end{bmatrix}
$$

由式(9.8c)可得

$$
\frac{\partial N_i}{\partial x} = \frac{b_i}{2A}\frac{\partial}{\partial L_i} = \frac{b_i}{2A}(4L_i - 1)
$$

$$
\frac{\partial N_i}{\partial y} = \frac{c_i}{2A}\frac{\partial}{\partial L_i} = \frac{c_i}{2A}(4L_i - 1) \qquad (i = 1,2,3)
$$

$$
\frac{\partial N_{i'}}{\partial x} = \frac{4(b_j L_m + b_m L_j)}{2A}
$$

$$
\frac{\partial N_{i'}}{\partial y} = \frac{4(c_j L_m + c_m L_j)}{2A} \qquad (i' = 4,5,6)
$$

其中 j,m 按 2,3,1 循环。因此(9.13)式中子阵

$$
[B_i] = \begin{bmatrix} \dfrac{\partial}{\partial x} & 0 \\ 0 & \dfrac{\partial}{\partial y} \\ \dfrac{\partial}{\partial y} & \dfrac{\partial}{\partial x} \end{bmatrix} [\tilde{N_i}] = \frac{1}{2A} \begin{bmatrix} b_i(4L_i - 1) & 0 \\ 0 & c_i(4L_i - 1) \\ c_i(4L_i - 1) & b_i(4L_i - 1) \end{bmatrix} \quad (i = 1,2,3) \tag{9.16a}
$$

$$
[B_{i'}] = \frac{1}{2A} \begin{bmatrix} 4(b_j L_m + L_j b_m) & 0 \\ 0 & 4(c_j L_m + L_j c_m) \\ 4(c_j L_m + L_j c_m) & 4(b_j L_m + L_j b_m) \end{bmatrix} \quad (i' = 4,5,6) \tag{9.16b}
$$

其中 j,m 按 2,3,1 循环。单元应变

$$
\{\varepsilon\} = [B]\{\delta\}^e \tag{9.17}
$$

因此

$$
\varepsilon_x = \frac{\partial u}{\partial x} = \frac{1}{2A}[b_i(4L_i - 1)u_1 + b_j(4L_j - 1)u_2 + b_m(4L_m - 1)u_3
$$

$$
+ 4(b_j L_m + b_m L_j)u_4 + 4(b_m L_i + b_i L_m)u_5 + 4(b_i L_j + b_j L_i)u_6] \tag{9.18}
$$

同理可得 ε_y 及 γ_{xy} 的类似表达式。由(9.18)及面积坐标公式,可知 6 节点三角形单元中应变是线性变化的。利用物理方程,可得单元应力

$$
\{\sigma\} = [D]\{\varepsilon\} = [D][B]\{\delta\}^e = [S]\{\delta\}^e \tag{9.19}
$$

其中应力矩阵

$$
[S] = [D][B] = [S_1\ S_2\ S_3\ S_4\ S_5\ S_6] \tag{9.20}
$$

其中子阵

$$[S_i]=[D][B_i]=\frac{E(4L_i-1)}{(1-\nu^2)A}\begin{bmatrix}2b_i & 2\nu c_i \\ 2\nu b_i & 2c_i \\ (1-\nu)c_i & (1-\nu)b_i\end{bmatrix} \quad (i=1,2,3) \qquad (9.21a)$$

$$[S_{i'}]=\frac{E}{E(1-\nu^2)A}\begin{bmatrix}8(b_jL_m+b_mL_j) & 8\mu(c_jL_m+c_mL_j) \\ 8\nu(b_jL_m+b_mL_j) & 8(c_jL_m+c_mL_j) \\ 4(1-\nu)(c_jL_m+c_mL_j) & 4(1-\nu)(b_jL_m+b_mL_j)\end{bmatrix} \quad (i'=4,5,6)$$

$$(9.21b)$$

从式(9.18)、(9.21a)、(9.21b)可知,六节点三角形单元应变和应力分量均为整体坐标或面积坐标的一次函数,因此,它比常应变单元精度好,而且它沿任何方向都是线性变化的,能满足边界的变形协调条件,即完备性与协调性都能得到满足。

9.1.4　单元刚度矩阵

根据式(8.34),单元刚度矩阵为

$$K^e=\int_V B^T DB\,dV=t\iint_\Delta B^T DB\,dxdy$$

将 $B_i,B_{i'},D$ 等代入,利用面积微分公式及关系式 $b_i+b_j+b_m=0,c_i+c_j+c_m=0$,整理后得到

$$[K^e]=\begin{bmatrix}K_{ii} & & & & & s\\ K_{ji} & K_{jj} & & & & y\\ K_{mi} & K_{mj} & K_{mn} & & & m\\ K_{i'i} & K_{i'j} & K_{i'm} & K_{i'i'} \\ K_{j'i} & K_{j'j} & K_{j'm} & K_{j'i'} & K_{j'j'} \\ K_{m'i} & K_{m'j} & K_{m'm} & K_{m'i'} & K_{m'j'} & K_{m'm'}\end{bmatrix} \qquad (9.22)$$

式中任意一个子矩阵可以写成

$$K_{ij}=t\iint_\Delta B_i^T DB_j\,dxdy$$

根据 $[B_i],[D]$ 的表达式及面积坐标的积分公式可以求出

$$K_{rr}=\frac{Et}{24(1-\nu^2)A}\begin{bmatrix}6b_r^2+3(1-\nu)c_r^2 & (1+\nu)b_rc_r \\ (1+\nu)b_rc_r & 6c_r^2+3(1-\nu)b_r^2\end{bmatrix}$$
$$(r=i,j,m)$$

$$K_{rs}=\frac{Et}{24(1-\nu^2)A}\begin{bmatrix}-2b_rb_s-(1-\nu)c_rc_s & -2\nu b_rc_s-(1-\nu)c_rb_s \\ -2\nu c_rb_s-(1-\nu)b_rc_s & -2c_rc_s-(1-\nu)b_rb_s\end{bmatrix}$$
$$(rs=ji,mi,mj)$$

$$K_{r'r'}=\frac{Et}{24(1-\nu^2)A}\begin{bmatrix}16(b_i^2-b_jb_m)+8(1-\nu)(c_i^2-c_jc_m) & 4(1+\nu)(b_ic_i+b_jc_j+b_mc_m) \\ 4(1+\nu)(b_ic_i+b_jc_j+b_mc_m) & 16(c_i^2-c_jc_m)+8(1-\nu)(b_i^2-b_jc_m)\end{bmatrix}$$
$$(r'=i',j',m')$$

式中 i,j,m 按 1,2,3 循环。

$$K_{r's'} = \frac{Et}{24(1-\nu^2)A}\begin{bmatrix} -16b_rb_s + 8(1-\nu)c_rc_s & 4(1+\nu)(b_rc_s + c_rb_s) \\ 4(1+\nu)(b_rc_s + c_rb_s) & 16c_rc_s + 8(1-\nu)b_rb_s \end{bmatrix}$$

$$(r's' = j'i', m'i', m'j'; rs = ji, mi, mj)$$

$$K_{i'j} = \frac{Et}{24(1-\nu^2)A}\begin{bmatrix} 8b_jb_m + 4(1-\nu)c_jc_m & 8\nu c_jb_m + 4(1-\nu)b_jc_m \\ 8b_jc_m + 4(1-\nu)c_jb_m & 8c_jc_m + 4(1-\nu)b_jb_m \end{bmatrix}$$

$$(i'j, i'm, j'i, j'm, m'i, m'j; jm, mj, im, mi, ij, ji)$$

$$K_{i'i} = K_{j'j} = K_{m'm} = 0$$

且满足

$$K_{rs} = K_{sr}^{\mathrm{T}}(rs = ji, mi, mj) \qquad K_{r's'} = K_{s'r'}(r's' = j'i', m'i', m'j')$$

$$K_{ji'} = K_{i'j}^{\mathrm{T}}(i'j, i'm, j'i, j'm, m'i, m'j)$$

以上式子代入式(9.18),就可以得到六节点三角形单元的刚度矩阵。

9.2 矩形单元

三角形单元的优点之一是它的"适应性",任何复杂边界的弹性体,总是可以划分成三角形。可是在规则边界的情况下,显然划分成矩形更加方便。另外,许多计算实例已经证明,矩形单元的计算精度也比三角形单元好。这是因为在每个小矩形范围内,矩形单元有连续变化的应力场,而对应的两个三角形单元却只有阶梯变化的应力场。所以,在复杂边界的情况下,同时使用三角形和矩形单元是可取的计算方案。

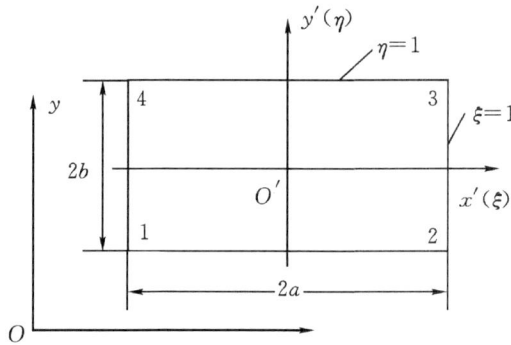

图 9.3

与三角形单元不同,矩形单元不可能采用完全的多项式作为位移函数。因为一次的完全多项式只有 3 个待定系数,而矩形单元却有 4 个角点。为使二者的数目一致,应在二次多项式中选取补充项。设我们补充含 x^2 的项,则在矩形的上、下边界上位移曲线是二次的,它不可能由两角点处的位移来唯一地确定,因而是不相容的。同样的道理,也不可以取含 y^2 的项。所以,应取

$$\left.\begin{aligned} u(x,y) &= c_1 + c_2x + c_3y + c_4xy \\ v(x,y) &= c_5 + c_6x + c_7y + c_8xy \end{aligned}\right\} \tag{9.23}$$

这个函数虽然含有二次项,但在单元的任何一条边界上都是线性的,所以只要两点就可以唯一地确定位移,因而满足相容条件。

根据上式可以写出

$$N_1 = \left(\frac{1}{2}-\frac{x'}{2a}\right)\left(\frac{1}{2}-\frac{y'}{2b}\right); \quad N_2 = \left(\frac{1}{2}+\frac{x'}{2a}\right)\left(1-\frac{y}{2b}\right);$$

$$N_3 = \left(\frac{1}{2}+\frac{x'}{2a}\right)\left(\frac{1}{2}+\frac{y'}{2b}\right); \quad N_4 = \left(\frac{1}{2}-\frac{x'}{2a}\right)\left(\frac{1}{2}+\frac{y'}{2b}\right)$$

若改用自然坐标表示(见图 9.3),$\xi = x'/a, \eta = y'/b$ 可得

$$N_1 = \frac{1}{4}(1-\xi)(1-\eta); \quad N_2 = \frac{1}{4}(1+\xi)(1-\eta)$$

$$N_3 = \frac{1}{4}(1+\xi)(1+\eta); \quad N_4 = \frac{1}{4}(1-\xi)(1+\eta)$$

或者概括成

$$N_i = \frac{1}{4}(1+\xi_i\xi)(1+\eta_i\eta); \quad (i=1,2,3,4) \tag{9.24}$$

$$\xi_i = \begin{cases} +1 & i=2,3 \\ -1 & i=1.4 \end{cases}$$

单元的应变为

$$\varepsilon = B\tilde{u}$$

式中 $\tilde{u}^{\mathrm{T}} = \begin{bmatrix} u_1 & v_2 & u_2 & v_2 & u_3 & v_3 & u_4 & v_4 \end{bmatrix}$ 为单元节点位移向量。

$$\boldsymbol{B} = \begin{bmatrix} \boldsymbol{B}_1 & \boldsymbol{B}_2 & \boldsymbol{B}_3 & \boldsymbol{B}_4 \end{bmatrix}$$

$$\boldsymbol{B}_i = \frac{1}{4}\begin{bmatrix} \xi_i(1+\eta_i\eta)/a & 0 \\ 0 & \eta_i(1+\xi_i\xi)/b \\ \eta_i(1+\xi_i\xi)/b & \xi_i(1+\eta_i\eta)/a \end{bmatrix}; \quad (i=1,2,3,4) \tag{9.25}$$

对于平面应力问题,单元的刚度矩阵为

$$[K^{(m)}] = \begin{bmatrix} K_{11} & s & & \\ K_{21} & K_{22} & y & \\ K_{31} & K_{32} & K_{33} & m \\ K_{41} & K_{42} & K_{43} & K_{44} \end{bmatrix}$$

式中

$$K_{ij} = \int_{V(m)} \boldsymbol{B}_i^{\mathrm{T}} D\boldsymbol{B}_j \mathrm{d}V^{(m)}$$

$$= \frac{Eh}{12(1-\nu^2)}\begin{bmatrix} \xi_i\xi_j(3+\eta_i\eta_j)\beta+\frac{1-\nu}{2\beta}\eta_i\eta_j(3+\xi_i\xi_j) & 3\nu\xi_i\eta_j+\frac{3}{2}(1-\nu)\xi_j\eta_i \\ 3\nu\xi_j\eta_i+\frac{3}{2}(1-\nu)\xi_i\eta_j & \eta_i\eta_j(3+\xi_i\xi_j)/\beta+\frac{1-\nu}{2}\xi_i\xi_j(3+\eta_i\eta_j)\beta \end{bmatrix}$$

$$(i,j=1,2,3,4)$$

$$\tag{9.26}$$

其中 $\beta=b/a$,h 为单元厚度。对于平面应变问题按照前述同样处理。

从式(9.19)、(9.20)可以看出,在单元内部,应力(应变)不是常数。它虽然不是完全的一次多项式表达的,但却是一种线性变化的规律。

9.3　平面等参单元及数值积分

9.3.1　等参单元的概念

在平面有限元分析中,最简单的单元是三节点的三角形单元,其次是四节点的矩形单元。三角形单元具有适应性强的优点,容易进行网格划分和逼近边界形状,应用比较灵活。其缺点是它的位移模式是线性函数,单元的应力与应变都是常数,精度不够理想。矩形单元的位移模式是双线性函数,单元应力与应变是线性变化的,具有精度较高,形状规整,便于实现计算机自动划分等优点。其缺点是单元不能适应曲线边界和斜边界,也不能随意改变大小,适应性非常有限。这些单元的位移模式是线性模式,是实际位移模式的最低阶逼近形式,精度受到一定限制。当然,也可以通过减小单元尺寸,增加单元数量来改善单元的精度,但带来的问题是增加机时,占用较多的内存,且不能有效地适应曲线边界。

为了能够提高精度,又能适应结构任意形状的边界,在实践中发展了等参单元,其基本思想是:首先推导出局部坐标系下的规则单元(称为母单元)的形函数;其次利用形函数进行坐标变换,从而推导出整体坐标系下的不规则单元(称为子单元)的形函数和单元刚度矩阵。

例如,在平面问题中,常常将原来整体坐标系(x,y)中四节点四边形单元变换为局部坐标系(ξ,η)中的规则正方形,再建立位移模式,进行有限元分析,其坐标变换式和位移模式采用相同的形函数和相同的参数,这种单元称为等参数单元。

在等参单元中坐标变换和位移模式采用相同的节点数。如果在坐标变换式中采用节点参数的个数低于位移模式中节点参数的个数,这种单元称为亚参数单元;反之称为超参数单元。

如果等参数单元采用高阶形函数,则单元的位移模式是高阶的,且单元可以具有复杂的外形。为了保证等参单元的解答收敛于精确解,位移模式必须保证完备性(包含刚体位移和常应变)和连续协调性。

等参单元具有以下优点:

(1)应用范围广,在平面和空间连续体、杆系结构和板壳问题中都可以应用;

(2)将不规则的单元变换为规则的单元后,易于构造位移模式;

(3)在原结构中可以采用不规则单元,易于适用于边界的形状和单元大小的改变;

(4)可以灵活地增减节点,容易构造各种过渡单元。

1. 形函数

在上节中介绍了形函数,对于单元形函数的确定,先假设单元的位移模式,代入节点的位移和坐标,从而推导出单元的任一点的位移插值函数,即形函数。

形函数是定义于单元内部坐标的连续函数,它应满足下列条件:

(1)在节点i,$N_i=1$;在其他节点$N_i=0$;

(2)能保证用它定义的未知量(位移或坐标)在相邻单元之间的连续性;

(3)应包含任意线性项,以保证用它定义的单元位移能满足常应变条件;

(4)应满足等式$\sum N_i=1$,以便由它定义的位移能反映单元的刚体位移。

2. 母单元

根据形函数的定义,在局部坐标系中建立母单元。

(1)一维母单元。一维母单元如图 9.4 所示。

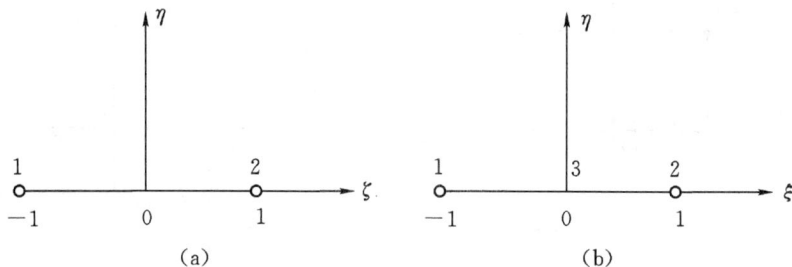

图 9.4

(a)线性单元；(b)二次单元

采用局部坐标 ξ，单元为直线段，即具体形式如下。

①线性单元(2 节点)如图 9.4(a)所示，形函数为

$$\begin{cases} N_1 = \dfrac{1-\xi}{2} \\ N_2 = \dfrac{1+\xi}{2} \end{cases} \tag{9.27}$$

②二次单元(3 节点)如图 9.4(b)所示，形函数为

$$\begin{cases} N_1 = -\dfrac{(1-\xi)\xi}{2} \\ N_2 = \dfrac{(1+\xi)\xi}{2} \\ N_3 = 1-\xi^2 \end{cases} \tag{9.28}$$

(2)二维母单元。二维母单元是 (ξ,η) 平面中的 2×2 正方形，$-1\leqslant\xi\leqslant1$，$-1\leqslant\eta\leqslant1$。如图 9.5 所示，单元形心为坐标原点。单元边界为四条直线：$\xi=\pm1$，$\eta=\pm1$。为保证用形函数定义的未知量在相邻单元之间的连续性，单元节点数目应与形函数的阶次相适应。因此，对于线性、二次形函数，单元每边的节点数分别为两个、三个。除四个角点外，其他节点位于各边的两分点上。

①线性单元(4 节点)：如图 9.5(a)所示，形函数为

$$\begin{cases} N_1 = \dfrac{(1-\xi)(1-\eta)}{4} \\ N_2 = \dfrac{(1+\xi)(1-\eta)}{4} \\ N_3 = \dfrac{(1+\xi)(1+\eta)}{4} \\ N_4 = \dfrac{(1-\xi)(1+\eta)}{4} \end{cases} \tag{9.29}$$

将式(9.29)写成统一形式为

$$N_i = \frac{(1+\xi_0)(1+\eta_0)}{4} \quad (i=1,2,3,4) \tag{9.30}$$

其中：$\xi_0 = \xi_i\xi$，$\eta_0 = \eta_i\eta$。

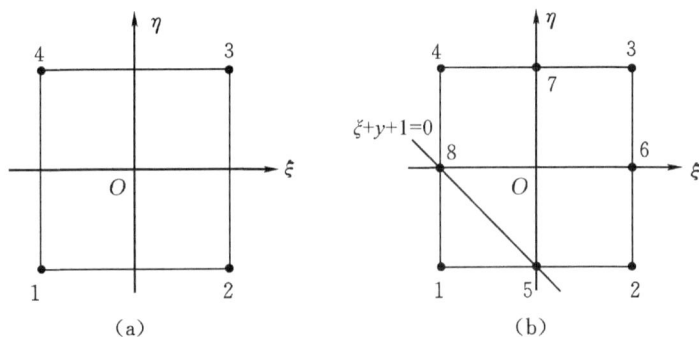

图 9.5

(a)线性单元；(b)二次单元

②二次单元(8 节点)：如图 9.5(b)所示，形函数为

$$
\begin{cases}
N_1 = \dfrac{1}{4}(1+\xi_0)(1+\eta_0)(\xi_0+\eta_0-1) \\[2mm]
N_2 = \dfrac{1}{4}(1+\xi_0)(1+\eta_0)(\xi_0+\eta_0-1) \\[2mm]
N_3 = \dfrac{1}{4}(1+\xi_0)(1+\eta_0)(\xi_0+\eta_0-1) \\[2mm]
N_4 = \dfrac{1}{4}(1+\xi_0)(1+\eta_0)(\xi_0+\eta_0-1) \\[2mm]
N_5 = \dfrac{1}{2}(1-\xi^2)(1+\eta_0) \\[2mm]
N_6 = \dfrac{1}{2}(1-\xi^2)(1+\eta_0) \\[2mm]
N_7 = \dfrac{1}{2}(1-\eta^2)(1+\xi_0) \\[2mm]
N_8 = \dfrac{1}{2}(1-\eta^2)(1+\xi_0)
\end{cases}
\tag{9.31}
$$

即角点

$$
N_i = \frac{1}{4}(1+\xi_0)(1+\eta_0)(\xi_0+\eta_0-1) \qquad (i=1,2,3,4)
\tag{9.32a}
$$

边中点

$$
N_i = \frac{1}{2}(1-\xi^2)(1+\eta_0) \qquad (i=5,6)
\tag{9.32b}
$$

$$
N_i = \frac{1}{2}(1-\eta^2)(1+\xi_0) \qquad (i=7,8)
\tag{9.32c}
$$

9.3.2 坐标变换

以上介绍的这些单元可以直接用来进行有限元分析，其单元特性可以按照前面几章中讲述的步骤进行。但是这些单元形状规整，难以适应实际工程中出现的各种结构的复杂形

状。为了解决这个矛盾,需要用坐标变换的方法,把形状规整的母单元转换成具有曲线边界形状复杂的子单元。子单元在几何上可以适应各种实际结构的复杂外形。这样,对于一个实际结构,就可以采用各种形状复杂的子单元在整体坐标系中进行划分来逼近其复杂的曲线或曲面边界。而每个子单元,通过坐标变换,都可以映射成一个局部坐标系下的规整单元,即母单元,计算比较简单。

以平面坐标变换为例,利用形函数建立局部坐标(ξ,η)和整体坐标(x,y)之间的对应关系。在整体坐标系中,子单元内任一点的坐标用形函数表示,即下式(9.33)为平面坐标变换公式。

$$\begin{cases} x = \sum N_i(\xi,\eta)x_i = N_1(\xi,\eta)x_1 + N_2(\xi,\eta)x_2 + \cdots \\ y = \sum N_i(\xi,\eta)y_i = N_1(\xi,\eta)y_1 + N_2(\xi,\eta)y_2 + \cdots \end{cases} \tag{9.33}$$

式中:$N_i(\xi,\eta)$——用局部坐标表示的形函数;

(x_i,y_i)——节点i的整体坐标。

图 9.6 表示了一维单元的坐标变换。原来的直线状的母单元分别变换成了直线、二次曲线的子单元,这是因为变换式中的形函数N_i分别是ξ的一次、二次函数。

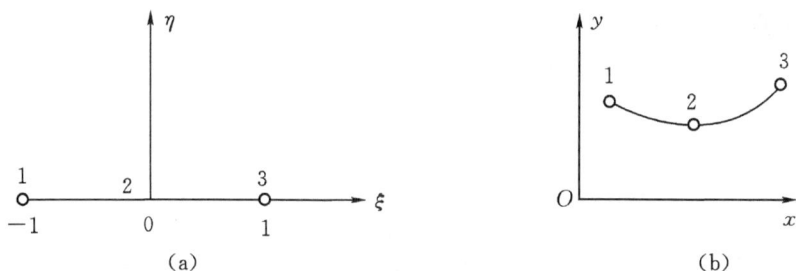

图 9.6
(a)母单元;(b)子单元

图 9.7 表示了二维单元的平面坐标变换。母单元是正方形,子单元则分别变换成任意四边形和曲边四边形。而且相邻子单元在公共边上的整体坐标是连续的。以二次单元为

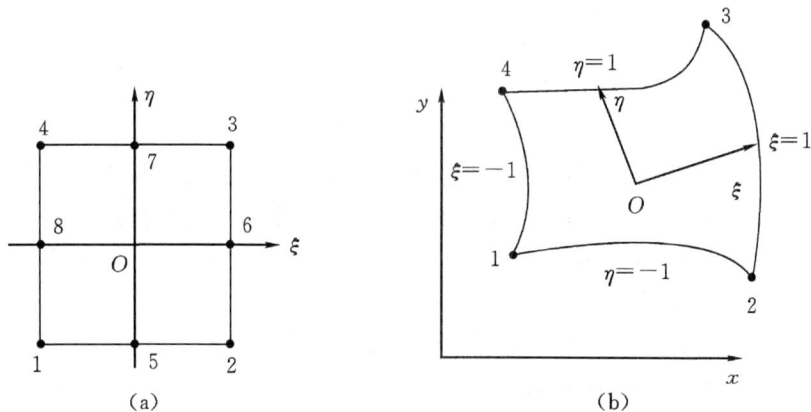

图 9.7
(a)母单元;(b)子单元

例,两个相邻单公共边界上都是二次曲线(抛物线),而在三个公共节点上具有相同的坐标。因此,整个公共边界都有相同的坐标,即相邻单元是连续的。

9.3.3 平面等参数单元

本节介绍平面四节点四边形等参数单元。通过等参数单元的几个典型例子了解等参数单元的推导方法之后,其他形式的等参数单元就可以按照相同的思路进行推导。

1.母单元

坐标变换是通过整体坐标系(x,y)和局部坐标系(ξ,η)的映射关系得到的。四节点四边形等参数单元的母单元如图9.8(a)所示,四个节点分别为正方形的的四个角点1、2、3、4,母单元采用直角坐标(ξ,η),选取单元的位移模式为

$$\begin{cases} u = \displaystyle\sum_{i=1}^{4} N_i(\xi,\eta)u_i \\ v = \displaystyle\sum_{i=1}^{4} N_i(\xi,\eta)v_i \end{cases} \tag{9.34}$$

式中:u_i——节点i在x方向投影;

$\quad\quad v_i$——节点i在y方向投影;

$\quad\quad N_i(\xi,\eta)$——形函数。

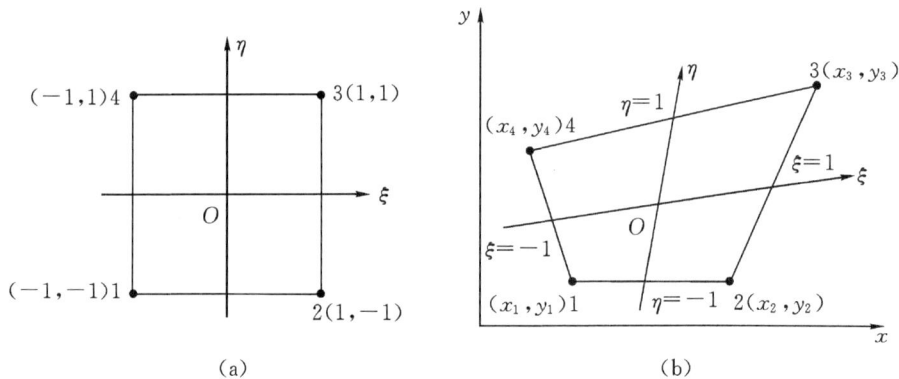

图 9.8
(a)母单元;(b)子单元

整体坐标一般采用直角坐标,在整体坐标系中的单元反映了实际位置与形状。局部坐标系(自然坐标系)是定义在单元上的,平面问题中局部坐标系的原点定义在几何图形的形心。现进行等参数变换,等参数单元的四个节点位置的整体坐标值分别为$(x_i,y_i)$$(i=1\sim4)$,如图9.8(b)所示。

为了使母单元的的四个节点(ξ_i,η_i)与等参数单元的四个节点(x_i,y_i)互为对应点,整体坐标(x,y)和局部坐标(ξ,η)的变换式为

$$\begin{cases} x = \displaystyle\sum_{i=1}^{4} N_i(\xi,\eta)x_i \\[3mm] y = \displaystyle\sum_{i=1}^{4} N_i(\xi,\eta)y_i \end{cases} \tag{9.35}$$

式中：$N_i(\xi,\eta)$——母单元的形函数，由式(9.30)给出。

根据等参数单元的思想，等参数单元的位移模式仍取为

$$\begin{cases} u = \displaystyle\sum_{i=1}^{4} N_i(\xi,\eta)u_i \\[3mm] v = \displaystyle\sum_{i=1}^{4} N_i(\xi,\eta)v_i \end{cases} \tag{9.36}$$

这样，就确定了平面四节点四边形等参数单元的几何形状和位移模式。

2.单元分析

将四节点四边形等参数单元的位移模式代入平面问题的几何方程，便得到单元应变分量的计算式

$$\{\varepsilon\} = \begin{bmatrix} \dfrac{\partial u}{\partial x} \\[2mm] \dfrac{\partial v}{\partial y} \\[2mm] \dfrac{\partial u}{\partial y} + \dfrac{\partial v}{\partial x} \end{bmatrix} = [B]\{\delta\}^e = [B_1\ B_2\ B_3\ B_4]\{\delta\}^e \tag{9.37}$$

式中：

$$\{\delta_i\} = \begin{bmatrix} u_i \\ v_i \end{bmatrix} \ (i=1,2,3,4) \ , \ [B] = [B_1\ B_2\ B_3\ B_4]$$

式中：$[B]$单元应变阵

$$[B_i] = \begin{bmatrix} N_{i,x} & 0 \\ 0 & N_{i,y} \\ N_{i,y} & N_{i,x} \end{bmatrix} \quad (i=1,2,3,4)$$

式中：$N_{i,x} = \dfrac{\partial N_i}{\partial x}$，$N_{i,y} = \dfrac{\partial N_i}{\partial y}$。以下求偏导数记号表示与此类同。

由于形函数是局部坐标的函数，因此需要进行偏导数的变换。

$$\begin{Bmatrix} N_{i,x} \\ N_{i,y} \end{Bmatrix} = [J]^{-1} \begin{Bmatrix} N_{i,\xi} \\ N_{i,\eta} \end{Bmatrix} \tag{9.38}$$

式中：$[J]$——雅可比矩阵；

$[J]^{-1}$——雅可比矩阵 J 的逆矩阵，有

$$[J]^{-1} = \frac{1}{|J|} \begin{bmatrix} y_{i,\eta} & -y_{i,\xi} \\ -x_{i,\eta} & x_{i,\xi} \end{bmatrix} \tag{9.39}$$

$|J|$——雅可比行列式，有

$$|J| = \begin{vmatrix} x_{i,\xi} & y_{i,\xi} \\ x_{i,\eta} & y_{i,\eta} \end{vmatrix} = \frac{\partial x}{\partial \xi}\frac{\partial y}{\partial \eta} - \frac{\partial x}{\partial \eta}\frac{\partial y}{\partial \xi} \tag{9.40}$$

根据坐标变换式可知

$$
\begin{cases}
x_{i,\xi} = \displaystyle\sum_{i=1}^{4} N_{i,\xi}\, x_i\,, & x_{,\eta} = \displaystyle\sum_{i=1}^{4} N_{i,\eta}\, x_i \\[2mm]
y_{i,\xi} = \displaystyle\sum_{i=1}^{4} N_{i,\xi}\, x_i\,, & y_{,\eta} = \displaystyle\sum_{i=1}^{4} N_{i,\eta}\, x_i
\end{cases}
$$

而以上各式中的

$$
\begin{cases}
\dfrac{\partial N_i}{\partial \xi} = \dfrac{\partial N_i}{\partial x}\dfrac{\partial x}{\partial \xi} + \dfrac{\partial N_i}{\partial y}\dfrac{\partial y}{\partial \xi} \\[3mm]
\dfrac{\partial N_i}{\partial \eta} = \dfrac{\partial N_i}{\partial x}\dfrac{\partial x}{\partial \eta} + \dfrac{\partial N_i}{\partial y}\dfrac{\partial y}{\partial \eta}
\end{cases}
$$

这样就把 $N_{i,x} = \dfrac{\partial N_i}{\partial x}$，$N_{i,y} = \dfrac{\partial N_i}{\partial y}$ 转化成局部坐标的函数，从而求得应变矩阵 $[B]$ 和单元应变 $[\varepsilon]$。将单元应变代入平面问题的物理方程式，就得到平面四节点等参数单元的应力矩阵。

$$
\{\sigma\} = \begin{bmatrix} \sigma_x \\ \sigma_y \\ \tau_{xy} \end{bmatrix} = [D]\{\varepsilon\} = [D][B]\{\delta\}^e = [S]\{\delta\}^e = [S_1\ S_2\ S_3\ S_4]\{\delta\}^e \quad (9.41)
$$

式中：$[S]$——应力矩阵，$[S_i] = [D][S_i]$ $(i = 1,2,3,4)$。

单元刚度矩阵由虚功原理得到

$$
\begin{aligned}
[K]^e &= \iint [B]^{\mathrm{T}}[D][B]t\,\mathrm{d}A \\
&= \iint [B]^{\mathrm{T}}[D][B]t\,\mathrm{d}x\mathrm{d}y \\
&= \int_{-1}^{1}\int_{-1}^{1} [B]^{\mathrm{T}}[D][B]t\,|J|\,\mathrm{d}\xi\mathrm{d}\eta
\end{aligned} \quad (9.42)
$$

式中：t——单元厚度；

$\mathrm{d}A$——单元面积，$\mathrm{d}A = |J|\,\mathrm{d}\xi\mathrm{d}\eta$。

把式 (9.42) 写成分块矩阵，可分成 4×4 个子矩阵，每个子矩阵都是 2×2 阶矩阵，即

$$
[K]^e = \begin{bmatrix} K_{11} & K_{12} & K_{13} & K_{14} \\ K_{21} & K_{22} & K_{23} & K_{24} \\ K_{31} & K_{32} & K_{33} & K_{34} \\ K_{41} & K_{42} & K_{43} & K_{44} \end{bmatrix} \quad (9.43)
$$

式中：$[K_{ij}]^e$——子矩阵。

$$
\begin{aligned}
[K_{ij}]^e &= \iint [B_i]^{\mathrm{T}}[D][B_i]t\,\mathrm{d}x\mathrm{d}y \\
&= \int_{-1}^{1}\int_{-1}^{1} [B_i]^{\mathrm{T}}[D][B_i]t\,|J|\,\mathrm{d}\xi\mathrm{d}\eta \quad (i,j = 1,2,3,4)
\end{aligned} \quad (9.44)
$$

式 (9.44) 中，虽然积分区域非常简单，但被积函数却比较复杂，通常都采用高斯积分由计算机完成。

9.3.4 等参元中的数值积分

等参元计算中经常遇到形如 $\int_{-1}^{1}\int_{-1}^{1}f(\xi,\eta)\mathrm{d}\xi\mathrm{d}\eta$ 的积分,由于 $f(\xi,\eta)$ 构造复杂,一般难于用显式表示,所以只能采用数值积分。基本步骤为:在单元内选某些点作为积分点,把这些点的坐标值代入,算出其被积函数值,再乘以加权系数,然后求其总和就得到近似积分值。

1. 一维高斯公式

一维高斯求积公式为

$$\int_{-1}^{1}f(\xi)\mathrm{d}\xi = \sum_{k=1}^{n}f(\xi_k)H_k \tag{9.45}$$

式中:ξ_k——积分点的坐标;

$\quad H_k$——积分权值;

$\quad n$——积分点个数。

对于不同的积分点数 n,ξ_k 和 H_k 是确定的,可查表9.1。若 $f(\xi)$ 是不高于 $2n-1$ 的多项式,式(9.45)得到的是精确解。

表 9.1 一维高斯积分中的积分点坐标及对应的权值

积分点数 n	积分点的坐标 ξ_k	积分权值 H_k
1	0	2
2	$\pm\dfrac{1}{\sqrt{3}}(0.577\cdots)$	$1.00\cdots$
3	$\pm\dfrac{\sqrt{3}}{\sqrt{5}}(0.744\cdots)$ $0(0)$	$\dfrac{5}{9}(0.555)$ $\dfrac{8}{9}(0.888)$
4	$\pm\sqrt{\dfrac{1}{7}(3+2\sqrt{1.2})}(\pm0.861\cdots)$ $\pm\sqrt{\dfrac{1}{7}(3-2\sqrt{1.2})}(\pm0.339\cdots)$	$\dfrac{1}{2}-\dfrac{\sqrt{30}}{36}(0.347\cdots)$ $\dfrac{1}{2}+\dfrac{\sqrt{30}}{36}(0.652\cdots)$
5	$0.906\cdots$ $0.538\cdots$ 0.000	$0.236\cdots$ $0.478\cdots$ $0.568\cdots$

例如,当 $n=3$ 时,

$$\int_{-1}^{1}f(\xi)\mathrm{d}\xi = \sum_{k=1}^{n}f(\xi_k)H_k = f(\xi_1)H_1 + f(\xi_2)H_2 + f(\xi_3)H_3$$

$$= \frac{5}{9}f(\xi_1) + \frac{8}{9}f(\xi_2) + \frac{5}{9}f(\xi_3)$$

当函数 $f(\xi)$ 给定后,可算出 $f(\xi_k)$,则 $\int_{-1}^{1}f(\xi)\mathrm{d}\xi$ 就可以求得了。

2.二维与三维高斯积分公式

利用一维高斯公式,不难导出二维和三维的高斯求积公式。在求重积分 $\int_{-1}^{1}\int_{-1}^{1}f(\xi,\eta)\mathrm{d}\xi\mathrm{d}\eta$ 时可化为二次积分。先对 ξ 进行积分,把 η 当作常量,可以得到

$$\int_{-1}^{1}\int_{-1}^{1}f(\xi,\eta)\mathrm{d}\xi\mathrm{d}\eta=\int_{-1}^{1}\left[\int_{-1}^{1}f(\xi,\eta)\mathrm{d}\xi\right]\mathrm{d}\eta$$
$$\approx\int_{-1}^{1}\left[\sum_{k=1}^{n}f(\xi_k,\eta)H_k\right]\mathrm{d}\eta$$
$$=\sum_{k=1}^{n}H_k\int_{-1}^{1}f(\xi_k,\eta)\mathrm{d}\eta$$

然后再对 η 进行近似积分得到

$$\int_{-1}^{1}\int_{-1}^{1}f(\xi,\eta)\mathrm{d}\xi\mathrm{d}\eta\approx\sum_{k=1}^{n_1}\sum_{j=1}^{n_2}f(\xi_k,\eta_j)H_kH_j$$

式中 n_1,n_2 分别为 ξ,η 方向的积分点数,有时也称为积分阶次。n_1,n_2 可以不相同。高斯积分点数目的选取见表9.2,ξ_k 或 η_j 为表中所列高斯积分点,而 H_k 或 H_j 为相应的求积加权系数。二维问题中单元内的积分点总数为 n^2 个。

表 9.2

维数	节点数	积分点数
二维	4 节点	2
	8 节点	3
三维	8 节点	2
	20 节点	3

由此类推,可得三维的高斯积分公式:

$$\int_{-1}^{1}\int_{-1}^{1}\int_{-1}^{1}f(\xi,\eta,\zeta)\mathrm{d}\xi\mathrm{d}\eta\mathrm{d}\zeta\approx\sum_{k=1}^{n}\sum_{j=1}^{n}\sum_{m=1}^{n}f(\xi_k,\eta_j,\zeta_m)H_kH_jH_m$$

H_k,H_j,H_m 符号意义同上,可知三维空间单元内积分点的总数为 n^3 个。在单元某一方向(即一维高斯积分)的积分点数目 n 如何确定呢?据分析,等效节点载荷的积分计算和单元刚度矩阵的计算是不同的,前者大约为7次式,积分点数 $n\geqslant\frac{m+1}{2}$,故需 $n\geqslant4$。后者约为5次式,因而 $n\geqslant3$(三维至少27个积分点)。在实际计算中,为了保证计算的精度而又不过分增加计算工作量,通常高斯积分中的积分点数目 n 可根据等参元的节点个数按表9.2选取。

由于单元刚度计算中的积分采用数值积分,积分转化为被积函数在积分点上的数值的加权和。影响单元数值计算性质的因素主要有两点:首要因素是形函数(包括性函数的阶次与单元形状),其次就是数值积分方式。因此数值积分方式与积分点数的选择有时有很大影响,使用者必须十分重视。

9.4 有限元分析中若干问题的处理

9.4.1 离散化时应注意的问题

除对等参元在应避免 $\det J = 0$ 外,对一般的有限元分析作网格划分时应注意以下几点:

(1)相邻单元应尽可能大小接近,在集装时以避免大数和小数相加减等因素导致精度(有效数字)的损失。

(2)单元的最大尺寸和最小尺寸(同一单元)之比应尽可能接近1,最多不超过2。

(3)应注意结点的合理编码,尽可能使总刚的带宽减少,与杆系问题一样,总刚的半带宽为

$$d = 结点自由度数 \times (相邻结点编码最大差值 + 1)$$

或相邻结点位移编码最大差值小于 $+1$。因此应使 d 趋于最小,相当于寻求如何编码使相邻结点编码最大差值为最小。

(4)为获得较好的应力计算结果,单元划分宜图 9.9(a),不宜采用图 9.9(b)。

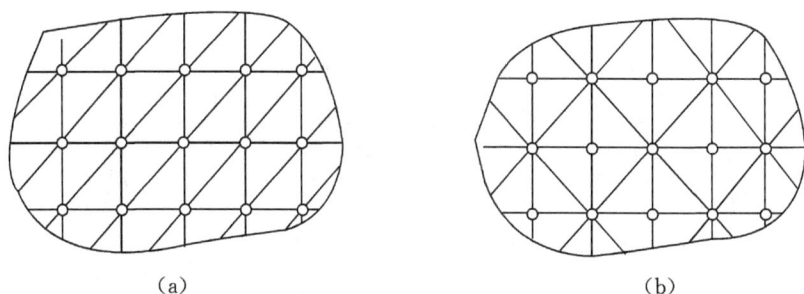

(a)　　　　　　　　　　　　　　(b)

图 9.9

9.4.2 大应力梯度部分的处理

当出现这种情况时,不难想像,在低应力梯度区可采用较粗的网络划分;而在高应力梯度区则应采用较细密的网格划分。但考虑到大小悬殊的单元会引起较大计算误差,而且可能对于大型复杂问题采用高应力梯度区细密网格将超出计算机的容量等等,为此可采用分步法来解决,其思路是:

(1)先以粗网格进行第一步分析,求得位移解答及低应力梯度区的应力解答;

(2)从原问题中取出其高应力梯度区,以粗网格之位移解答利用插值公式构造区域边界位移场;

(3)以细网格或高次单元等分划(2)中区域作第二步分析(计算一个已知边界位移的问题),从而获得高应力梯度区的位移、应力解答。

从理论上说,上述分步法可作多重分步计算,从而使内存容量很小的计算机也能求解,以获得高精度的计算结果。但从程序实现、所需机时费用等等综合考虑,太多重分步计算是不合适的,一般最多二重。

若计算机容量允许,当然不必采用分步法处理。此时为了获得满意结果而又尽可能减少计算工作量,可在高应力梯度区用稍细网格和高阶元,在其他区域用稍粗网格和低阶元,而在两区域交界处建立一种过渡单元。具体作法可参考王焕定编著的《有限单元法教程》。

9.4.3 应力计算结果的整理

前面所介绍的有限单元法均是以位移参数作为基本未知量的,因此称做位移元。在位移元分析中首先求得结点位移,然后由几何方程和本构关系求得应力,所以,位移的精度高于应力。而且对于许多单元来说所构造的位移场仅仅是位移协调,应变并不协调。因此,对应力的计算结果一般均需进行整理,常用的处理方法有如下几种。

(1) 绕结点平均法。设常应变三角形单元划分如图 9.10 所示,因每一单元均是常应变(常应力),故相邻单元应力阶状变化。所谓绕结点平均法系指:

① 对内节点 $1\sim5$ 分别计算与节点相关单元应力平均值作为此点应力,即 $\sigma_j = \sum\limits_{i=1}^{6} \sigma_i^i / 6$;

② 根据所求得的内节点应力利用外插公式插值计算边界点的应力,如图 9.10 所示的 σ_0, σ_6。

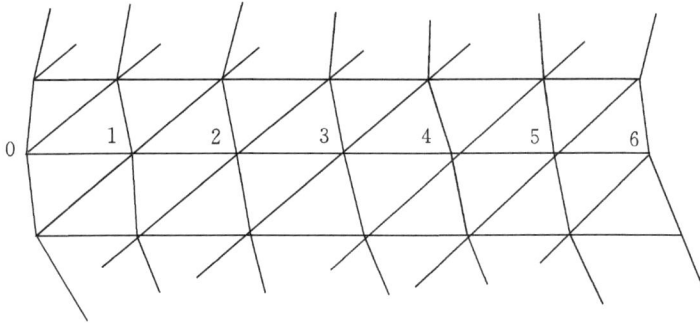

图 9.10

(2)两单元平均法。仍以图 9.10 情况说明,所谓两单元平均法系指:

①以相邻两单元应力的平均值作为公共边中点的应力;

②用外插法求边界单元中点的应力。

上述两只处理方法主要用于普通的低阶单元应力处理,具有较好的表征性。但必须注意,截面变化处本来应力就应该是不连续的,作上述处理反而不符合实际;为进行外插"内点"数不应少于 3。

空间问题有限元

10.1 空间轴对称问题

轴对称结构体可以看成由任意一个纵向剖面绕着纵轴旋转一周而形成的空间体。此旋转轴即为对称轴,纵向剖面称为子午面,由于轴对称性,我们只需分析任意一个子午面上的位移、应力和应变情况,其有限元分析计算步骤和平面问题相似。首先,进行结构区域的有限元剖分。采用的单元是三角形、矩形或任意四边形环绕对称轴 z 旋转一周而得到的整圆环,通常采用的单元是三角形截面的整圆环。在单元类型确定之后,单元剖分可以在子午面内进行。如图 10.1 表示的是一圆柱体的子午面 $abcd$ 被分割为若干个三角形单元,再经过绕对称轴旋转,圆柱体被离散成若干个三棱圆环单元,相邻的单元由圆环形的铰链相连接。单元的棱边都是圆,故称为结圆。每个结圆与 rz 平面的交点称为结点,如图 10.2 中的 i,j, m 点。这样,各单元在子午面 rz 平面上形成三角形网格,就如同平面问题中在 xy 平面上的网格一样。对于轴对称问题,采用圆柱坐标较为方便。以弹性体的对称轴为 z 轴,其约束及外载荷也都对称于 z 轴,因此弹性体内各点的各项应力分量、应变分量和位移分量都与环向坐标 θ 无关,只是径向坐标 r 和轴向坐标 z 的函数。也就是说,在任何一个过 z 轴的子午面上的位移、应变和应力的分布规律都相同。因此轴对称问题可把三维问题简化为以 (z,r) 为自变量的二维问题。

采用位移法有限元分析,其基本未知量为结点位移。由于轴对称性,弹性体内各点只可能存在径向位移 u 和轴向位移 w。此时,位移 u、w 只是 r、z 的函数,而环向位移 $v=0$。即

$$\begin{cases} u = u(r,z) \\ w = w(r,z) \\ v = 0 \end{cases} \quad (10.1)$$

轴对称问题的物理方程可写为

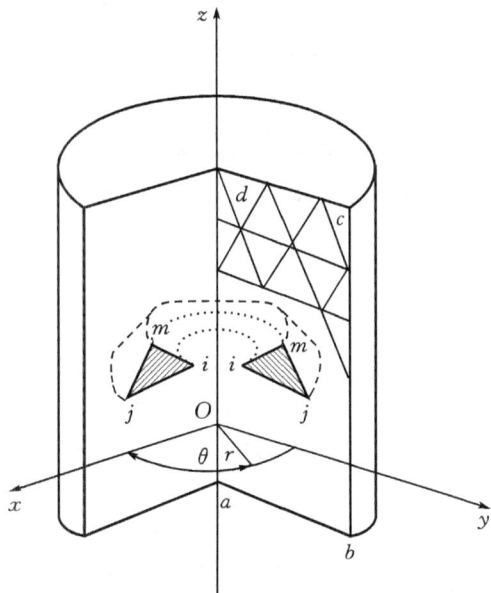

图 10.1

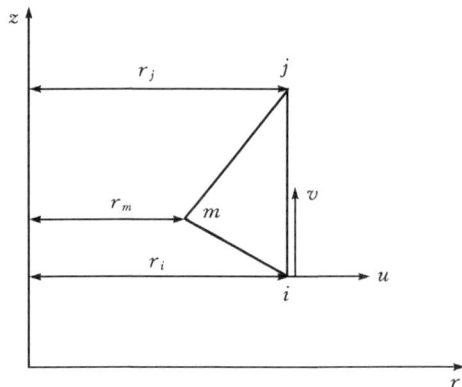

图 10.2

$$\{\sigma\}=\begin{Bmatrix}\sigma_r\\\sigma_z\\\sigma_\theta\\\tau_{rz}\end{Bmatrix}=[D]\begin{Bmatrix}\varepsilon_r\\\varepsilon_z\\\varepsilon_\theta\\\gamma_{rz}\end{Bmatrix}=[D]\{\varepsilon\} \qquad (10.2)$$

其中：$[D]$ 为轴对称问题弹性体的弹性矩阵。

$$[D]=\frac{E}{(1+\nu)(1-2\nu)}\begin{bmatrix}1-\nu & \nu & \nu & 0\\\nu & 1-\nu & \nu & 0\\\nu & \nu & 1-\nu & 0\\0 & 0 & 0 & \dfrac{1-2\nu}{2}\end{bmatrix} \qquad (10.3)$$

10.2　轴对称问题单元分析

10.2.1　单元剖分及位移模式

　　轴对称问题分析中所使用的三节点单元，在对称面上是三角形，在整个弹性体中是三棱圆环。对于每一个环形单元，需要假定其位移模式。仿照平面三角形单元，取线性位移模式

$$\begin{cases}u=u(r,z)=\alpha_1+\alpha_2 r+\alpha_3 z\\w=w(r,z)=\alpha_4+\alpha_5 r+\alpha_6 z\end{cases} \qquad (10.4)$$

　　类似于平面三角形单元的推导，即将单元的结点坐标 $r_i,z_i;r_j,z_j;r_m,z_m$ 及结点位移 u_i，w_i,u_j,w_j,u_m,w_m 代入式(10.4)中，可以解出六个待定系数 $\alpha_1,\alpha_2,\alpha_3;\alpha_4,\alpha_5,\alpha_6$。再将这些待定系数回代到式(10.4)中，就可以得到由结点位移和形函数所表示的单元内任一点的位移表达式

$$\begin{cases}u=N_iu_i+N_ju_j+N_mu_m\\w=N_iw_i+N_jw_j+N_mw_m\end{cases} \qquad (10.5)$$

其中形函数

$$N_i=\frac{(a_i+b_ir+c_iz)}{2A}\quad(i,j,m) \qquad (10.6)$$

式中

$$A = \frac{1}{2} \begin{vmatrix} 1 & r_i & z_i \\ 1 & r_j & z_j \\ 1 & r_m & z_m \end{vmatrix}$$

$$a_i = \begin{vmatrix} r_j & z_j \\ r_m & z_m \end{vmatrix} = r_j z_m - r_m z_j b_i = - \begin{vmatrix} 1 & z_j \\ 1 & z_m \end{vmatrix} = z_j - z_m \qquad (i, j, m)$$

$$c_i = \begin{vmatrix} 1 & r_j \\ 1 & r_m \end{vmatrix} = r_m - r_j$$

令

$$\{\delta\}^e = \begin{bmatrix} \delta_i^{\mathrm{T}} & \delta_j^{\mathrm{T}} & \delta_m^{\mathrm{T}} \end{bmatrix}^{\mathrm{T}} = \begin{bmatrix} u_i & w_i & u_j & w_j & u_m & w_m \end{bmatrix}^{\mathrm{T}}$$

式(10.5)也可以写成矩阵形式:

$$\{d\} = \begin{Bmatrix} u \\ w \end{Bmatrix} = \begin{bmatrix} N_i & 0 & N_j & 0 & N_m & 0 \\ 0 & N_i & 0 & N_j & 0 & N_m \end{bmatrix} \begin{Bmatrix} \delta_i \\ \delta_j \\ \delta_m \end{Bmatrix} \tag{10.7}$$

$$= \begin{bmatrix} N_i I & N_j I & N_m I \end{bmatrix} \{\delta\}^e$$

$$= \begin{bmatrix} N \end{bmatrix} \{\delta\}^e$$

其中:$[I]$为二阶单位矩阵。因此,形函数矩阵的表达式为

$$[N] = \begin{bmatrix} N_i & 0 & N_j & 0 & N_m & 0 \\ 0 & N_i & 0 & N_j & 0 & N_m \end{bmatrix} \tag{10.8}$$

10.2.2 单元应变与应力

为了将单元任意点的应变和应力用结点位移表示,可按以下步骤推导。将式(10.7)代入轴对称问题的几何方程,便得到单元体内的应变,即

$$\{\varepsilon\} = \begin{Bmatrix} \varepsilon_r \\ \varepsilon_z \\ \varepsilon_\theta \\ \gamma_{rz} \end{Bmatrix} = \begin{Bmatrix} \dfrac{\partial u}{\partial r} \\ \dfrac{\partial w}{\partial z} \\ \dfrac{u}{r} \\ \dfrac{\partial u}{\partial z} + \dfrac{\partial w}{\partial r} \end{Bmatrix} = \begin{bmatrix} \dfrac{\partial}{\partial r} & 0 \\ 0 & \dfrac{\partial}{\partial z} \\ \dfrac{1}{r} & 0 \\ \dfrac{\partial}{\partial z} & \dfrac{\partial}{\partial r} \end{bmatrix} \begin{bmatrix} u \\ w \end{bmatrix} \tag{10.9}$$

$$= \frac{1}{2A} \begin{bmatrix} b_i & 0 & b_j & 0 & b_m & 0 \\ 0 & c_i & 0 & c_j & 0 & c_m \\ f_i & 0 & f_j & 0 & f_m & 0 \\ c_i & b_i & c_j & b_j & c_m & b_m \end{bmatrix} \begin{Bmatrix} u_i \\ w_i \\ u_j \\ w_j \\ u_m \\ w_m \end{Bmatrix}$$

式中

$$f_i = \frac{a_i}{r} + b_i + \frac{c_i z}{r} \tag{10.10}$$

上式可简写成

$$\{\varepsilon\} = [B]\{\delta\}^e \tag{10.11}$$

其中$[B]$为三角形断面环元的应变矩阵,它可写成分块矩阵形式

$$[B] = [B_i \quad B_j \quad B_m] \tag{10.12a}$$

其中

$$[B_i] = \frac{1}{2A}\begin{bmatrix} b_i & 0 \\ 0 & c_i \\ f_i & 0 \\ c_i & b_i \end{bmatrix} \tag{10.12b}$$

可以看出,单元中的应变分量是中环向应变不是常量,而是坐标r和z的函数。为了简化计算和消除由于结点落在对称轴上使$r = 0$而引起的计算溢出,通常采用单元的形心坐标值$(\bar{r}, \bar{z})$来近似代替(10.10)中的r, z值,即令

$$\begin{cases} r \approx \bar{r} = \dfrac{1}{3}(r_i + r_j + r_m) \\ z \approx \bar{z} = \dfrac{1}{3}(z_i + z_j + z_m) \end{cases} \tag{10.13a}$$

于是

$$f_i = \bar{f}_i = \frac{a_i}{\bar{r}} + b_i + \frac{c_i \bar{z}}{\bar{r}} \quad (i, j, m) \tag{10.13b}$$

有限元网格确定后,各单元的就是定值。这样就可以把轴对称问题的各单元看成是常应变矩阵,所求得的应变是形心处的应变值。当轴对称结构的单元划分比较小时,这种近似所引起的误差是很小的。特别是当结构上各单元的形心离z轴较远时,产生的误差就更小了。

单元的各应力分量可通过将式(10.9)代入轴对称问题的物理方程得到

$$\{\sigma\} = \begin{Bmatrix} \sigma_r \\ \sigma_z \\ \sigma_\theta \\ \tau_{rz} \end{Bmatrix} = [D]\{\varepsilon\} = [D][B]\{\delta\}^e = [S_i \quad S_j \quad S_m]\{\delta\}^e \tag{10.14}$$

式中:$[S]$是三角形截面环形单元的应力矩阵。它的子矩阵为

$$[S_i] = [D][B_i] = \frac{2A_3}{A}\begin{bmatrix} b_i + A_1 f_i & A_1 c_i \\ A_1(b_i + f_i) & c_i \\ A_1 b_i + f_i & A_1 c_i \\ A_2 c_i & A_2 b_i \end{bmatrix} \quad (i, j, m) \tag{10.15}$$

其中

$$A_1 = \frac{\nu}{1-\nu}, \quad A_2 = \frac{1-2\nu}{2(1-\nu)}, \quad A_3 = \frac{(1-\nu)E}{4(1+\nu)(1-2\nu)}$$

从式(10.15)可知,只有剪应力在单元中是常数,而其他三个正应力在单元中都不是常数,与坐标r和z有关。同样采用形心坐标和来代替,每个单元近似地被当作常应力单元,所求得

的应力是单元形心处的应力近似值。

10.2.3　单元刚度矩阵

运用虚功原理来求导轴对称问题结构上任何单元的刚度矩阵。单元在结点力的作用下处于平衡状态,结点力列阵为

$$\{P\}^e = \begin{bmatrix} P_i^T & P_j^T & P_m^T \end{bmatrix}^T \tag{10.16}$$

假设单元 e 的三个结点的虚位移为

$$\{\delta^*\}^e = \begin{bmatrix} u_i^* & v_i^* & u_j^* & v_j^* & u_m^* & v_m^* \end{bmatrix}^T \tag{10.17}$$

单元任一点的虚位移为

$$\{d^*\} = [N]\{\delta^*\}^e \tag{10.18}$$

单元的虚应变为

$$\{\varepsilon^*\} = [B]\{\delta^*\}^e \tag{10.19}$$

根据虚功原理,三角形断面形状的单元体所吸收的虚应变能等于单元结点力所做的虚功

$$(\{\delta^*\}^e)^T \{P\}^e = \iiint \{\varepsilon^*\}^T \{\sigma\} r \mathrm{d}r\mathrm{d}z\mathrm{d}\theta \tag{10.20}$$

上式等号左边为单元结点力所作的虚功,与平面问题不同的是,这里所说的结点力是指作用在整个结圆上的力,等式右边是指整个三角形环状单元中应力的虚功。

将式(10.16)和式(10.19)代入式(10.20),则得

$$(\{\delta^*\}^e)^T \{P\}^e = \iiint (\{\delta^*\}^e)^T [B]^T [D][B]\{\delta\}^e r \mathrm{d}r\mathrm{d}z\mathrm{d}\theta$$

$$= (\{\delta^*\}^e)^T \cdot 2\pi \iint [B]^T [D][B] r \mathrm{d}r\mathrm{d}z \{\delta\}^e$$

由于虚位移列阵 $\{\delta^*\}^e$ 是任意给定的,所以有

$$\{P\}^e = 2\pi \iint [B]^T [D][B] r \mathrm{d}r\mathrm{d}z \{\delta\}^e = [K]^e \{\delta\}^e \tag{10.21}$$

式中, $[K]^e$ 就是单元刚度矩阵

$$[K]^e = 2\pi \iint [B]^T [D][B] r \mathrm{d}r\mathrm{d}z \tag{10.22}$$

写成分块形式,则为

$$[K]^e = \begin{bmatrix} k_{ii} & k_{ij} & k_{im} \\ k_{ji} & k_{jj} & k_{jm} \\ k_{mi} & k_{mj} & k_{mm} \end{bmatrix} \tag{10.23a}$$

其中每个子矩阵为

$$[k_{st}]^e = 2\pi \iint [B_s]^T [D][B_t] r \mathrm{d}r\mathrm{d}z \quad (s,t=i,j,m) \tag{10.23b}$$

在轴对称问题中,矩阵 $[B]$ 不是常数而是坐标 r, z 的函数,所以(10.23b)式的积分运算比平面问题要复杂得多。为了简化计算仍取单元形心的坐标 $\bar{r}$, $\bar{z}$ 代替矩阵 $[B]$ 中的坐标 r, z,得到一个近似的单元刚度矩阵。此时,(10.23b)式可以写成

$$[k_{st}]^e = 2\pi [\bar{B}_s]^T [D][\bar{B}_t] \bar{r} A \quad (s,t=i,j,m) \tag{10.23c}$$

上式也可以写成

$$[k_{st}] = \frac{2\pi \bar{r} A_3}{\Delta} \begin{bmatrix} b_s(b_t + A_1\overline{f_t}) + \overline{f_s}(\overline{f_t} + A_1 b_t) + A_2 c_s c_t & A_1 c_t(b_s + \overline{f_s}) + A_2 c_s b_t \\ A_1 c_s(b_t + \overline{f_t}) + A_2 b_s c_t & c_s c_t + A_2 b_s b_t \end{bmatrix}$$

$$(10.23d)$$

求得单元刚度矩阵后,就可以采用与平面问题相同的刚度集成法,进行整体刚度矩阵的组集。如果将结构划分成 n_e 个单元和 n 个结点,就可得到 n_e 个类似(10.21)式的方程组。把各单元的 $\{\delta\}^e$, $\{P\}^e$, $\{K\}^e$ 等都扩大成整个结构的自由度的维数,然后叠加得到

$$\sum_{e=1}^{n_e} \{P\}^e = \left(\sum_{e=1}^{n_e} 2\pi \iint [B]^T [D][B] r \mathrm{d}r\mathrm{d}z\right)\{\delta\}$$

这就是求解结点位移的方程组,写成标准形式

$$[K]\{\delta\} = \{F\} \tag{10.24}$$

其中,整体刚度矩阵为

$$[K] = \sum_{e=1}^{n_e} [k]^e = \sum_{e=1}^{n_e} 2\pi \iint [B]^T [D][B] r \mathrm{d}r\mathrm{d}z \tag{10.25}$$

整体节点载荷为

$$\{F\} = \sum_{e=1}^{n_e} \{P\}^e \tag{10.26}$$

与平面问题一样,轴对称问题的整体刚度矩阵 $[K]$ 也是对称的带状稀疏矩阵,在消除刚体位移后,它是正定的。整体刚度矩阵 $[K]$ 也可以写成分块形式

$$[K] = \begin{bmatrix} K_{11} & \cdots & K_{1i} & \cdots & K_{1j} & \cdots & K_{1m} & \cdots & K_{1n} \\ \vdots & & \vdots & & \vdots & & \vdots & & \vdots \\ K_{i1} & \cdots & K_{ii} & \cdots & K_{ij} & \cdots & K_{im} & \cdots & K_{in} \\ \vdots & & \vdots & & \vdots & & \vdots & & \vdots \\ K_{j1} & \cdots & K_{ji} & \cdots & K_{jj} & \cdots & K_{jm} & \cdots & K_{jn} \\ \vdots & & \vdots & & \vdots & & \vdots & & \vdots \\ K_{m1} & \cdots & K_{mi} & \cdots & K_{mj} & \cdots & K_{mm} & \cdots & K_{mn} \\ \vdots & & \vdots & & \vdots & & \vdots & & \vdots \\ K_{n1} & \cdots & K_{ni} & \cdots & K_{nj} & \cdots & K_{nm} & \cdots & K_{nn} \end{bmatrix} \tag{10.27a}$$

其中子矩阵

$$[K_{st}] = \sum_{e=1}^{n_e} [k_{st}] \quad (s = 1,2,\cdots,n; \quad t = 1,2,\cdots,n) \tag{10.27b}$$

10.3 等效结点载荷计算

与平面问题类似,当结构外载荷不作用在结点上时,也需要将这些作用在环形单元上的集中力、表面力和体积力分别等效移置到结点上。移置的原则也是要求这些外力和等效结点载荷在任意虚位移上所作的虚功相等,即

$$(\{\delta^*\}^e)^T \{P\}^e = (d^*)^T 2\pi r_c \{P_g\} + \iint (d^*)^T \{q\} r \mathrm{d}\theta\mathrm{d}s + \iiint (d^*)^T \{f\} r \mathrm{d}\theta\mathrm{d}r\mathrm{d}z$$

式中,r_c 为集中载荷 P_g 作用点的径向坐标值,$\mathrm{d}s$ 为单元断面边界微元长度。将式(10.18)代入上式可得

$$\{P\}^e = 2\pi r_c \ [N]^\mathrm{T}\{P_g\} + 2\pi\!\int [N]^\mathrm{T}\{q\}r\mathrm{d}s + 2\pi\!\iint [N]^\mathrm{T}\{f\}r\mathrm{d}r\mathrm{d}z \tag{10.28}$$
$$= \{P_g\}^e + \{P_q\}^e + \{P_V\}^e$$

集中力的等效结点载荷

$$\{P_g\}^e = 2\pi r_c \ [N]_c^\mathrm{T}\{P_g\} \tag{10.29a}$$

表面力的等效结点载荷

$$\{P_q\}^e = 2\pi\!\int [N]^\mathrm{T}\{q\}r\mathrm{d}s \tag{10.29b}$$

体积力的等效结点载荷

$$\{P_V\}^e = 2\pi\!\iint [N]^\mathrm{T}\{f\}r\mathrm{d}r\mathrm{d}z \tag{10.29c}$$

对各单元等效结点载荷进行组集,得到等效载荷列阵

$$\{F\} = \sum_{e=1}^{n_s} \{P\}^e = \sum_{e=1}^{n_s}(\{P_g\}^e + \{P_q\}^e + \{P_V\}^e) = \{P_g\} + \{P_q\} + \{P_V\} \tag{10.30}$$

下面具体计算几种常见集中力、表面力和体积力的等效结点载荷。

10.3.1 集中力

$$\{P_g\}^e = \begin{Bmatrix} P_{gi} \\ P_{gj} \\ P_{gm} \end{Bmatrix}^e = 2\pi r_c \ [N]_c^\mathrm{T}\begin{bmatrix} P_{gr} \\ P_{gz} \end{bmatrix}$$

$$= 2\pi r_c \begin{bmatrix} N_i & 0 & N_j & 0 & N_m & 0 \\ 0 & N_i & 0 & N_j & 0 & N_m \end{bmatrix}_c^\mathrm{T} \begin{bmatrix} P_{gr} \\ p_{gz} \end{bmatrix}$$

$$\{P_{gi}\}^e = \begin{bmatrix} P_{gr} \\ P_{gz} \end{bmatrix}_i^e = 2\pi r_c \begin{bmatrix} N_i P_{gr} \\ N_i P_{gz} \end{bmatrix}$$

$$\{P_{gj}\}^e = \begin{bmatrix} P_{gr} \\ P_{gz} \end{bmatrix}_j^e = 2\pi r_c \begin{bmatrix} N_j P_{gr} \\ N_j P_{gz} \end{bmatrix}$$

$$\{P_{gm}\}^e = \begin{bmatrix} P_{gr} \\ P_{gz} \end{bmatrix}_m^e = 2\pi r_c \begin{bmatrix} N_m P_{gr} \\ N_m P_{gz} \end{bmatrix}$$

式中:P_{gr} 和 P_{gz}——是集中力 P_g 在 r 向和 z 向分量;

r_c——集中力作用点的 r 向坐标;

$[N]_c$——形函数矩阵$[N]$在集中力作用点(r_c,z_c)处的取值,

$$N_i = a_i + b_i r_c + c_i z_c \quad (i, j, m)$$

10.3.2 表面力

设轴对称问题三角形截面环元的 ij 边上作用有线性分布的 r 向面力如图 10.3 所示。面力在结点 i 的集度为q_i,在结点 j 的集度为q_j,ij 边长为l。

利用形函数进行插值可得边 ij 任意点 p 的 r 向面力集度 q_r。

$$q_r = q_i N_i + q_j N_j = q_i L_i + q_j L_j$$

由于 z 向无面力,所以 $q_z = 0$ 结点 i 的等效结点载荷

$$\{P_{qi}\}^e = \left\{ \begin{matrix} P_{qr} \\ P_{qz} \end{matrix} \right\}^e = 2\pi \int N_i \begin{bmatrix} L_i q_i + L_j q_j \\ 0 \end{bmatrix} r \mathrm{d}s$$

根据面积坐标的积分公式

$$\int N_i L_i r \mathrm{d}s = \int L_i^2 (r_i L_i + r_j L_j) \mathrm{d}s$$

$$= r_i \int L_i^3 \mathrm{d}s + r_j \int L_i^2 L_j \mathrm{d}s$$

$$= \frac{l}{12}(3r_i + r_j)$$

$$\int N_i L_j r \mathrm{d}s = \int L_i L_j (r_i L_i + r_j L_j) \mathrm{d}s$$

$$= r_i \int L_i^2 L_j \mathrm{d}s + r_j \int L_i L_j^2 \mathrm{d}s$$

$$= \frac{l}{12}(r_i + r_j)$$

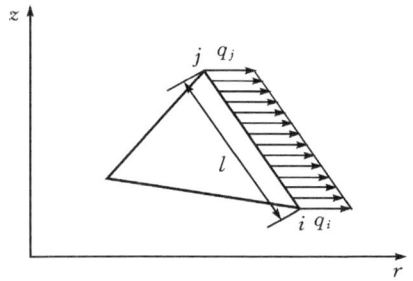

图 10.3

所以

$$\{P_{qi}\}^e = 2\pi \left\{ \begin{matrix} \dfrac{l}{12}q_i(3r_i + r_j) + \dfrac{l}{12}q_j(r_i + r_j) \\ 0 \end{matrix} \right\}$$

$$= \frac{\pi l}{6} \left\{ \begin{matrix} q_i(3r_i + r_j) + q_j(r_i + r_j) \\ 0 \end{matrix} \right\}$$

同理,可求得结点 j 和 m 上的等效结点载荷。

10.3.3 体积力

1. 自重

如果轴对称问题的体力为单元自重,则其体力分量 $f_r = 0, f_z = -\nu$,其中 ν 为重度。单元自重移置到 i, j, m 结点上的等效结点载荷为

$$\{P_V\}^e = \left\{ \begin{matrix} P_{Vi} \\ P_{Vj} \\ P_{Vm} \end{matrix} \right\}^e = 2\pi \iint [N]^{\mathrm{T}} \begin{bmatrix} 0 \\ -\nu \end{bmatrix} r \mathrm{d}r \mathrm{d}z$$

$$\{P_{Vi}\}^e = \left\{ \begin{matrix} P_{Vr} \\ P_{Vz} \end{matrix} \right\}_i^e = 2\pi \iint N_i \begin{bmatrix} 0 \\ -\nu \end{bmatrix} r \mathrm{d}r \mathrm{d}z$$

由于

$$r = r_i L_i + r_j L_j + r_m L_m; \quad L_i = N_i$$

故有

$$\iint N_i r \mathrm{d}r \mathrm{d}z = \iint L_i (r_i L_i + r_j L_j + r_m L_m) \mathrm{d}r \mathrm{d}z$$

$$\iint N_i r \mathrm{d}r \mathrm{d}z = A\left(\frac{2r_i}{12} + \frac{r_j}{12} + \frac{r_m}{12}\right) = \frac{A}{12}(3\bar{r} + r_i)$$

所以

$$\{P_{Vi}\}^e = \begin{Bmatrix} P_{Vr} \\ P_{Vz} \end{Bmatrix}_i^e = \begin{Bmatrix} 0 \\ -\dfrac{\pi\nu A}{6}(3\bar{r}+r_i) \end{Bmatrix}$$

同理可求得 $\{P_{Vj}\}^e$、$\{P_{Vm}\}^e$，故可计算出 $\{P_V\}^e$。如果单元划分较细、尺寸较小，单元距对称轴较远时，可认为 $\bar{r}\approx r_i\approx r_j\approx r_m$，可以将 $1/3$ 的单元自重移置到每个结点上。

$$r \approx r_c = 1/3(r_i+r_j+r_m)$$
$$z \approx z_c = 1/3(z_i+z_j+z_m)$$

2. 离心力

如果结构体绕对称轴旋转的角速度为 ω，则 $f_r=\dfrac{\nu}{g}\omega^2 r$，$f_z=0$ 则等效结点载荷为

$$\{P_{Vi}\}^e = \begin{Bmatrix} P_{Vr} \\ P_{Vz} \end{Bmatrix}_i^e = 2\pi\iint N_i \begin{bmatrix} \rho\omega^2\,\dfrac{\nu}{g} \\ 0 \end{bmatrix} r\mathrm{d}r\mathrm{d}z$$

利用积分公式

$$\iint N_i r^2 \mathrm{d}r\mathrm{d}z = \iint L_i\,(r_i L_i + r_j L_j + r_m L_m)^2 \mathrm{d}r\mathrm{d}z$$
$$= \frac{A}{30}(3r_i^2 + r_j^2 + r_m^2 + 2r_i r_j + r_j r_m + 2r_m r_i)$$
$$= \frac{A}{30}(9\bar{r}^2 + 2r_i^2 - r_j r_m)$$

所以

$$\{P_{Vi}\}^e = \begin{Bmatrix} P_{Vr} \\ P_{Vz} \end{Bmatrix}_i^e = \begin{Bmatrix} -\dfrac{\pi\nu\omega^2 A}{15}(9\bar{r}^2 + 2r_i^2 - r_j r_m) \\ 0 \end{Bmatrix}$$

用同样的方法可求出 $\{P_{Vj}\}^e$ $\{P_{Vm}\}^e$，从而得到 $\{P_V\}^e$。

10.4　四面体单元

工程结构一般都是立体的弹性体。受力作用后，其内部各点将沿 x、y、z 坐标轴方向产生位移，是三维空间问题，各点沿 x、y、z 方向的位移以 u、v、w 表示，这些位移为各点坐标的函数，即 $u=u(x,y,z)$，$v=v(x,y,z)$，$w=w(x,y,z)$。其几何方程用矩阵表示为

$$\{\varepsilon\} = \begin{Bmatrix} \varepsilon_x \\ \varepsilon_y \\ \varepsilon_z \\ \gamma_{xy} \\ \gamma_{yz} \\ \gamma_{zx} \end{Bmatrix} = \begin{bmatrix} \dfrac{\partial}{\partial x} & 0 & 0 \\[2mm] 0 & \dfrac{\partial}{\partial y} & 0 \\[2mm] 0 & 0 & \dfrac{\partial}{\partial z} \\[2mm] \dfrac{\partial}{\partial y} & \dfrac{\partial}{\partial x} & 0 \\[2mm] 0 & \dfrac{\partial}{\partial z} & \dfrac{\partial}{\partial y} \\[2mm] \dfrac{\partial}{\partial z} & 0 & \dfrac{\partial}{\partial x} \end{bmatrix} \begin{Bmatrix} u \\ v \\ w \end{Bmatrix} \tag{10.31}$$

空间一般问题的有限单元法,与平面问题和轴对称问题有限单元法的原理和解题过程是类似的。即将空间结构划分为有限个单元,通过单元分析得到单元的刚度矩阵,采用刚度组集方法,形成整体刚度矩阵,再确定等效载荷列阵,从而得到整体刚度方程,经过约束条件处理并求解方程得到问题的解。常用空间单元有图 10.4 所示几种形式,本节阐述最简单的空间单元,即四面体单元,进行空间问题的有限元分析。

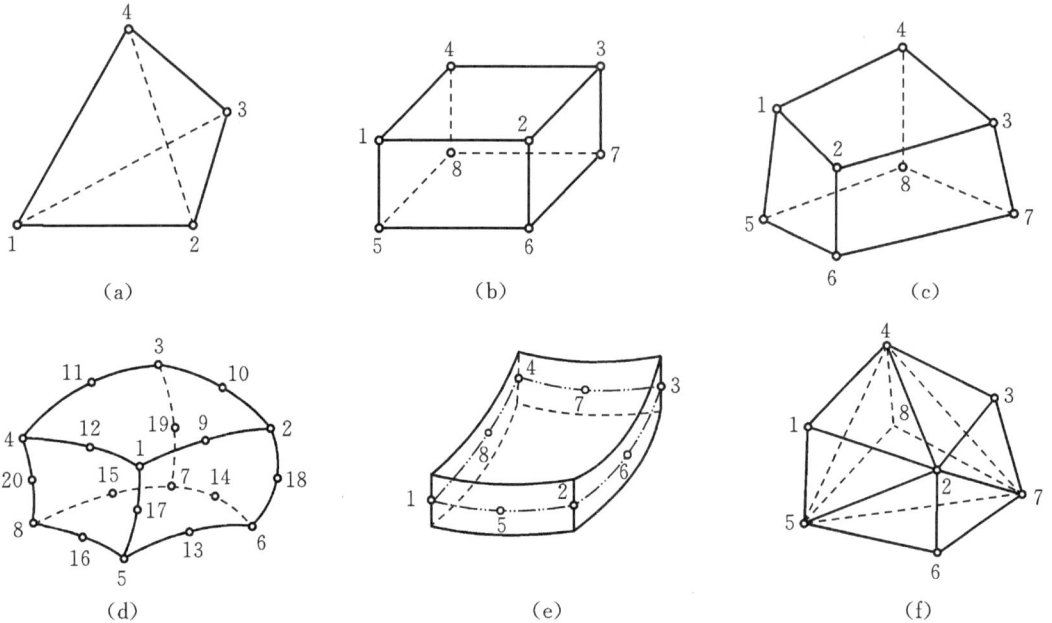

图 10.4

(a)四结点四面体单元;(b)八结点平行六面体单元;(c)八结点任意六面体单元;
(d)二十结点任意六面体单元;(e)八结点板壳单元;(f)四面体组合体单元

10.4.1　单元划分及位移模式

采用四面体单元处理弹性力学空间问题时,首先将要研究的空间结构划分为一系列有限个不相互重叠的四面体。每个四面体为一个单元,四面体的顶点即为结点。这样连续空间结构就被离散为由四面体单元所组成的有限元网格。

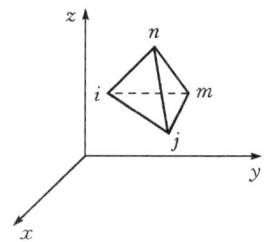

图 10.5

如图 10.5 所示的四面体单元,单元结点的编码为 i,j,m,n。每个结点的位移具有三个分量 u,v,w。这样单元结点的位移列阵可表示成

$$\{\delta\}^e = \begin{bmatrix} u_i & v_i & w_i & u_j & v_j & w_j & u_m & v_m & w_m & u_n & v_n & w_n \end{bmatrix}^T \quad (10.32)$$

单元变形时,单元内各点也有沿 x、y、z 方向的位移 u、v、w,一般应为坐标 x、y、z 的函数。单元的位移模式采用线性多项式,为满足变形协调条件,取为

$$u = \alpha_1 + \alpha_2 x + \alpha_3 y + \alpha_4 z \\ v = \alpha_5 + \alpha_6 x + \alpha_7 y + \alpha_8 z \\ w = \alpha_9 + \alpha_{10} x + \alpha_{11} y + \alpha_{12} z \right\}$$ (10.33)

式(10.33)含有 12 个待定系数,可由单元的 12 项结点位移决定。将 4 个结点的坐标值代入式(10.33)的 u 的表达式中。i、j、m、n 共 4 个结点,分别有

$$u_i = \alpha_1 + \alpha_2 x_i + \alpha_3 y_i + \alpha_4 z_i \\ u_j = \alpha_1 + \alpha_2 x_j + \alpha_3 y_j + \alpha_4 z_j \\ u_m = \alpha_1 + \alpha_2 x_m + \alpha_3 y_m + \alpha_4 z_m \\ u_n = \alpha_1 + \alpha_2 x_n + \alpha_3 y_n + \alpha_4 z_n \right\}$$ (10.34)

式中,α_1,$\cdots$,α_4 为待定系数,由单元结点的位移和坐标决定。将 4 个结点的坐标$(x_i$,y_i,$z_i)$、$(x_j$,y_j,$z_j)$、$(x_m$,y_m,$z_m)$、(x_n,y_n,z_n)和结点位移$(u_i$,u_j,u_m,$u_n)$代入式(10.34)可得 4 个联立方程,解方程组便可求出 α_1,$\cdots$,α_4,将这四个系数回代到式(10.33)的第一式,则得到由结点位移和形函数表示的单元内任一点的位移表达式

$$u = N_i u_i + N_j u_j + N_m u_m + N_n u_n$$ (10.35)

式中

$$N_i = \frac{1}{6V}(a_i + b_i x + c_i y + d_i z) \qquad (i, j, m, n)$$ (10.36)

N_i,N_j,N_m,N_n 为四面体单元的形函数,u 为四面体体积。其中的系数

$$a_i = \begin{vmatrix} x_j & y_j & z_j \\ x_m & y_m & z_m \\ x_n & y_n & z_n \end{vmatrix}; \qquad b_i = -\begin{vmatrix} 1 & y_j & z_j \\ 1 & y_m & z_m \\ 1 & y_n & z_n \end{vmatrix}$$

$$c_i = \begin{vmatrix} 1 & x_j & z_j \\ 1 & x_m & z_m \\ 1 & x_n & z_n \end{vmatrix}; \qquad d_i = -\begin{vmatrix} 1 & x_j & y_j \\ 1 & x_m & y_m \\ 1 & x_n & y_n \end{vmatrix} \right\}$$ (10.37)

$$V = \frac{1}{6} \begin{vmatrix} 1 & x_i & y_i & z_i \\ 1 & x_j & y_j & z_j \\ 1 & x_m & y_m & z_m \\ 1 & x_n & y_n & z_n \end{vmatrix}$$

n 必须按顺序标号:在右手坐标系中,使得右手螺旋在按照 i,j,m 的转向转动时向 n 方向前进,见图 10.4。用求位移 u 的同样方法,可求得

$$v = N_i v_i + N_j v_j + N_m v_m + N_n v_n = \sum_{i,j,m,n} N_i v_i$$ (10.38a)

$$w = N_i w_i + N_j w_j + N_m w_m + N_n w_n = \sum_{i,j,m,n} N_i w_i$$ (10.38b)

式(10.35)、式(10.38a)、式(10.38b)可以用矩阵形式表示为

$$\{f\} = \begin{Bmatrix} u \\ v \\ w \end{Bmatrix} = \begin{bmatrix} N_i & 0 & 0 & N_j & 0 & 0 & N_m & 0 & 0 & N_n & 0 & 0 \\ 0 & N_i & 0 & 0 & N_j & 0 & 0 & N_m & 0 & 0 & N_n & 0 \\ 0 & 0 & N_i & 0 & 0 & N_j & 0 & 0 & N_m & 0 & 0 & N_n \end{bmatrix} \begin{Bmatrix} \delta_i \\ \delta_j \\ \delta_m \\ \delta_n \end{Bmatrix}$$

$$= \begin{bmatrix} N_i I & N_j I & N_m I & N_n I \end{bmatrix} \{\delta\}^e$$

$$= [N]\{\delta\}^e \tag{10.39}$$

V 是四面体的体积,为了使 V 不为负值,单元的四个结点 i,j,m,n 应符号右手螺旋。

式(10.39)中,$[I]$ 为三阶单位阵,$[N]$ 为形函数矩阵。上式即为单元结点位移和单元任意点位移之间的关系。

10.4.2 单元应变和应力

将式(10.39)式代入几何方程式(10.31),经过微分运算,可得单元内应变为

$$\{\varepsilon\} = [B]\{\delta\}^e = \begin{bmatrix} B_i & B_j & B_m & B_n \end{bmatrix} \{\delta\}^e \tag{10.40}$$

其中

$$[B_i] = \begin{bmatrix} \dfrac{\partial N_i}{\partial x} & 0 & 0 \\[2mm] 0 & \dfrac{\partial N_i}{\partial y} & 0 \\[2mm] 0 & 0 & \dfrac{\partial N_i}{\partial z} \\[2mm] \dfrac{\partial N_i}{\partial y} & \dfrac{\partial N_i}{\partial x} & 0 \\[2mm] 0 & \dfrac{\partial N_i}{\partial z} & \dfrac{\partial N_i}{\partial y} \\[2mm] \dfrac{\partial N_i}{\partial z} & 0 & \dfrac{\partial N_i}{\partial x} \end{bmatrix} = \frac{1}{6V} \begin{bmatrix} b_i & 0 & 0 \\ 0 & c_i & 0 \\ 0 & 0 & d_i \\ c_i & b_i & 0 \\ 0 & d_i & c_i \\ d_i & 0 & b_i \end{bmatrix} \quad (i,\ j,\ m,\ n)$$

简单四面体单元内,各点的应变都是一样的,这是一种常应变单元。这一点与平面问题的简单三角形单元相似,由于单元内位移都假定为线性变化的,因而由位移一阶导数组成的应变也为常量。

同样,用虚功原理建立结点力和结点位移间的关系式,从而得出简单四面体单元的刚度矩阵。

$$[k]^e = \iiint [B]^{\mathrm{T}}[D][B]\mathrm{d}x\mathrm{d}y\mathrm{d}z = \int_{V} [B]^{\mathrm{T}}[D][B]\mathrm{d}v$$

$$[k]^e = [B]^{\mathrm{T}}[D][B]V^e \tag{10.41}$$

按结点分块表示,此单元刚度矩阵可表示为

$$[k]^e = \begin{bmatrix} k_{ii} & k_{ij} & k_{im} & k_{in} \\ k_{ji} & k_{jj} & k_{jm} & k_{jn} \\ k_{mi} & k_{mj} & k_{mm} & k_{mn} \\ k_{ni} & k_{nj} & k_{nm} & k_{nn} \end{bmatrix} \tag{10.42}$$

其中任一子矩阵为

$$[k_n] = [B_r]^T [D] [B_s] V^e$$

$$= \frac{E(1-\nu)}{36(1+\nu)(1-2\nu)V} \begin{bmatrix} b_rb_s + A_2(c_rc_s + d_rd_s) & A_1b_rc_s + A_2c_rb_s & A_1b_rd_s + A_2d_rb_s \\ A_1c_rb_s + A_2b_rc_s & c_rc_s + A_2(b_rb_s + d_rd_s) & A_1c_rd_s + A_2d_rc_s \\ A_1d_rb_s + A_2b_rd_s & A_1d_rc_s + A_2c_rd_s & d_rd_s + A_2(b_rb_s + c_rc_s) \end{bmatrix}$$

$$(r = i,j,m,n; \quad s = i,j,m,n)$$

$$(10.43)$$

其中

$$A_1 = \frac{\nu}{1-\nu}, \quad A_2 = \frac{1-2\nu}{2(1-\nu)}$$

10.4.3 单元及整体的平衡

弹性体空间问题单元的平衡方程

$$[K]^e \{\delta\}^e = \{P\}^e \qquad (10.44)$$

整体平衡方程

$$[K]\{\delta\} = \{F\} \qquad (10.45)$$

其中

$$[K] = \sum_{e=1}^{n_e} [k]^e \qquad (10.46)$$

整体结构的结点载荷列向量

$$\{F\} = \sum_{e=1}^{n_e} \{P\}^e = \sum_{e=1}^{n_e} (\{P_g\}^e + \{P_q\}^e + \{P_V\}_g^e) \qquad (10.47)$$

$\{P_g\}^e, \{P_q\}^e, \{P_V\}^e$ 分别为集中力,表面力,体积力的等效节点载荷,计算公式如下

$$\{P_g\}^e = [N]^T\{P\}, \quad \{P_q\}^e = \int_{S^e} [N]^T \{P_q\} ds,$$

$$\{P_V\}^e = \int_{V^e} [N]^T \{f\} dV \qquad (10.48)$$

10.5 20 结点等参元

10.5.1 形状函数

由于精度高,容易适应不同边界,在平面问题中常选用八结点四边形等参数单元。为适应三维结构的曲面边界,可以采用曲面六面体单元。在三维问题中常选用 20 结点六面体等参数单元。正方体基本单元内任一点与实际曲面单元内的点一一对应,结点也一一对应。这里,实际单元边界线中间的结点 9、10、…、20,都"映射"成为正方体的棱边中点,如图 10.6 所示。

位移函数和几何坐标的变换式应取为相同的参数,其坐标变换关系可表示为

$$\begin{Bmatrix} x \\ y \\ z \end{Bmatrix} = \sum_{i=1}^{20} N_i \begin{Bmatrix} x_i \\ y_i \\ z_i \end{Bmatrix} \qquad (10.49)$$

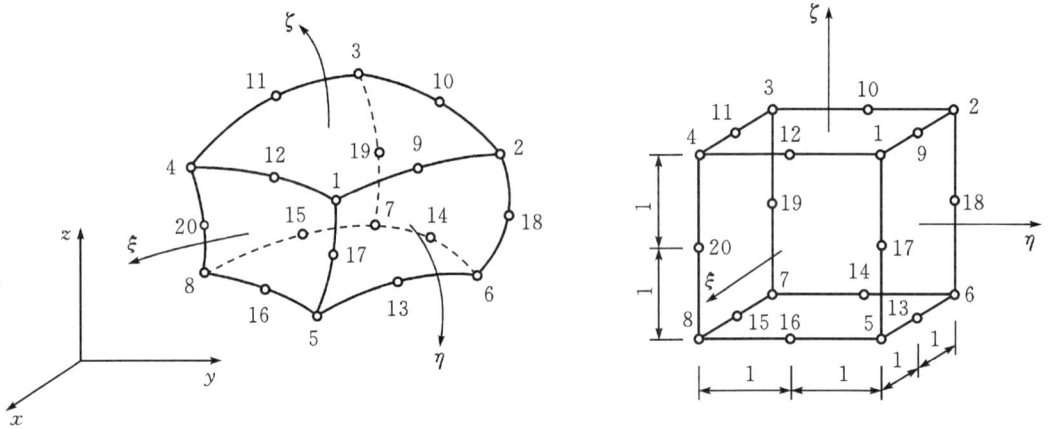

图 10.6

则单元的位移函数可写成

$$
\left\{\begin{array}{c} u \\ v \\ w \end{array}\right\} = \sum_{i=1}^{20} N_i \left\{\begin{array}{c} u_i \\ v_i \\ w_i \end{array}\right\} \tag{10.50}
$$

式中 x_i、y_i、z_i 为结点 i 的坐标；u_i、v_i、w_i 为结点 i 沿 x、y、z 方向的位移；N_i 为对应于 i 结点的形状函数。在自然坐标系中，各结点的形状函数可写成如下形式

对于 8 个顶角结点($i=1,2,\cdots,8$)

$$
N_i = \frac{1}{8}(1+\xi\xi_i)(1+\eta\eta_i)(1+\zeta\zeta_i)(\xi\xi_i+\eta\eta_i+\zeta\zeta_i-2) \tag{10.51}
$$

对于 $\xi_i=0$ 的边上点($i=9,11,13,15$)

$$
N_i = \frac{1}{4}(1-\xi^2)(1+\eta\eta_i)(1+\zeta\zeta_i) \tag{10.52a}
$$

对于 $\eta_i=0$ 的边上点($i=10,12,14,16$)

$$
N_i = \frac{1}{4}(1-\eta^2)(1+\xi\xi_i)(1+\zeta\zeta_i) \tag{10.52b}
$$

对于 $\zeta_i=0$ 的边上点($i=17,18,19,20$)

$$
N_i = \frac{1}{4}(1-\zeta^2)(1+\xi\xi_i)(1+\eta\eta_i) \tag{10.52c}
$$

10.5.2　单元刚度矩阵

单元几何矩阵同(10.31)，单元刚度矩阵为

$$
[k]^e = \int_{V'} [B]^{\mathrm{T}}[D][B]\mathrm{d}V = \int_{V'} [B_1 B_2 \cdots B_{20}]^{\mathrm{T}}[D][B_1 B_2 \cdots B_{20}]\mathrm{d}V \tag{10.53}
$$

为便于以下计算，弹性矩阵$[D]$可分块写为

$$
[D] = \begin{bmatrix} D_1 & 0 \\ 0 & D_2 \end{bmatrix} \tag{10.54}
$$

令 $\lambda = \dfrac{E\nu}{(1+\nu)(1-2\nu)}$，$G = \dfrac{E}{2(1+\nu)}$，则

$$D_1 = \begin{bmatrix} \lambda + 2G & \lambda & \lambda \\ \lambda & \lambda + 2G & \lambda \\ \lambda & \lambda & \lambda + 2G \end{bmatrix}$$

$$D_2 = \begin{bmatrix} G & 0 & 0 \\ 0 & G & 0 \\ 0 & 0 & G \end{bmatrix}$$

$[k]^e$ 为 60×60 的方阵，方阵中第 i 行 j 列的子矩阵为

$$[k_{ij}]^e_{3\times3} = \int_{v^e} [B_i]^T [D] [B_j] \mathrm{d}V \tag{10.55}$$

将几何方程(10.31)及(10.53)分块式代入式(10.52)，其被积函数可写为

$$[B_i]^T [D] [B_j] = \left\{ \begin{array}{c} T_i \\ S_i \end{array} \right\}^T \begin{bmatrix} D_1 & 0 \\ 0 & D_2 \end{bmatrix} \left\{ \begin{array}{c} T_j \\ S_j \end{array} \right\} = \begin{bmatrix} H_{xx} & H_{xy} & H_{xz} \\ H_{yx} & H_{yy} & H_{yz} \\ H_{zx} & H_{zy} & H_{zz} \end{bmatrix}$$

式中

$$H_{xx} = (\lambda + 2G) \frac{\partial N_i}{\partial x} \frac{\partial N_j}{\partial x} + G\left(\frac{\partial N_i}{\partial y} \frac{\partial N_j}{\partial y} + \frac{\partial N_i}{\partial z} \frac{\partial N_j}{\partial z} \right)$$

$$H_{xy} = \lambda \frac{\partial N_i}{\partial x} \frac{\partial N_j}{\partial y} + G \frac{\partial N_i}{\partial y} \frac{\partial N_j}{\partial x}$$

$$H_{yz} = \lambda \frac{\partial N_i}{\partial y} \frac{\partial N_j}{\partial x} + G \frac{\partial N_i}{\partial x} \frac{\partial N_j}{\partial y}$$

按坐标变换式(10.49)，应有

$$\left\{ \begin{array}{c} \dfrac{\partial N_i}{\partial x} \\[2mm] \dfrac{\partial N_i}{\partial y} \\[2mm] \dfrac{\partial N_i}{\partial z} \end{array} \right\} = [J]^{-1} \left\{ \begin{array}{c} \dfrac{\partial N_i}{\partial \xi} \\[2mm] \dfrac{\partial N_i}{\partial \eta} \\[2mm] \dfrac{\partial N_i}{\partial \xi} \end{array} \right\} \tag{10.56}$$

同样有

$$\mathrm{d}V = |J| \mathrm{d}\xi \mathrm{d}\eta \mathrm{d}\zeta$$

三维六面体的雅可比矩阵为

$$[J] = \begin{bmatrix} \dfrac{\partial x}{\partial \xi} & \dfrac{\partial y}{\partial \xi} & \dfrac{\partial z}{\partial \xi} \\[2mm] \dfrac{\partial x}{\partial \eta} & \dfrac{\partial y}{\partial \eta} & \dfrac{\partial z}{\partial \eta} \\[2mm] \dfrac{\partial x}{\partial \zeta} & \dfrac{\partial y}{\partial \zeta} & \dfrac{\partial z}{\partial \zeta} \end{bmatrix} = \begin{bmatrix} \sum \dfrac{\partial N_i}{\partial \xi} x_i & \sum \dfrac{\partial N_i}{\partial \xi} y_i & \sum \dfrac{\partial N_i}{\partial \xi} z_i \\[2mm] \sum \dfrac{\partial N_i}{\partial \eta} x_i & \sum \dfrac{\partial N_i}{\partial \eta} y_i & \sum \dfrac{\partial N_i}{\partial \eta} z_i \\[2mm] \sum \dfrac{\partial N_i}{\partial \zeta} x_i & \sum \dfrac{\partial N_i}{\partial \zeta} y_i & \sum \dfrac{\partial N_i}{\partial \zeta} z_i \end{bmatrix} \tag{10.57}$$

同理，可采用三维高斯求积公式计算单元刚度矩阵，即

$$[k_{ij}]^e = \int_{V^e} [B_i]^T [D] [B_j] \mathrm{d}V$$

$$= \int_{-1}^{1} \int_{-1}^{1} \int_{-1}^{1} \begin{bmatrix} H_{xx} & H_{xy} & H_{xz} \\ H_{yx} & H_{yy} & H_{yz} \\ H_{zx} & H_{zx} & H_{zz} \end{bmatrix} \mathrm{d}x\mathrm{d}y\mathrm{d}z = |J|\,\mathrm{d}\xi\mathrm{d}\eta\mathrm{d}\zeta$$

$$= \sum_i^L \sum_j^M \sum_k^N w_i w_j w_k \begin{bmatrix} H_{xx} & H_{xy} & H_{xz} \\ H_{yx} & H_{yy} & H_{yz} \\ H_{zx} & H_{zx} & H_{zz} \end{bmatrix} \begin{matrix} \xi = \xi_i \\ \eta = \eta_j \\ \zeta = \zeta_k \end{matrix} \tag{10.58}$$

式中，L,M,N 为沿 ξ,η,ζ 方向的积分点数目，而积分点坐标 ξ_i,η_j,ζ_k 及权重 w_i,w_j,w_k 可由高斯积分表查得。

10.6 板单元

板壳结构在工程上应用十分广泛。在设计分析中采用板壳单元进行结构分析，可以得到足够的精度和良好的效果。薄板的相关理论在第 7 章中已有介绍，板壳单元的力学模型取为结构单元的中面，即以各中面来代表不同厚度的板或壳单元的组合体，以此来模拟结构体。在工程有限单元法的软件设计中，常常将板壳结构划分成薄板、厚板以及壳单元。

如图 10.7 所示平板，取其中性面为坐标面，z 轴垂直于中性面，其中 t 为板厚。当板受有垂直于板中性面的外力时，板的中性面将发生弯扭变形，从而变成一个曲面。板变形的同时，在板的横截面上将存在内力：弯矩和扭矩。

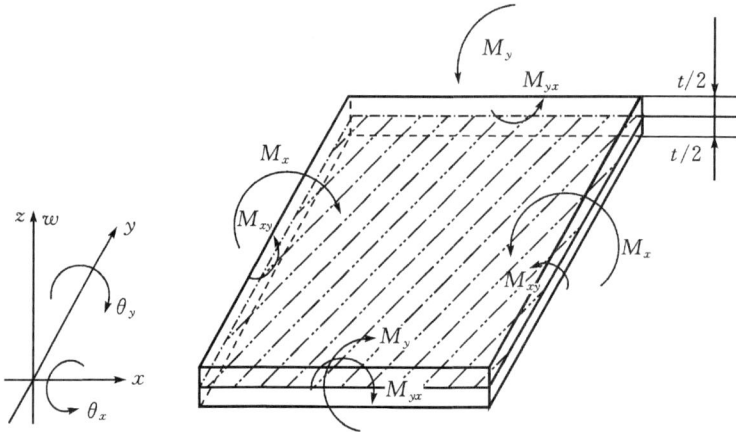

图 10.7

对于薄板弯曲问题，仍然采用如下假设：
(1)板的法线没有伸缩；
(2)板的法线在板变形后仍垂直于中性面；
(3)板内各点没有平行于中性面的位移；
(4)垂直于板面挤压应力可以不计。

10.6.1 基本方程的矩阵表示

图 10.8 所示为板的一个微元体。为方便计算,取 x 和 y 方向的宽度均为 1。在垂直于横截面上的正应力与 z 坐标成正比,并可合成为一个力偶,从而构成该横截面上的弯矩(单位宽度上的弯矩)M_x。同理,σ_y 合成弯矩 M_y,τ_{xy} 和 τ_{yx} 合成扭矩 M_{xy} 和 M_{yx}。由于剪应力互等,所以 $M_{xy}=M_{yx}$。内力列向量为

$$\{M\}=\begin{bmatrix} M_x \\ M_y \\ M_{xy} \end{bmatrix} \tag{10.59}$$

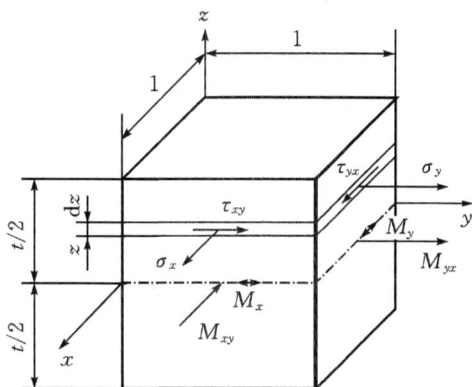

图 10.8

$\{M\}$ 是应力 $\{\sigma\}$ 对中面力矩的合成

$$\{M\}=\int_{-\frac{t}{2}}^{\frac{t}{2}} z\{\sigma\}\mathrm{d}z=\int_{-\frac{t}{2}}^{\frac{t}{2}} z^2[D]\{\kappa\}\mathrm{d}z=\frac{t^3}{12}[D]\{\kappa\} \tag{10.60}$$

式中

$$\{\kappa\}=\begin{Bmatrix} \kappa_x \\ \kappa_y \\ \kappa_{xy} \end{Bmatrix}=\begin{Bmatrix} \dfrac{\partial\theta_x}{\partial x} \\ -\dfrac{\partial\theta_y}{\partial y} \\ -\dfrac{\partial\theta_x}{\partial x}+\dfrac{\partial\theta_y}{\partial y} \end{Bmatrix} \tag{10.61}$$

引用记号

$$[D_b]=\frac{t^3}{12}[D]=\frac{Et^3}{12(1-\nu^2)}\begin{bmatrix} 1 & \nu & 0 \\ \nu & 1 & 0 \\ 0 & 0 & \dfrac{1-\nu}{2} \end{bmatrix} \tag{10.62}$$

则

$$\{M\}=[D_b]\{\kappa\} \tag{10.63}$$

式中 $[D_b]$ 弹性薄板的应力应变转换矩阵,它等于平面应力问题中的 $[D]$ 与 $t^3/12$ 的乘积。

根据 $[D_b]$ 与 $[D]$ 之间的关系,不难由式(10.60)~式(10.63)求出

$$\{\sigma\} = \left\{\frac{12z}{t^3}\right\}\{M\} \tag{10.64}$$

板上下表面 $(z = \pm \frac{t}{2})$ 的应力

$$\{\sigma_m\} = \pm \frac{6}{t^2}\{M\} \tag{10.65}$$

综上所述,薄板的中面挠度 w 是基本的未知量。由 w 即可计算出位移、应变、应力及内力。

10.6.2 三结点三角形薄板单元

1. 坐标变换

一个任意形状的三结点三角形板单元,结点编号 1、2、3 按右手法则排序。图 10.9(a)为单元直角坐标系 (x, y),图 10.9(b)为单元自然坐标系 (ξ, η)。

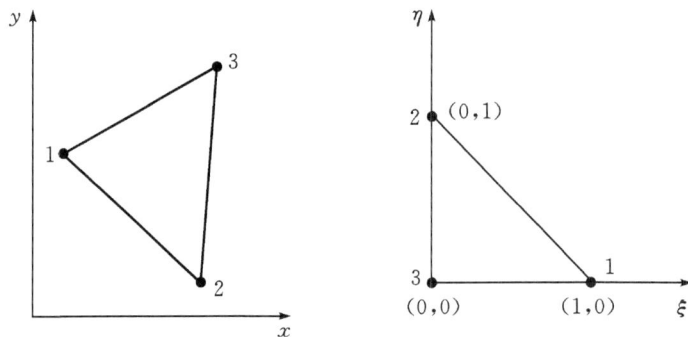

图 10.9
(a)单元直角坐标系;(b)单元自然坐标系

单元坐标变换

$$\begin{Bmatrix} x \\ y \end{Bmatrix} = \sum_{i=1}^{3} L_i \begin{Bmatrix} x_i \\ y_i \end{Bmatrix} \tag{10.66}$$

式中 L_i 为面积坐标。

$$L_1 = \xi, \quad L_2 = \eta, \quad L_3 = 1 - \xi - \eta \tag{10.67}$$

2. 位移向量

根据薄板理论,薄板结点位移如图 10.10 所示。单元任一结点位移列向量为

$$\{\delta_i\} = \begin{Bmatrix} w_i \\ \theta_{xi} \\ \theta_{yi} \end{Bmatrix} = \begin{Bmatrix} w_i \\ \left(\dfrac{\partial w}{\partial y}\right)_i \\ -\left(\dfrac{\partial w}{\partial x}\right)_i \end{Bmatrix} \tag{10.68}$$

单元结点位移列向量

$$\{\delta\}^e = \begin{bmatrix} w_1 & \theta_{x1} & \theta_{y1} & w_2 & \theta_{x2} & \theta_{y2} & w_3 & \theta_{x3} & \theta_{y3} \end{bmatrix}^T \tag{10.69}$$

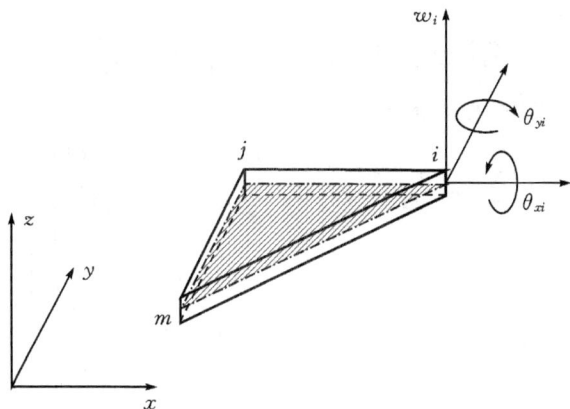

图 10.10

单元内任意点的位移 w 用结点位移插值表示如下

$$w = [N]\{\delta\}^e = [N_1 \quad N_2 \quad N_3]\{\delta\}^e \tag{10.70}$$

其中 $[N_1]$，$[N_2]$，$[N_3]$ 是形函数矩阵，是 1×3 的行阵。

$$\left.\begin{aligned}
[N_1] &= [N_{11} \quad N_{12} \quad N_{13}] \\
[N_2] &= [N_{21} \quad N_{22} \quad N_{23}] \\
[N_3] &= [N_{31} \quad N_{32} \quad N_{33}]
\end{aligned}\right\} \tag{10.71}$$

形函数具体形式如下

$$\left.\begin{aligned}
N_{11} &= L_1 + L_1^2 L_2 + L_1^2 L_3 - L_1 L_2^2 - L_1 L_3^2 \\
N_{12} &= b_3\left(L_1^2 L_2 + \frac{1}{2}L_1 L_2 L_3\right) - b_3\left(L_1^2 L_3 + \frac{1}{2}L_1 L_2 L_3\right) \\
N_{13} &= c_3\left(L_1^2 L_2 + \frac{1}{2}L_1 L_2 L_3\right) - c_2\left(L_1^2 L_3 + \frac{1}{2}L_1 L_2 L_3\right)
\end{aligned}\right\} \tag{10.72}$$

其中

$$b_2 = y_3 - y_1, c_2 = x_1 - x_3, b_3 = y_1 - y_2, c_3 = x_2 - x_1$$

3. 应变矩阵

为了建立单元刚度矩阵，需要建立位移应变转换矩阵 $[B]$，即建立 $\{\kappa\}$ 与单元结点位移 $\{\delta\}^e$ 的关系式。将式(10.70)代入式(8.25)，可得

$$\{\kappa\} = [B]\{\delta\}^e = [B_1 \quad B_2 \quad B_3]\{\delta\}^e \tag{10.73}$$

$$[B_i] = \begin{bmatrix} -\dfrac{\partial^2 N_i}{\partial x^2} \\[2mm] -\dfrac{\partial^2 N_i}{\partial y^2} \\[2mm] -2\dfrac{\partial^2 N_i}{\partial x \partial y} \end{bmatrix} \qquad (i = 1, 2, 3) \tag{10.74}$$

$[B]$ 矩阵是插值函数 $[N_i]$ 的二阶导数，$[N_i]$ 是 $[L_i]$ 的函数，它们对 x 和 y 的偏导数按复合函数求导法则

$$\frac{\partial N}{\partial x} = \frac{\partial L_1}{\partial x}\frac{\partial x}{\partial L_1} + \frac{\partial L_2}{\partial x}\frac{\partial x}{\partial L_2} + \frac{\partial L_3}{\partial x}\frac{\partial x}{\partial L_3} = \frac{1}{2A}\left(b_1\frac{\partial x}{\partial L_1} + b_2\frac{\partial x}{\partial L_2} + b_3\frac{\partial x}{\partial L_3}\right) \tag{10.75a}$$

类似地有

$$\frac{\partial N}{\partial y} = \frac{1}{2A}\left(c_1\frac{\partial y}{\partial L_1} + c_2\frac{\partial y}{\partial L_2} + c_3\frac{\partial y}{\partial L_3}\right) \tag{10.75b}$$

对式(10.75a)和式(10.75b)求二阶导数

$$
\left.
\begin{aligned}
\frac{\partial^2 N}{\partial x^2} &= \frac{1}{4A^2}\;\begin{bmatrix} b_1 & b_2 & b_3 \end{bmatrix}\;\begin{bmatrix} H \end{bmatrix}\;\begin{Bmatrix} b_1 \\ b_2 \\ b_3 \end{Bmatrix} \\[2mm]
\frac{\partial^2 N}{\partial y^2} &= \frac{1}{4A^2}\;\begin{bmatrix} c_1 & c_2 & c_3 \end{bmatrix}\;\begin{bmatrix} H \end{bmatrix}\;\begin{Bmatrix} c_1 \\ c_2 \\ c_3 \end{Bmatrix} \\[2mm]
\frac{\partial^2 N}{\partial x \partial y} &= \frac{1}{4A^2}\;\begin{bmatrix} c_1 & c_2 & c_3 \end{bmatrix}\;\begin{bmatrix} H \end{bmatrix}\;\begin{Bmatrix} b_1 \\ b_2 \\ b_3 \end{Bmatrix}
\end{aligned}
\right\} \tag{10.76}
$$

式中$[H]$为二阶微分算子

$$
[H] = \begin{bmatrix}
\dfrac{\partial^2}{\partial L_1 \partial L_1} & \dfrac{\partial^2}{\partial L_1 \partial L_2} & \dfrac{\partial^2}{\partial L_1 \partial L_3} \\[3mm]
\dfrac{\partial^2}{\partial L_2 \partial L_1} & \dfrac{\partial^2}{\partial L_2 \partial L_2} & \dfrac{\partial^2}{\partial L_2 \partial L_3} \\[3mm]
\dfrac{\partial^2}{\partial L_3 \partial L_1} & \dfrac{\partial^2}{\partial L_3 \partial L_2} & \dfrac{\partial^2}{\partial L_3 \partial L_3}
\end{bmatrix} \tag{10.77}
$$

由式(10.72)可得

$$
\left.
\begin{aligned}
&[H_{11}] = \begin{bmatrix}
2L_2 + 2L_3 & 2L_1 - 2L_3 & 2L_1 - 2L_3 \\
2L_1 - 2L_3 & -2L_1 & 0 \\
2L_1 - 2L_3 & 0 & -2L_1
\end{bmatrix} \\[5mm]
&[H_{12}] = \begin{bmatrix}
2b_3 L_2 - 2b_2 L_3 & 2b_3 L_1 + 2(b_3 - b_2)L_3 & \dfrac{1}{2}(b_3 - b_2)L_2 - 2b_2 L_1 \\[3mm]
2b_3 L_1 + 2(b_3 - b_2)L_3 & 0 & \dfrac{1}{2}(b_3 - b_2)L_1 \\[3mm]
\dfrac{1}{2}(b_3 - b_2)L_2 - 2b_2 L_1 & \dfrac{1}{2}(b_3 - b_2)L_1 & 0
\end{bmatrix} \\[5mm]
&[H_{13}] = \begin{bmatrix}
2c_3 L_2 - 2c_2 L_3 & 2c_3 L_1 - 2(c_3 - c_2)L_3 & \dfrac{1}{2}(c_3 - c_2)L_2 - 2c_2 L_1 \\[3mm]
2c_3 L_1 - 2(c_3 - c_2)L_3 & 0 & \dfrac{1}{2}(c_3 - c_2)L_1 \\[3mm]
\dfrac{1}{2}(c_3 - c_2)L_2 - 2c_2 L_1 & \dfrac{1}{2}(c_3 - c_2)L_1 & 0
\end{bmatrix}
\end{aligned}
\right\} (1,2,3)
$$

$$\tag{10.78}$$

同样，a_i, b_i, c_i 是与单元结点坐标有关的数，见第 8 章。

4. 单元刚度矩阵

由虚功原理得到薄板的单元刚度矩阵

$$[k] = \iint [B]^{\mathrm{T}} [D_b] [B] t \, \mathrm{d}x \mathrm{d}y$$

$$[k]^e = \begin{bmatrix} k_{11} & k_{12} & k_{13} \\ k_{21} & k_{22} & k_{23} \\ k_{31} & k_{32} & k_{33} \end{bmatrix} \tag{10.79}$$

第 11 章 通用有限元软件ANSYS简介

11.1 ANSYS 程序概述

ANSYS 软件是集结构、流体、电场、磁场、声场分析于一体的大型通用有限元分析软件。由世界最大的有限元分析软件公司之一的美国 ANSYS 开发,可广泛用于航空航天、土木工程、机械制造、车辆工程、生物医学、核工业、电子、造船、能源、地矿、水利、轻工等一般工业及科学研究。该软件可在大多数计算机及操作系统中运行,从 PC 机到工作站,直至巨型计算机,ANSYS 文件在其所有的产品系列和工作平台上均兼容。它能与多数 CAD 软件接口,实现数据的共享和交换,如 NASTRAN、ALGOR、I - DEAS、Pro/Engineer、AutoCAD 等,是现代产品设计中的高级 CAD 工具之一。

1970 年,John Swanson 博士洞察到计算机数值计算具有广泛的市场前景,于是创建了位于美国宾夕法尼亚州匹兹堡的 ANSYS 公司。40 多年来,ANSYS 公司致力于设计分析软件的开发,不断吸取新的计算方法和计算技术,领导着世界有限元技术的发展,并被全球工业广泛接受,遍及全世界。ANSYS 的第一个版本与现在广泛应用于计算机上的版本相比,已有很大的区别。第一个版本仅提供了热分析及线性结构分析功能,只是一个批处理程序,且只能在大型计算机上运行。在 20 世纪 70 年代初期,ANSYS 程序中加入了许多新的技术,非线性、子结构以及更多的单元类型被加入程序,从而使程序具有更强的通用性。70 年代后期,交互方式的加入是该程序最为显著的变化,它大大地简化了模型生成和结果评价(前处理和后处理)。在进行分析之前,可用交互式图形来验证模型的几何形状、材料及边界条件;在分析完成之后立即可用交互式图形来分析检验计算结果。

今天,ANSYS 程序的功能更加强大和完善,使用也更加便利。图形用户界面(GUI)给用户学习和使用 ANSYS 提供了更加直观的途径,用户可以按照引导一步一步完成整个分析过程。同时,ANSYS 还提供了强大和完整的联机说明和系统详尽的联机帮助系统,使用户能够不断深入学习并完成一些深入的课题。

11.1.1 ANSYS 的内容

1.软件功能简介

ANSYS 软件主要包括前处理模块、分析计算模块和后处理模块三个部分。

(1)前处理模块。前处理模块提供了一个强大的实体建模及网格划分工具,用户可以方便地构造有限元模型。

(2)分析计算模块。分析计算模块包括结构分析(可进行线性分析、非线性分析和高度非线性分析)、流体动力学分析、电磁场分析、声场分析、压电分析以及多物理场的耦合分析，可模拟多种物理介质的相互作用，具有灵敏度分析及优化分析能力。

(3)后处理模块。后处理模块可将计算结果以彩色等值线显示、梯度显示、矢量显示、粒子流迹显示、立体切片显示、透明及半透明显示(可看到结构内部)等以图形方式显示出来，也可将计算结果以图表、曲线形式显示或输出。

软件提供了100种以上的单元类型，用来模拟工程中的各种结构和材料。该软件有多种版本，可以运行在从个人机到大型机的多种计算机设备上，如 PC、SGI、HP、SUN、DEC、IBM、CRAY 等。

启动 ANSYS，进入欢迎画面以后，程序停留在开始平台。从开始平台(主菜单)可以进入各处理模块：PREP7(通用前处理模块)、SOLUTION(求解模块)、POST1(通用后处理模块)、POST26(时间历程后处理模块)。ANSYS 用户手册的全部内容都可以联机查阅。

用户的指令可以通过鼠标点击菜单项选取和执行，也可以在命令输入窗口通过键盘输入。命令一经执行，该命令就会在.LOG 文件中列出，打开输出窗口可以看到 .LOG 文件的内容。如果软件运行过程中出现问题，查看.LOG 文件中的命令流及其错误提示，将有助于快速发现问题的根源。.LOG 文件的内容可以略作修改存到一个批处理文件中，在以后进行同样工作时，由 ANSYS 自动读入并执行，这是 ANSYS 软件的第三种命令输入方式。这种命令方式在进行某些重复性较高的工作时，能有效地提高工作速度。

2.前处理模块 PREP7

双击实用菜单中的【Preprocessor】，进入 ANSYS 的前处理模块。这个模块主要有两部分内容：实体建模和网格划分。

(1)实体建模。ANSYS 程序提供了两种实体建模方法：自底向上与自顶向下。

①自底向上进行实体建模时，用户从最低级的图元向上构造模型，即用户首先定义关键点，然后依次是相关的线、面、体。

②自顶向下进行实体建模时，用户定义一个模型的最高级图元，如球、棱柱，称为基元，程序则自动定义相关的面、线及关键点。用户利用这些高级图元直接构造几何模型，如二维的圆和矩形以及三维的块、球、锥和柱。无论是使用自顶向下还是自底向上的方法建模，用户均能使用布尔运算来组合数据集，从而"雕塑出"一个实体模型。ANSYS 程序提供了完整的布尔运算，如相加、相减、相交、分割、粘接和重叠。在创建复杂实体模型时，对线、面、体、基元的布尔操作能减少相当可观的建模工作量。ANSYS 程序还提供了拖拉、延伸、旋转、移动和复制实体模型图元的功能。附加的功能还包括圆弧构造、切线构造、通过拖拉与旋转生成面和体、线与面的自动相交运算、自动倒角生成、用于网格划分的硬点的建立、移动、复制和删除。

(2)网格划分。ANSYS 程序提供了使用便捷、高质量的对 CAD 模型进行网格划分的功能。其包括四种网格划分方法：延伸网格划分、映像网格划分、自由网格划分和自适应网格划分。

延伸网格划分可将一个二维网格延伸成一个三维网格；映像网格划分允许用户将几何模型分解成简单的几个部分，然后选择合适的单元属性和网格控制，生成映像网格；ANSYS 程序的自由网格划分器功能是十分强大的，可对复杂模型直接划分，避免了用户对各个部分分别划分然后进行组装时各部分网格不匹配带来的麻烦;自适应网格划分是在生成了具有边界条件的实体模型以后,用户指示程序自动地生成有限元网格,分析、估计网格的离散误差,然后重新定义网格大小,再次分析计算、估计网格的离散误差,直至误差低于用户定义的值或达到用户定义的求解要求。

3. 求解模块 SOLUTION

前处理阶段完成建模以后,用户可以在求解阶段获得分析结果。

单击快捷工具区的 SAVE-DB 将前处理模块生成的模型存盘,退出【Preprocessor】,点击实用菜单项中的【Solution】,进入分析求解模块。在该阶段,用户可以定义分析类型、分析选项、载荷数据和载荷步选项,然后开始有限元求解。

ANSYS 软件提供的分析类型如下:

(1)结构静力分析。用来求解外载荷引起的位移、应力和力。静力分析很适合求解惯性和阻尼对结构的影响并不显著的问题。ANSYS 程序中的静力分析不仅可以进行线性分析,而且也可以进行非线性分析,如塑性、蠕变、膨胀、大变形、大应变及接触分析。

(2)结构动力学分析。结构动力学分析用来求解随时间变化的载荷对结构或部件的影响。与静力分析不同,动力分析要考虑随时间变化的动力载荷以及它对阻尼和惯性的影响。ANSYS 可进行的结构动力学分析类型包括瞬态动力学分析、模态分析、谐波响应分析及随机振动响应分析。

(3)结构非线性分析。结构非线性导致结构或部件的响应随外载荷不成比例变化。ANSYS 程序可求解静态和瞬态非线性问题,包括材料非线性、几何非线性和单元非线性三种。

(4)动力学分析。ANSYS 程序可以分析大型三维柔体运动。当运动的积累影响起主要作用时,可使用这些功能分析复杂结构在空间中的运动特性,并确定结构中由此产生的应力、应变和变形。

(5)热分析。程序可处理热传递的三种基本类型:传导、对流和辐射。热传递的三种类型均可进行稳态和瞬态、线性和非线性分析。热分析还具有可以模拟材料固化和熔解过程的相变分析能力以及模拟热与结构应力之间的热-结构耦合分析能力。

(6)电磁场分析。电磁场分析主要用于电磁场问题的分析,如电感、电容、磁通量密度、涡流、电场分布、磁力线分布、力、运动效应、电路和能量损失等,还可用于螺线管、调节器、发电机、变换器磁体、加速器、电解槽及无损检测装置等的设计和分析领域。

(7)流体动力学分析。ANSYS 流体单元能进行流体动力学分析,分析类型可以为瞬态或稳态,分析结果可以是每个节点的压力和通过每个单元的流率,并且可以利用后处理功能产生压力、流率和温度分布的图形显示。另外,还可以使用三维表面效应单元和热-流管单元模拟结构的流体绕流并包括对流换热效应。

(8)声场分析。程序的声学功能用来研究在含有流体的介质中声波的传播,或分析浸在流体中的固体材料结构的动态特性。这些功能可用来确定音响话筒的频率响应,研究音乐大厅的声场强度分布,或预测水对振动船体的阻尼效应。

(9)压电分析。压电分析用于分析二维或三维结构对 AC(交流)、DC(直流)或任意随时间变化的电流或机械载荷的响应。这种分析类型可用于换热器、振荡器、谐振器、麦克风等部件及其他电子设备的结构动态性能分析。压电分析可进行四种类型的分析：静态分析、模态分析、谐波响应分析和瞬态响应分析。

4. 后处理模块 POST1 和 POST26

ANSYS 软件的后处理过程包括两个部分：通用后处理模块 POST1 和时间历程响应后处理模块 POST26。通过友好的用户界面，可以很容易地获得求解过程的计算结果并对其进行显示。这些结果可能包括位移、温度、应力、应变、速度及热流等，输出形式可以有图形显示和数据列表两种。

(1)通用后处理模块 POST1。点击实用菜单项中的【General Postpro】选项即可进入通用后处理模块。这个模块能以图形形式显示和输出前面的分析结果。例如，计算结果（如应力）在模型上的变化情况可用等值线图表示，不同的等值线颜色代表了不同的值（如应力值）。浓淡图则用不同的颜色代表不同的数值区（如应力范围），从而清晰地反映了计算结果的区域分布情况。

(2)时间历程响应后处理模块 POST26。点击实用菜单项中的【TimeHist Postpro】选项即可进入时间历程响应后处理模块。这个模块用于检查在一个时间段或子步历程中的结果，如节点位移、应力或支反力。这些结果能通过绘制曲线或列表查看。绘制一个或多个变量随频率或其他量变化的曲线，有助于形象化地表示分析结果。另外，POST26 还可以进行曲线的代数运算。

11.1.2 ANSYS 的特征

1. 用户界面

ANSYS 程序功能强大，涉及范围广。友好的图形用户界面(GUI)（如图 11.1）及优秀的程序构架使其易学易用。该程序使用了基于 Motif 标准易于理解的 GUI。通过 GUI 可方便地交互访问程序的各种功能、命令、用户手册和参考材料，并可一步一步地完成整个分析。同时，该程序提供了完整的在线说明和状态途径的超文本帮助系统，以协助有经验的用户进行高级应用。ANSYS 开发了一套直观的菜单系统，为用户使用程序提供导航，用户输入可通过鼠标或键盘完成，也可以二者一起使用。

在用户界面中，ANSYS 程序提供了 4 种通用方法输入命令：

· 菜单；

· 对话框；

· 工具栏；

· 直接输入命令。

菜单由运行 ANSYS 程序时相关的命令和操作功能组成，它位于各自的窗口中。用户在任何时候均可用鼠标访问这些窗口。这些窗口也可用鼠标进行移动或隐去操作。ANSYS命令根据其功能分组，保证了用户快速访问到合适的命令。

ANSYS 共有以下 7 个菜单窗口。

(1)实用菜单【Utility】。该菜单包括了 ANSYS 的实用功能，包括文件【File】、选择【Select】、列表【List】、图示【Plot】、图形控制【PlotCtrls】、工作平面【WorkPlane】、参数【Parameters】、宏【Macro】、菜单控制【MenuCtrls】以及帮助【Help】等。在 ANSYS 运行的任

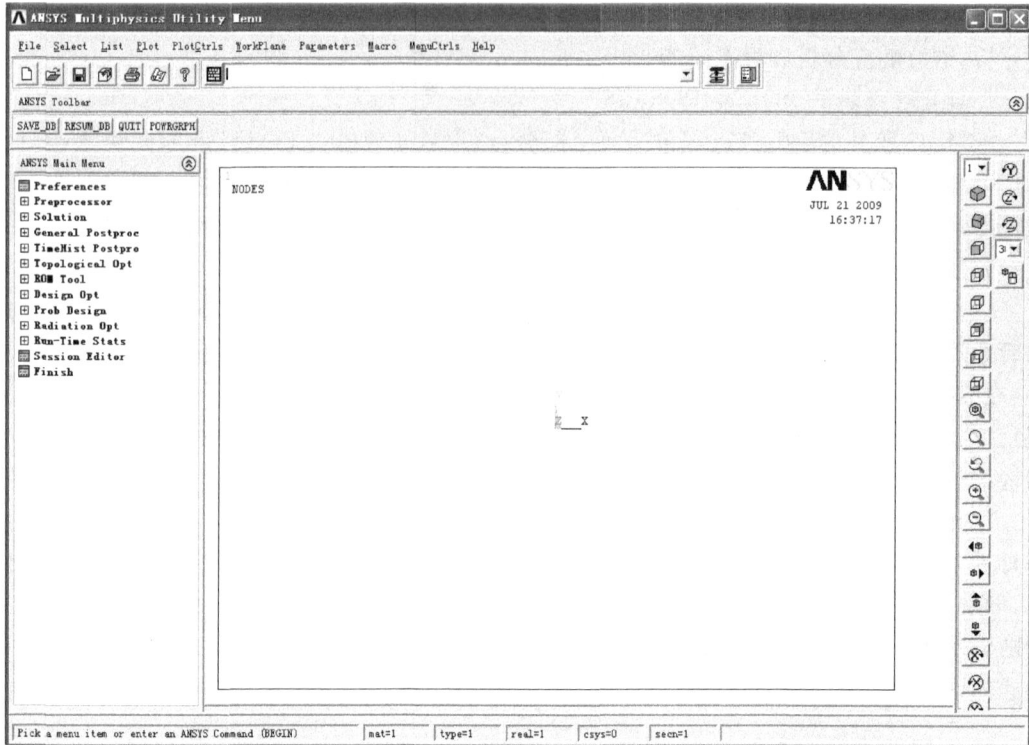

图 11.1

何时刻均可访问此菜单。该菜单为下拉式结构,可直接完成某一程序功能或引出一个对话框。在实用菜单中,用户可一次完成多个动作(如在执行选择操作期间改变视图)。

(2)主菜单【Main】。该菜单包含 ANSYS 各种主要的功能命令,包括预处理模块的元素、截面、材料、几何图形、分格等相关命令,以及后处理模块的图标与列表等命令,也包含分析模块的约束、载荷、分析等命令。在菜单中若有">"的符号,表示还有级联菜单;若有"…"的符号,表示还有对话框;若有"+"的符号,表示还有选取栏,必须选取适当的图素才能完成命令的设置。

(3)图形窗口。该窗口用于显示诸如模型、分析结果等图形,用户可根据个人喜好调整该窗口的大小。

(4)对话框。对话框是为了完成操作或设定参数而选取的窗口,该窗口提示用户为完成特定功能所需输入的数据或做出的决定。

(5)命令输入窗口。该窗口提供了键入 ANSYS 命令的输入区域,同时,还可显示程序的提示信息和浏览先前输入的命令。用户可从 log 文件、先前输入的命令和(或)输入文件中剪切和粘贴命令。

(6)输出窗口。该窗口用于显示 ANSYS 程序对已输入命令或已使用功能的响应信息。在 GUI 下,用户随时可以访问该窗口。

(7)工具栏。该窗口允许用户将常用命令或自己编写的过程置于其中,用户只需用鼠标点击即可完成访问。

由于工具栏可设置的范围宽,因而它是执行 ANSYS 程序命令的一个高效手段,用户可将一些常用命令做成按钮放入工具栏中,以便立即访问。工具栏最多可容纳 200 个这样的按钮。

不管用户如何设置,命令总是用于提供数据并控制各种程序功能。新设计的用户界面使用户可方便地通过菜单、对话框和工具栏来选取和执行命令,并使其更加直观。用户界面的交互性和根据功能组织的命令使命令句法对用户透明。当然,熟悉 ANSYS 命令的用户也可以通过键盘直接键入命令。

命令一经执行,该命令就会在 Log file 中列出,该 Log file 可在 ANSYS 的输出窗口中访问。当程序出现运行错误时,用户可浏览已执行过的命令,这些命令也可存为一个文件,以用于批处理。程序也利用过程栏指示一个长过程的执行状态(如网格划分),用户可通过鼠标点击中止此操作。

完整的 ANSYS 用户手册和跟踪帮助系统为正确地完成分析工作提供了在线帮助,只需点击一到两次鼠标键,即可获得程序功能、命令和过程的详细说明;通过在主帮助索引中选取一个超文本块或利用系统的词搜寻功能,即可获取文字、图表和其他的程序说明信息;键入所得信息的标题(如非线性),即可得到该标题的详细说明。ANSYS 程序同样支持多种图形显示,如 X 窗口、OpenGL 以及其他几种三维图形系统。

2. 图形

完全交互式图形是 ANSYS 程序中不可分割的组成部分,图形对于校验前处理数据和在后处理中检查求解结果都是非常重要的。

ANSYS 的 Power-Graphics 能够迅速地完成 ANSYS 几何图形及计算结果的显示,如此快速是由于其几何图形是以对象而不是以需重新组合的数据来存储的。Power-Graphics 的显示特性保证了单元和等值线的显示,并且既可用于 p 单元也可用于 h 单元。Power-Graphics 的显示特性加速了等值面显示、断面/覆盖/Q 切片显示以及在 Q 切片中的拓扑显示。ANSYS 图形功能包括以下内容:

- 在实体模型和有限元模型上的边界条件显示;
- 计算结果的彩色等值线显示;
- 随时间或模型中的一条轨迹而变化的结果图形;
- 通用显示操作(视图方向、变焦、放大、旋转);
- 用于实体体素的橡皮筋技术;
- 多窗口显示;
- 隐藏线、剖面及透视显示;
- 软件实现的 Z-buffering(阴影光滑及加速显示);
- 光顺阴影图像;
- 边缘显示(为清晰起见,除掉内部单元轮廓线);
- 收缩显示(为清晰起见,相邻的单元线相互分开);
- 变形比率控制显示(为更形象化,水平及垂直方向的比例可独立调整);
- 多图元组合显示(如叠加于实体模型上的单元);
- 多达 256 种颜色显示;

- 三维体内直观化显示,包括梯度、等值面、粒子流跟踪、立体切片;
- X-Y 数据显示,包括多个相互独立曲线显示,二维、三维显示,可对色彩、背景、栅格线和厚度控制;
- 图形化操作历程状态显示,操作包括绘图、网格划分、数据列表和求解;
- 用文本、尺寸标注、多边形、符号、饼图等图形显示以增强注解能力;
- 动画显示,包括变形动画、时间历程结果动画、Q 切片动画相等值面动画;
- 通过范围或类型对大部分图元(包括单元、线、面、体、边界条件、屏幕和轮廓色彩及色彩索引)的色彩说明;
- 对单元、实体模型的图元、组元及等值面的透明显示;
- 管单元、肘形弯管单元、梁单元以及磁源的实际形状及横截面显示;
- 层单元的复合材料层和方向显示;
- 窗口背影的色彩选择;
- 显示说明可存于一文件中,以便以后调用;
- 硬复制图形功能,包括 Postscript、HPGI 和 TIFF 格式。

3. 处理器

ANSYS 按功能作用可分为若干个处理器,包括一个前处理器、一个求解器及两个后处理器、几个辅助处理器(如设计优化器)等。ANSYS 前处理器用于生成有限元模型,指定随后求解中所需的选择项;ANSYS 求解器用于施加载荷及边条件,然后完成求解运算;ANSYS后处理器用于获取并检查求解结果,以对模型做出评价,进而进行其他感兴趣的计算。

4. 数据库

ANSYS 程序使用统一的集中式数据库来存储所有模型数据及求解结果。模型数据(包括实体模型和有限元模型、材料等)通过前处理器写入数据库;载荷和求解结果通过求解器写入数据库;后处理结果通过后处理器写入数据库。数据一旦通过某一处理器写入数据库中,如需要即可被其他处理器所用。例如,通用后处理器不仅能读求解数据,而且能读模型数据,然后利用它们进行后处理计算。

5. 文件格式

文件可用于将数据从程序的一部分传输到另一部分、存储数据库以及存储程序输出。这些文件包括数据库文件、计算结果文件、图形文件等。程序生成的文件或者是 ASCII 格式(该格式易于阅读或编辑),或者是二进制格式。在默认设置下,ANSYS 程序生成外部格式(IEEE 标准)的二进制文件,该格式允许在不同硬件系统中移置。例如,当某一 ANSYS 用户在某一计算机系统中生成模型几何数据后,该数据可方便地传输给另一系统中的 ANSYS 用户。

6. 程序的可用性

ANSYS 程序实现了异种异构平台的网络浮动,可运行于 Windows XP、Win 7、Win 8 或 Win 10 环境下的 PC 机、工作站及 UNIX 操作系统下的各种工作站,甚至巨型计算机。

11.1.3 ANSYS 的数据接口程序

ANSYS 可与许多先进 CAD 软件共享数据,并为各个工业领域的用户提供分析各种问题的能力。ANSYS设计数据接口程序提供完全与设计数据相关联分析方案，并能通过良好的用户界面完成分析。

利用 ANSYS 的数据接口，可精确地将在 CAD 系统下生成的几何数据传入 ANSYS，然后准确地在该模型上划分网格并求解，这样用户能方便地分析新产品和部件，而不必因为在分析系统中重新建模而费时、耗力，同时，还可以利用 ANSYS 程序的高级功能，如非线性、电磁场以及计算流体动力学。

ANSYS 数据接口程序还可以镶嵌在 CAD 环境下，用户可直接在 CAD 的界面下对 CAD 的模型进行某些分析工作，并能保持 CAD 数据和分析数据间的相关性。

基于 NURBS 表示的几何模型可通过开放的几何图形传递标准 IGES 在许多程序间传递，ANSYS 同样提供了这种传递方式。ANSYS 公司还提供了 ANSYS 与其他分析程序的接口，从这些程序传来的数据文件可以仅包含有限元数据，如节点位置、单元连结，甚至材料特性与边界条件。一旦数据转换完成，这些数据用 ANSYS 前处理器的命令语句表达，则前处理器的全部功能可用于模型的进一步细化。

11.2　ANSYS 程序计算示例

11.2.1　ANSYS 结构分析基本流程

ANSYS 的结构分析，本章介绍的都是静力学分析，主要包含前处理、求解和一般后处理三个主要步骤。

1. 前处理器

前处理器(Preprocessor)包含定义工程选项、建立模型和网格划分等内容。

(1)定义单元类型。定义单元类型(element type)主要考虑两个方面的因素：单元的形状和单元的自由度。例如，对于杆系问题，可以选用杆单元或者梁单元等二维单元，对于平面应力和平面应变问题，可以选用平面单元；对于实体模型的分析，一般选用实体单元；对于薄壁圆筒或者壳体问题，可以使用壳单元，以上主要是从形状方面考虑。再如，若是对于空间杆系问题，则要求单元的自由度包含 UX、UY 和 UZ 三个自由度，此时应该选用有三个自由度的空间杆单元，而不用 LINK 1 这样的二维杆单元，这就是从单元自由度的角度考虑了。单元的选择是十分重要的，单元选择的好坏直接影响到分析的效率和精度，有经验的操作者往往能针对具体的问题快速地选择单元类型。

(2)定义实常数。实常数表示某一单元的补充几何特征，与选用的单元类型有关，如梁单元的截面积、壳单元的厚度等。有的单元类型无实常数，不需定义此项。

(3)定义材料属性。定义材料属性(material props)，如弹性模量、泊松比和密度等。材料参数的单位制要注意和建立模型使用的单位制统一。

(4)创建实体几何模型。建立模型一般可以分为由顶至下的建模和由底至上的建模两种。对于简单的或者比较规则的模型可以由实体元素(体、面和线)之间的布尔运算得到，也就是采用由顶至下的建模方式建立模型；而不便或不能用这种方式建模时，也可以采用由关键点建立线，由线到面，由面拉伸或者旋转到体的由下至上的建模方式建立模型。

(5)划分网格。划分网格(meshing)实际上是将实体模型建立为有限元模型的过程，网格划分的优劣也直接影响到求解的精度和效率。一般来说.划分网格的原则是在满足精度的条件下网格的数量尽量少,形状越规则越好。

2.求解器

求解器(Solution)主要包括加载和求解两部分。加载合适与否直接决定了该次有限元求解是否能够反映实际问题的情况,因此要对研究对象的载荷进行认真分析、合理简化,把具体的载荷情况抽象成 ANSYS 中固有的几种载荷类型。

(1)定义分析类型。定义分析类型(analysis type),默认的状态就是静态结构分析,若需要计算末态或者动态性能则需要选择对应的分析类型。

(2)施加载荷和位移约束条件。施加载荷和位移约束条件(define loads)包含位移载荷(displacement)、力载荷(force/moment)、压力载荷(pressure)等,根据具体问题进行选择使用。

(3)求解。针对当前的载荷情况(current LS)进行求解(solve)。

3.一般后处理器

一般后处理器(General Postpro)主要用于查看静态分析的节果,主要包含图形显示结果(plot result)和列表显示结果(1ist result)两个部分内容,分别用图像和列表的形式显示出节点和单元的位移、应力和应变等常用解。

11.2.2 应用实例

有限单元法是以计算机为工具实现数值求解的,现有软件国际上早在 20 世纪 60 年代初就投入大量的人力和物力开发具有强大功能的数值模拟分析程序。从那时到现在,世界各地的研究机构和大学发展了一批专用或通用数值模拟分析软件。

NASTRAN 是工业标准的 FEA 原代码程序及国际合作和国际招标中工程分析与校验的首选工具,可以解决各类结构的强度、刚度、屈曲、模态、动力学、热力学、非线性、声学、流体结构耦合、气动弹性、超单元、惯性释放及结构优化等问题。能求解高度非线性、瞬态动力学、流体及液固耦合等问题,其先进的技术可解决广泛复杂的工程问题,如金属成型、爆炸、碰撞、搁浅、冲击、穿透、安全气囊(带)、液固耦合、晃动、安全防护等,可用于零部件的初始裂纹分析、裂纹扩展分析、应力寿命分析、焊接寿命分析、随机振动寿命分析、整体寿命预估分析、疲劳优化设计等各种分析。同时,该软件还拥有丰富的与疲劳断裂有关的材料库、疲劳载荷和时间历程库等,分析的最终结果具有可视化特点。该软件可以处理各种线性和非线性结构分析,包括线性/非线性静力分析、模态分析、简谐响应分析、频谱分析、随机振动分析、动力响应分析、自动的静/动力接触、屈曲/失稳、失效和破坏分析等,可以解决各种高度复杂的结构非线性、动力、耦合场及材料等工程问题,尤其适用于冶金、核能、橡胶等领域。

NASTRAN 的前后处理软件 PATRAN 是世界公认最好的集几何访问、数值模拟建模、分析及数据可视化于一体的新一代框架式软件系统。通过其全新的"并行工程概念"和无可比拟的工程应用模块可将世界著名的 CAD/数值模拟/CAM/CAT(测试)软件系统及用户自编程序自然地融为一体。

ANSYS 是融结构、流体、电场、磁场、声场分析于一体的大型通用数值模拟分析软件。它能与多数 CAD 软件实现数据的共享和交换,如 IDEAS、UG、Pro/Engineer、

NASTRAN 等。

ALGOR 作为世界著名的大型通用工程仿真软件,广泛应用于各个行业的设计、数值模拟分析、机械运动仿真中。它包括静力、动力、流体、热传导、电磁场、管道工艺流程设计等,能够帮助设计分析人员预测和检验在真实状态下的各种情况,快速、低成本地完成更安全更可靠的设计项目。ALGOR 以其分析功能齐全、使用操作简便和对硬件的要求低,在从事设计、分析的科技工作者中享有盛誉。作为中高档数值模拟分析工具的代表之一,ALGOR 在汽车、电子、航空航天、医学、日用品生产、军事、电力系统、石油、大型建筑以及微电子机械系统等诸多领域中均有广泛应用。工程师们通过使用 ALGOR 进行设计,虚拟测试和性能分析,缩短了产品投入市场的时间,并能以更低的成本制造出优质而可靠的产品。

ABAQUS 被广泛地认为是功能最强的数值模拟软件之一,它可以分析复杂的固体力学和结构力学系统,特别是能够驾驭非常庞大复杂的问题和模拟高度非线性问题。ABAQUS 不但可以做单一零件的力学和多物理场的分析,同时还可以做系统级的分析和研究。优秀的分析能力和模拟复杂系统的可靠性使得 ABAQUS 被各国的工业和研究机构广泛采用,其产品也在大量的高科技产品研究中发挥着巨大的作用。

ABAQUS 是一套功能强大的工程模拟数值模拟软件,其解决问题的范围从相对简单的线性分析到许多复杂的非线性问题。ABAQUS 包括一个丰富的、可模拟任意几何形状的单元库,并拥有各种类型的材料模型库,可以模拟典型工程材料的性能,其中包括金属、橡胶、高分子材料、复合材料、钢筋混凝土、可压缩超弹性泡沫材料以及土壤和岩石等地质材料。作为通用的模拟工具,ABAQUS 除了能解决大量的结构(应力/位移)问题,还可以模拟其他工程领域的许多问题,例如热传导、质量扩散、热电耦合分析、声学分析、岩土力学分析(流体渗透/应力耦合分析)及压电介质分析。

下面以通用有限元软件 ANSYS 为例,介绍其求解问题的过程。

解决问题的流程一般分为前处理、求解和后处理三大部分:

(1)在前处理过程中建立有限元模型,输入几何模型的基本资料,如节点坐标、单元长度等;定义单元类型及实常数;设定材料属性,如弹性模量、泊松比等;对几何模型划分单元。

(2)有限元分析通过求解器完成,其主要步骤包括输入载荷情况、设定边界条件、设定求解选项,然后进行有限元求解计算。

(3)后处理可以查看计算结果,比如在 post1 后处理器中,可以查看求解结果的变形情况、振型状态或各种等值线(如等效应力线),还可以绘制求解结果的各种分析曲线。

例 11.1 一悬臂梁,长 $L=1$ m,梁截面为矩形,截面宽 $W=0.05$ m,高 $H=0.01$ m,其左端固支,右端受集中载荷 $P=100$ N,悬臂梁结构如图 11.2 所示。材料为钢,弹性模量 $E=210$ GPa,泊松系数 $\nu=0.27$。分析其最大位移以及变形后的应力。

解 过程如下:

(1)前处理过程。

①进入 ANSYS。由于 ANSYS 在进行一个分析时,会在工作目录中生成和保存许多文件,为方便管理,最好对每一个分析对象单独使用相应的工作目录

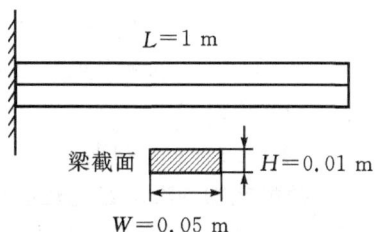
图 11.2

和文件名字。

Ansys →Interactive →改变工作路径(working directory)至用户自设的路径 →输入工作文件名字(Initial jobname),如 beam(必须是英文)→运行(Run)。

②设置计算类型。

主菜单(ANSYS Main Menu)：前处理(Preferences) →选择结构分析(Structural) → OK

③选择单元类型。悬臂梁定义单元类型为最常使用的 2 节点三维线性梁单元 BEAM188 单元。

Preprocessor →Element Type→Add/Edit/Delete… →Add… →选择单元类型为 2 节点梁(Beam 2 node 188)→ OK

④定义材料参数。需要指定的材料参数为弹性模量 E_x 和泊松比 ν。

Preprocessor→Material Props →Material Models →Structural →Linear →Elastic →Isotropic →输入 EX:2.1e11, PRXY:0.27 → OK

⑤定义截面。对于梁单元,需要指定其截面形状和尺寸。

Preprocessor →Sections →Beam →Common Sections →定义矩形截面:截面编号 ID＝1,宽度 B＝0.05,高度 H＝0.01 →Apply→OK

⑥生成几何模型。首先生成关键点。梁的模型简化为一条直线,需要生成 3 个关键点,其中两个用来生成梁,另一个为表示截面方向的方向点。

Preprocessor →Modeling →Create →Keypoints →In Active CS →依次输入三个点的坐标:1(0,0,0),2(1,0,0),3(0,0.05,0) →OK(点 1、2 为梁的两个端点,点 3 是为了生成梁所建立的方向点)

然后,生成关键点后,再生成梁。

Preprocessor→Modeling →Create →Lines →lines →Straight line →连接两个特征点,1(0,0,0),2(1,0,0) →OK

⑦网格划分。首先指定表示梁的直线的属性,将单元类型和材料模型赋予直线,然后指定其网格划分份数为 10 份,通过网格划分,得到有限元模型。

Preprocessor→Meshing →Mesh Attributes →Picked lines(选取上一步所画的线)→ OK →Pick Orientation Keypoint(s):选择 YES→选择方向点,拾取点 3(0,0.05,0) →OK→网格划分工具(Mesh Tool) →Size Controls 中 Lines：Set →Pick All →输入划分份数(NDIV):10→OK (回到网格划分工具 Mesh Tool 窗口) → Mesh →Pick All → Close

这时单元看上去还是一条直线,在菜单 PlotCtrls 选择 Style,打开 Size and Shape 对话框,在[/ESHAPE]选项后面的复选框点选 on,[/REPLOT]中选择 Replot,用截面方式显示单元的实体形状。

(2)求解过程。经过前处理的悬臂梁有限元模型已经建立,进入求解器进行求解。

①模型施加约束。首先是最左端节点加约束,悬臂梁的左端为固定约束,所以将节点 1 的所有自由度全部约束。图 11.3 中以三角形标志表示约束。

主菜单(ANSYS Main Menu)：Solution →Define Loads →Apply →Structural →Displacement → On Nodes →选取节点 1(0,0,0)→ OK → 约束所有自由(ALL DOF)→ OK

然后,对最右端节点施加 y 方向的载荷。

Solution →Define Loads →Apply →Structural →Force/Moment→ On Nodes →选取节点 2(1,0,0)→ OK →选择 FY 方向,在 VALUE 后输入 100→ OK

施加约束及载荷后的有限元模型如图 11.3 所示。

图 11.3

②分析计算。在求解前应对数据进行保存,此问题是一个简单的线性问题,可以不进行特殊的求解控制设置,直接求解。

Solution →Solve →Current LS →OK

(3)查看结果。进入后处理器 post1 查看计算结果,分别查看变形、位移和应力分布结果。

①查看变形情况。由图 11.4 可以看到受力前后的变形比较。

主菜单(ANSYS Main Menu):General Postproc →Plot Results →Deformed Shape →选择 Def + undeformed →OK

图 11.4

②查看节点位移。由梁节点的位移分布图 11.5 中下方的标尺条可以看到,最大位移出现在最后端,下垂了 0.039923 m。

General Postproc→Plot Results →Contour Plot →Nodal Solu →选择:DOF Solution,→Y—Component of displacement,在 Undisplaced shape key 中选择 Deformed shape with undeformed model→OK

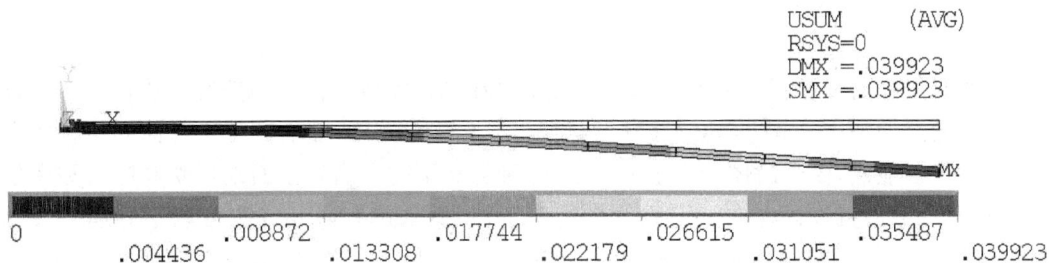

图 11.5

③查看等效应力。查看米塞斯等效应力云图,从梁等效应力分布图 11.6 中可以看到,

最大应力出现在梁的根部,最大等效应力为 114 MPa。

General Postproc→Plot Results →Contour Plot →Nodal Solu →选择:查看等效应力 Stress →von Mises stress ,在 Undisplaced shape key 中选择 Deformed shape with unde-formed model→OK

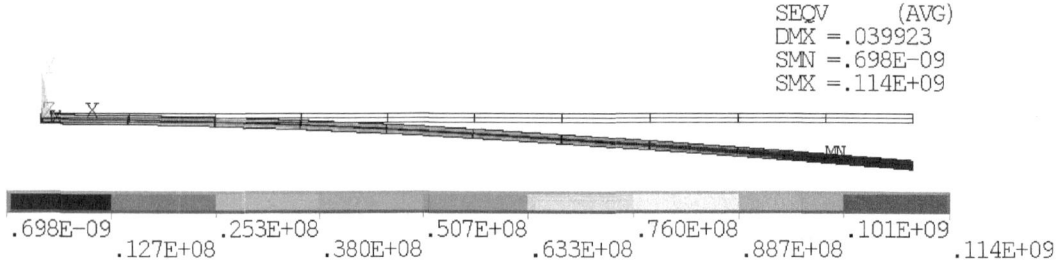

图 11.6

例 11.2 球磨机回转体有限元分析。

球磨机是在选矿、建筑、化学等工业部门中重要的粉磨设备,其主体是一个水平装在两个大型轴承上的低速回转的筒体,某溢流型球磨机结构如图 11.7 所示。筒体内径为 5500 mm,筒体长度为 8570 mm,转速为 0.2283 r/s,主电机功率为 4500 kW。电动机通过减速机及周边大齿轮减速传动,驱动回转部回转。筒体内部装有适当的磨矿介质——钢球。磨矿介质在离心力和摩擦力的作用下,被提升到一定的高度,呈抛落或泄落状态。物料由给料口连续地进入筒体内部,被运动的磨矿介质所粉碎,并通过溢流和连续给料的力量将物料排出机外,以进行下一段工序处理。

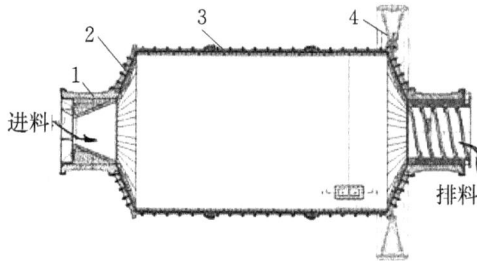

图 11.7

球磨机筒体的强度直接影响到球磨机的使用寿命和传动装置各部件的运动精度。过去一直沿用的经验强度计算方法,是将球磨机筒体简化为简支梁,然后按平面弯曲和扭转组合变形来计算。显然,由于筒体受力十分复杂,这种算法不能准确和全面地反映其应力和变形规律,因此导致磨机设计存在一定程度上的盲目性,而采用有限元方法可以很好地解决此问题。

解 过程如下:

(1)有限元模型。选择三维实体单元 Solid 45 划分网格。Solid 45 单元有八个节点,每个节点有 x、y、z 三个方向的移动自由度,该单元有塑性、蠕变、膨胀、应力刚化、大变形和大应变的性能,回转筒体有限元模型如图 11.8 所示。

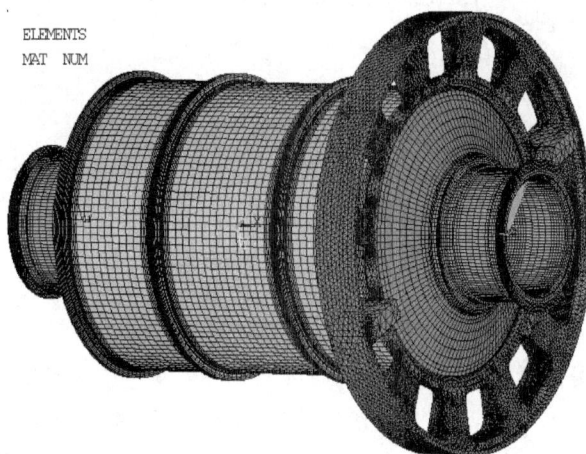

图 11.8

(2)求解过程。

①工作载荷的确定。大齿轮的输入转矩 $T=3.13\times10^9$ N·mm,由计算得到作用在大齿轮上的切向力 $F_t=7.278\times10^5$ N,轴向力 $F_a=6.6876\times10^4$ N,径向力 $F_r=2.6601\times10^4$ N。

球磨机满载正常工作时物料质量为 3.4×10^5 kg,钢球重量为 6×10^4 kg,所以其正常工作时介质总质量为 4×10^5 kg。但是,由于在工作状态时有一些物料及钢球等在离心力和摩擦力的作用下被提升到一定的高度后甩在空中,呈抛落或泄落状态,并不作用在筒体上。因此,应计算出直接作用在筒体上的物料及钢球的质量。

由已知的球磨机筒体主要技术参数:筒体有效半径 $R=2.6425\times10^3$ mm,长度 $L=1\times10^4$ mm,转速 $n=0.2283$ r/s,破碎介质的松散密度 $\rho=4.65\times10^{-6}$ kg/mm³,可得

筒体角速度:$\omega=2\pi n=1.44$ rad/s;

最外层脱离角:$\alpha_1=\arccos\dfrac{R\cdot n^2}{900}=56.75°$;

最小半径脱离角:$\alpha_2=\arccos\dfrac{R_1\cdot n^2}{900}=73.88°$

式中,R_1 为最小半径

$$R_1=\frac{250}{n^2}=1.33\times10^3 \text{ mm}。$$

由此可得进行圆周运动的破碎介质的重量等计算所需积分限为

$$\theta_0=\frac{\pi}{2}-\alpha_1=90°-56.75°=33.25°$$

$$\theta_1=\frac{\pi}{2}-\alpha_2=90°-73.88°=16.12°$$

从而得出圆周运动的破碎介质的重量、离心力及质心坐标分别为

$$G_1=\frac{\gamma L g^2}{2\omega^4}\left|\sin2\theta-2\theta\cos2\theta\right|_{\theta_1}^{\theta_0}=2.128226\times10^5 \text{ kg}$$

$$F_I = -\frac{4\gamma L g^2}{9\omega^4} \left| 3\cos\theta - \cos^3\theta + 3\theta \sin^3\theta \right|_{\theta_1}^{\theta_0}$$

$$= -9.4566 \times 10^5 \text{ N}$$

$$x_c = \frac{2g}{\omega^2} \cdot \frac{\left| \sin^4\theta - \dfrac{2}{3}\sin^6\theta \right|_{\theta_1}^{\theta_0}}{\left| \sin2\theta - 2\theta\cos2\theta \right|_{\theta_1}^{\theta_0}} = 1.6 \times 10^3 \text{ mm}$$

$$y_c = \frac{2g}{\omega^2} \cdot \frac{\left| -\dfrac{2}{3}(\cos^3\theta \sin^3\theta) - \dfrac{1}{16}\sin4\theta + \dfrac{1}{4}\theta \right|_{\theta_1}^{\theta_0}}{\left| \sin2\theta - 2\theta\cos2\theta \right|_{\theta_1}^{\theta_0}} = 820 \text{ mm}$$

由上述计算结果可以看出物料及钢球总计 4×10^5 kg,重量中只有质量 $G_1 = 2.128 \times 10^5$ kg ($F_n = 9.2 \times 10^5$ N,$F_t = 1.92 \times 10^6$ N)直接作用在筒体上,其离心力 $F_I = 9.46 \times 10^5$ N,质心坐标 $x_c = 1.6 \times 10^3$ mm,$y_c = 812$ mm,$\alpha = 56.75°$,$\beta = 73.88°$,如图 11.9 所示。

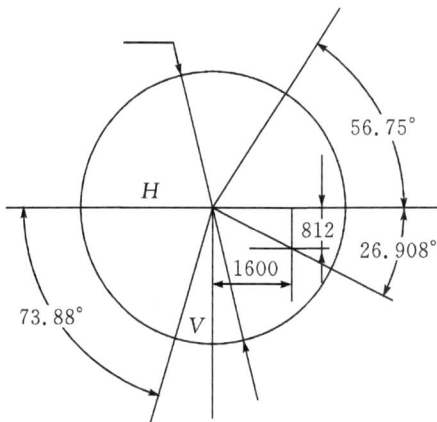

图 11.9

②质量等效方法。在实体建模时没有考虑筒体衬板、中空轴内部的衬套及固定环等,因此在施加重力载荷时,把衬板的重量按等效密度加到筒体及端盖上,把中空轴内部的衬套和固定环等的重量按等效密度加到中空轴上。等效的方法如下:

a. 筒体(包括对应的衬板)质量 1.47×10^5 kg,体积 9.4704×10^9 mm³,所以等效密度为 1.5522×10^{-9} kg/mm³;

b. 每个端盖(包括对应的衬板)质量 4.65×10^4 kg,体积 3.377×10^9 mm³,故等效密度为 1.377×10^{-5} kg/mm³;

c. 中空轴(包括固定环、进料衬套、出料衬套等)质量 9.4×10^4 kg,体积 6.528×10^9 mm³,故其等效密度为 1.44×10^{-5} kg/mm³。

已知大齿轮的质量为 5.2×10^4 kg,所以可以得出球磨机的结构质量为 3.86×10^5 kg,它们的重力作用由施加的重力加速度 $g = 9.8$ m/s² 确定。

③分析工况。上面简单介绍了与筒体计算关系密切的主要载荷的计算方法。根据筒体的工作特点,选定满载静止、正常工作和最大启动转矩时三个工况进行有限元分析。两端按

简支方式施加约束,其载荷及约束形式如图11.10所示。

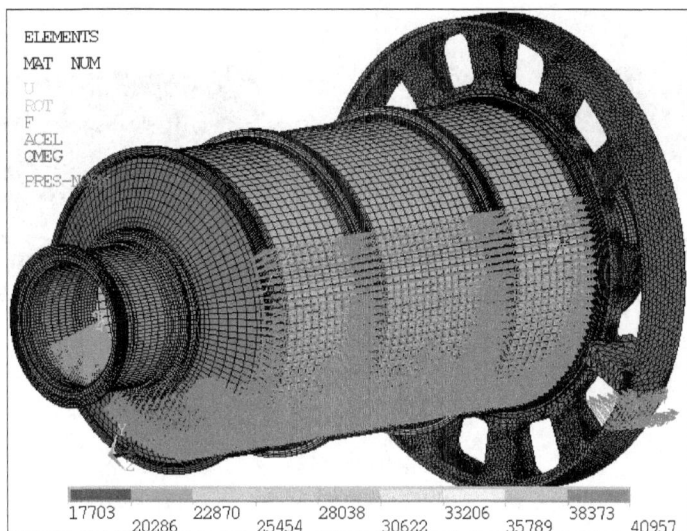

图 11.10

(3)查看结果。

①应力。筒体在三种工况下的当量应力分布如图11.11所示。

从图11.11中可以清楚地看出,满载静止时大部分应力在11 MPa左右,只有在筒体与端盖连接处的应力突然变大,且在进料端筒体处的应力要大一些,筒体最大应力为47.8 MPa。正常工况,最大应力值为35.3 MPa。其位置在大齿轮的边缘载荷加载处,在筒体与右端盖(无齿轮一侧)的连接处的应力值为24.9 MPa,与左端盖连接处的应力值为18 MPa,其它位置的应力值很小。启动工况最大应力值为106 MPa,其位置在大齿轮的边缘载荷加载处附近。

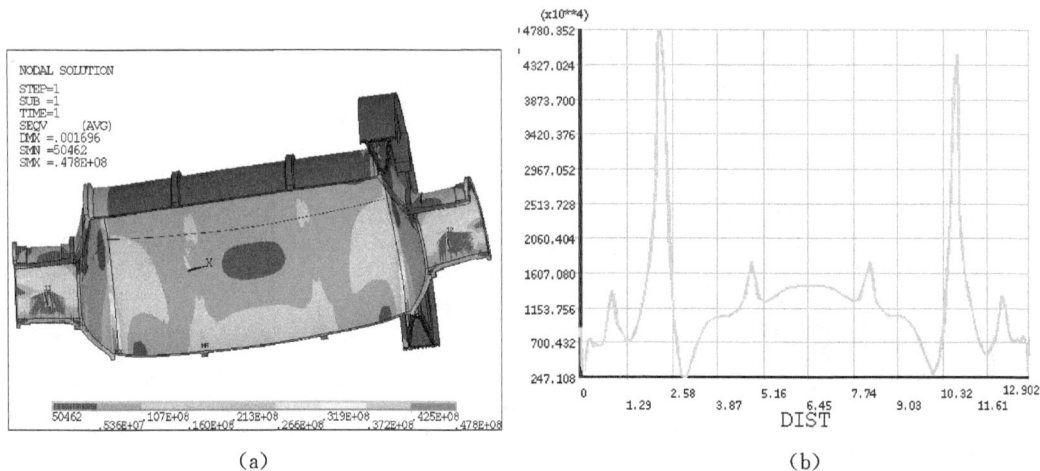

(a)

(b)

图 11.11

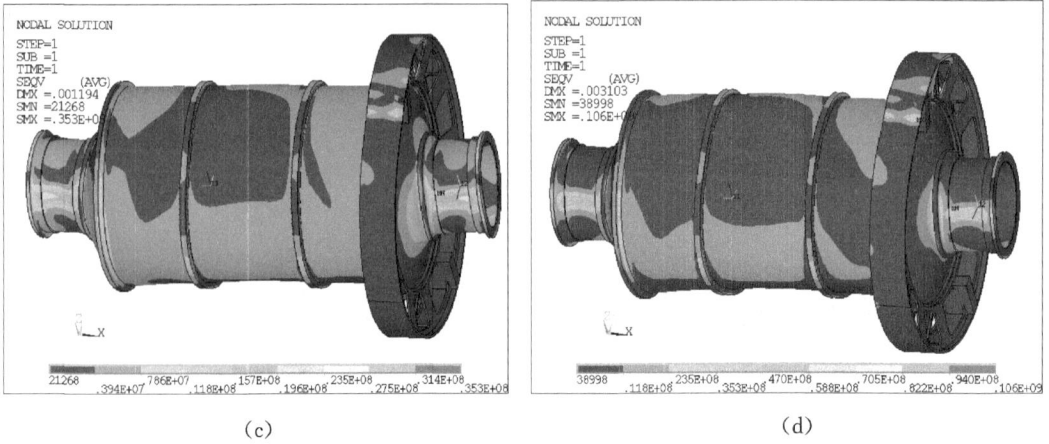

（c）　　　　　　　　　　　　　　　（d）

图 11.11（续）

（a）满载静止工况应力云图；（b）满载静止工况筒体内侧轴向应力曲线；

（c）正常工况应力云图；（d）启动工况应力云图

筒体与端盖的材料屈服极限为 300 MPa，大齿轮的材料屈服极限是 540 MPa，各工况的最大应力值都小于相应材料的屈服极限，故在各工况下球磨机回转体强度均满足要求。

②位移分析。从图 11.12 中可以清楚的看出，满载静止时筒体的最大位移为 1.682 mm，正常工况下最大位移为 1.194 mm，启动工况最大位移值为 3.103 mm，其位置均在载荷作用方向筒体中心处。其余绝大部分变形量都很小，说明各工况下回转体的刚度足够。曲线图中曲线突变是由筒体与端盖连接处的结构突变引起的。

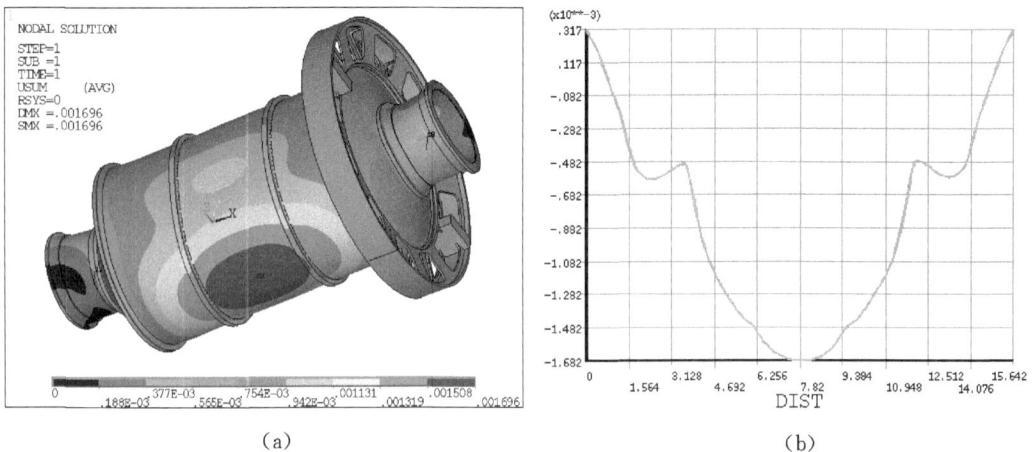

（a）　　　　　　　　　　　　　　　（b）

图 11.12

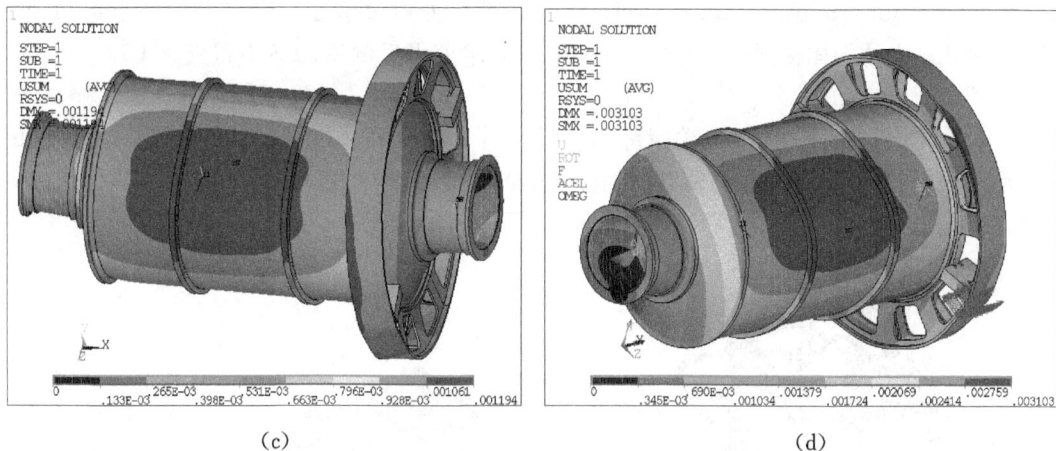

(c)　　　　　　　　　　　　　　(d)

图 11.12(续)

(a)满静静止工况位移分布云图;(b)满载静止工况轴向位移分布曲线;

(c)正常工况位移分布云图;(d)启动工况位移分布云图

例 11.3　装载机倾翻保护结构有限元分析。

装载机的倾翻保护结构,简称 ROPS。ROPS 的性能要求主要有四项,即侧向承载能力、侧向能量吸收能力、垂直承载能力和纵向承载能力。为掌握装载机 ROPS 的力学特性,对此类 ROPS 的性能进行塑性非线性计算机仿真研究是很有必要的。以某小型装载机为例,讨论其侧向、垂直和纵向加载时的载荷-挠度关系,并将有限元分析结果与样机试验结果进行了对比。

解　过程如下:

(1)ROPS 结构。ROPS 结构简图如图 11.13 所示,ROPS 与驾驶室设计成一体,ROPS 与驾驶室底板连接,底板再通过螺栓与车架连接。图 11.13 中的 DLV 为 ROPS 的容许挠曲

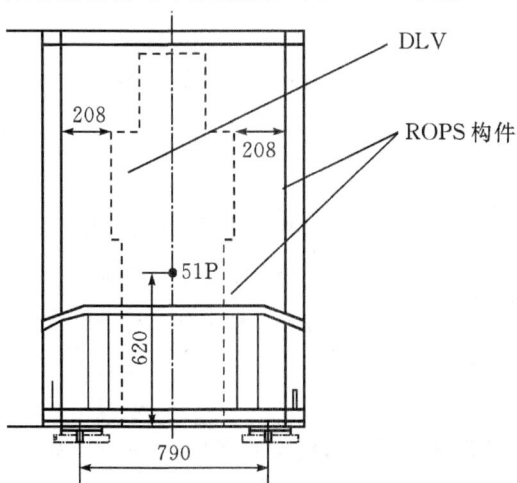

图 11.13

极限量(Deflection-limiting Volume,简称 DLV),是根据司机坐姿尺寸确定的一个近似值,表示了驾驶室中的人体极限生存空间,ISO 3471 要求变形后的 ROPS 不得侵入 DLV。

(2)ROPS 性能仿真。

①有限元仿真模型。ROPS 性能仿真模型如图 11.14 所示。ROPS 中的细长构件采用梁单元模拟。加强板筋和底板采用壳单元模拟。连接螺栓用三维弹塑性梁单元模拟。ROPS 材料的单调加载屈服极限 $\sigma_y = 260$ MPa,车架材料分屈服极限 $\sigma_y = 345$ MPa。

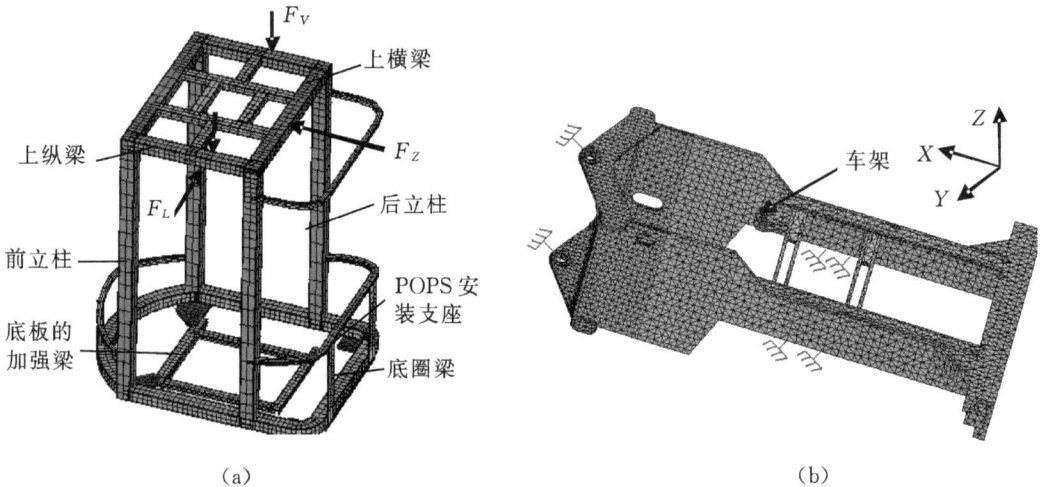

图 11.14

②边界条件。根据 ISO 3471 标准要求,仿真时各工况载荷条件见下表 11.1(表中整机质量 $m = 6000$ kg),载荷作用位置和方向可参见图 11.4(a)。

表 11.1　载荷条件[ISO 3471]

仿真工况	载荷
侧向承载能力	$F_L = 6\ m = 36.0$ kN 指向 X 轴正向,作用于左上纵梁
侧向能量吸收	$E = 12500\ (m/10000)^{1.25} = 6601$ J
垂直承载能力	$F_V = 19.61\ m = 117.7$ kN Z 轴负向,作用于 ROPS 左右上纵梁
纵向承载能力	$F_z = 4.8\ m = 28.8$ kN 指向 Y 轴正向,作用于后上横梁中间

约束施加在前后车架的铰接点和后桥中心线处,如图 11.4(b)所示的约束符号( ),使车架呈固定状态。

(3)结果对比与分析。

①侧向加载。侧向加载结束时的仿真与试验变形对比见图 11.5(a)和图 11.5(b)。侧

向加载结束后为 50 mm；侧向模拟地平面 LSGP 与 DLV 间的距离为 101 mm，但都未侵入 DLV。

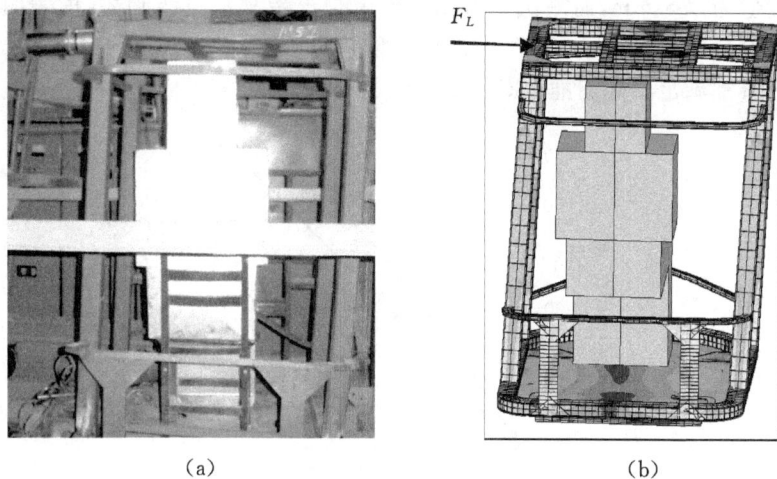

(a)　　　　　　　　　　　　　(b)

图 11.15
(a)试验变形；(b)仿真变形

　　侧向载荷与加载点挠度的特性曲线如图 11.16 所示。由该图可见：①侧向承载力达到 36.0 kN 的标准要求时，挠度为 90 mm。载荷与挠度基本上呈直线状态，表明 ROPS 仍处于线弹性变形阶段。此阶段内 ROPS 吸收的能量为 1795 J；②当载荷增加到 50.5 kN、挠度为 198 mm 时，侧向能量吸收达到了 6601J 的标准要求。此试验阶段，随着侧向载荷增加，载荷—挠度曲线的斜率逐渐变小，表明 ROPS 开始屈服。

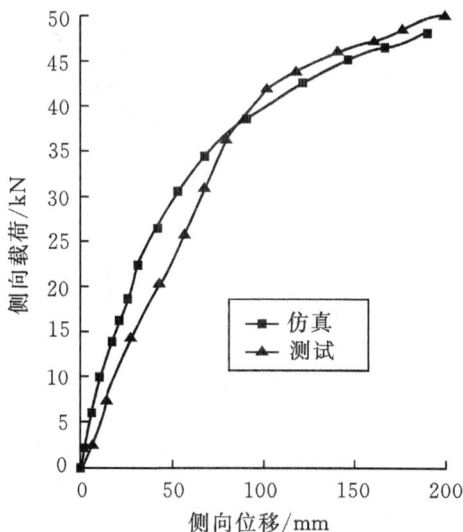

图 11.16

②垂直加载。侧向加载结束后,在侧向变形的基础上,进行 ROPS 垂直加载试验,垂直载荷与加载点的挠度特性曲线如图 11.17 所示。由该图可见垂直载荷为 117.7 kN 时,有限元仿真的挠度值为 3.5 mm,而测试值为 4.3 mm,但二者都呈直线趋势,即表明 ROPS 垂直变形在弹性阶段。经分析,该工况下 ROPS 变形很小,没有任何 ROPS 构件侵入 DLV,故承载能力和变形量都满足国际标准 ISO 3471 要求。

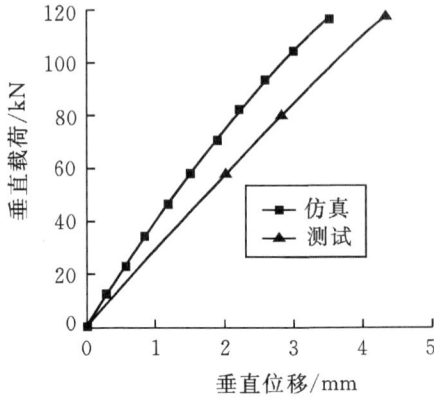

图 11.17

③纵向加载。在侧向和垂直加载试验的残余变形基础上,进行纵向加载试验,纵向载荷与载荷作用处的挠度特性曲线如图 11.18 所示。由该图可见仿真曲线与测试曲线吻合地较好,二者都呈斜线上升,表明 ROPS 在纵向变形也在弹性阶段。纵向载荷满足标准要求的 28.8 kN 时,ROPS 纵向挠度为 43 mm,且 ROPS 的任何构件未侵入 DLV,纵向加载试验满足 ISO 3471 要求。

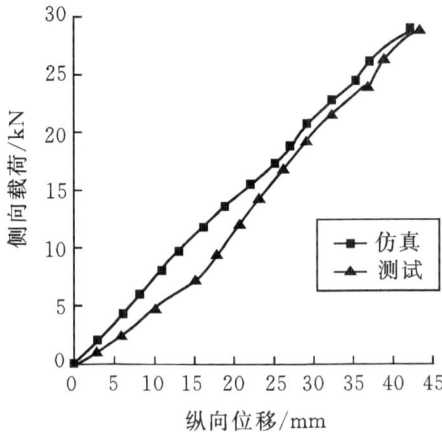

图 11.18

限于篇幅,关于 ANSYS 分析的更多实例不再列举,可参看其他相关书籍和作者编著的弹性力学与有限单元法简明教程。

参考文献

［1］任述光,刘保华.弹性力学与有限单元法简明教程［M］.西安:西安交通大学出版社
2015,8.

［2］徐芝纶.弹性力学简明教程［M］.北京:高等教育出版社,2000.

［3］杨骊先.弹性力学及有限单元法［M］.杭州:浙江大学出版社,2002.

［4］吴家龙.弹性力学［M］.上海:同济大学出版社,1993.

［5］吴家龙.弹性力学［M］.北京:高等教育出版社,2011.

［6］杨桂通.弹性力学简明教程［M］.北京:清华大学出版社,2006.

［7］王勖成,邵敏.有限元法基本原理和数值方法［M］.北京:清华大学出版社,1997.

［8］王俊民.弹性力学学习方法解题指导［M］.上海:同济大学出版社,1998.

［9］夏志皋.弹性力学及数值方法［M］.上海:同济大学出版社,1996.

［10］王焕定,王伟.有限单元法教程［M］.哈尔滨:哈尔滨工业大学出版社,2003,10.

［11］蒋玉川,张建海,李章政.弹性力学与有限单元法［M］.北京:科学出版社,2006,2.

［12］冷纪桐,赵军,张雅.有限元技术基础［M］.北京:化学工业出版社2007,5.

［13］朱伯芳.有限单元原理与应用［M］.北京:中国水利水电出版社,1998.